本书获厦门市优秀人才专项资金资助

竹类植物耐盐性研究与园林应用

陈松河 

中国建筑工业出版社

图书在版编目（CIP）数据

竹类植物耐盐性研究与园林应用 / 陈松河著. —北京：中国建筑工业出版社，2013.12
ISBN 978-7-112-16008-2

Ⅰ. ①竹… Ⅱ. ①陈… Ⅲ. ①竹亚科－耐盐性－研究 ②竹亚科－应用－园林－工程－研究 Ⅳ. ①Q949.710.8 ②TU986.3

中国版本图书馆CIP数据核字（2013）第250529号

责任编辑：吴宇江
责任校对：张 颖 关 键

竹类植物耐盐性研究与园林应用
陈松河 著
*
中国建筑工业出版社出版、发行（北京西郊百万庄）
各地新华书店、建筑书店经销
北京锋尚制版有限公司制版
北京顺诚彩色印刷有限公司印刷
*
开本：787×1092毫米 1/16 印张：17½ 字数：370千字
2014年3月第一版 2014年3月第一次印刷
定价：126.00元
ISBN 978－7－112－16008－2
（24789）
版权所有 翻印必究
如有印装质量问题，可寄本社退换
（邮政编码 100037）

内容简介

本书是作者针对我国滨海盐碱地土壤含盐量高，影响植物生长，造成严重损失，且相关研究较为缺乏这一问题，在对滨海地区竹类植物生物学、生态学和园林应用特性进行系统研究的基础上，通过广泛调研我国福建、广东、海南、台湾以及日本、美国滨海地区等地竹类耐盐性情况，通过盐度梯度试验系统研究了竹子的耐盐机理，筛选应用适合滨海地区生长的耐盐性较好的竹种。本书是作者对这些成果的总结，在滨海地区竹类生物学、生态学和园林应用特性，以及竹类耐盐性研究关键技术等方面体现了诸多创新性，具有较强的理论性和实践性，应用前景广阔，不仅将对我国滨海盐碱地竹类的研究和应用起巨大促进作用，对其他植物的耐盐性研究和开发也具有很好的指导借鉴意义。

本书内容全面丰富，图片资料翔实，重点突出，集学术性、科学性、实用性于一体，可读性强，可作为广大园林工作者，植物学教学、研究人员，以及观赏园艺、园林、建筑、农林业、景观设计等有关院校师生、花农（林农）和广大竹类植物爱好者参考用书。

序言（一）

竹类植物在分类学上隶属于单子叶植物（Monocotyle-doneae）中的禾本目（Graminales）禾本科（Gramineae互用名Poaceae），是竹亚科（Bambusoideae）植物的泛称。据统计，全世界约有竹子80余属，1300余种。我国是世界竹类植物的分布中心，现有木本竹类43属（其中4个属为外国引种）700余种，被誉为“世界竹子之乡”。竹类植物与人类的生活密切相关，竹子可笋用、材用，随着人们生活水平的提高，其园林观赏、石漠化治理和生态保护价值也越来越受到重视，应用的广度和深度得到了前所未有的拓展。

然而，竹类植物在我国滨海（沿海）地区应用碰到的一个严重问题是，滨海土壤盐渍化严重影响了竹类植物的生长。据不完全统计，全世界的盐渍土面积有9.5×10^8hm^2，中国约有2.7×10^7hm^2。在中国0.67×10^8hm^{2}耕地中就有10%为盐渍化土壤，并且过量的施肥及降雨的缺乏加剧了盐渍化程度，使土壤盐渍化面积逐年增加，土壤盐渍化能影响作物的生长与生存，是农业、林业的主要限制因素之一。

目前，国内外有关竹类耐盐性与园林应用的相关研究文献非常少见，本专著是作者陈松河研究员带领的研究团队，历经多年完成的。陈松河研究员在该专著中通过大量的试验研究、测试分析，系统介绍了滨海地区竹类植物生物学、生态学和园林应用特性，在此基础上，通过广泛调研我国以及日本、美国滨海地区竹类耐盐性情况，并且通过田间盐度梯度试验系统研究了竹类植物的耐盐机理；筛选应用适合滨海地区生长的耐盐性较好的竹种等，在竹类植物耐盐性研究关键技术等方面取得了许多重要的创新性成果。本书是作者系列研究成果的总结，具有较强的理论性和实践性，应用前景广阔，不仅将对我国滨海盐碱地竹类的研究和应用起巨大促进作用，对其他植物的耐盐研究和开发也具有很好的指导借鉴意义。

鉴于此，本人乐为之序。

易同培

2013年5月21日于四川农业大学寓斋

易同培为《竹类研究》、《竹子研究汇刊》、《四川植物志》编委，《中国植物志》、《四川竹类植物志》、《四川植物志》、《云南树木图志》、《云南植物志》、《西藏植物志》、《中国竹类图志》、《中国竹亚科属种检索表》和《中国观赏竹》等著作竹亚科编著者或编著者之一，四川农业大学教授。

序言（二）

竹类植物属于禾本科竹亚科植物。《中国植物志》第九卷第一分册记载的我国竹类植物有39属，500余种（含种以下分类单位），全世界木本竹子有88属，1300余种。竹类植物用途极为广泛，其笋可食用，是绿色有机食品；其竿可材用，在建筑、农业等方面用途极广；其根可制作根雕等工艺品……可谓与人类的日常生活息息相关。更难能可贵的是，竹子种植后3~5年即可投产，且可永续利用，对园林景观绿化和生态环境保护等方面的独特价值已经越来越受到关注。

然而，因竹类植物是非盐生植物，在我国滨海（沿海）地区的应用因土壤含盐量较高，其应用受到一定的限制。受到盐害的竹子，轻则叶片枯焦，影响景观；重则整株（丛）死亡，造成严重损失。随着我国社会经济的快速发展，土地资源趋紧，滨海地区填（围）海造地的现象越来越常见，加上耕作施肥等原因，我国滨海地区土壤盐渍化面积逐年增加，土壤盐渍化对竹类等植物的生长与生存影响越来越严重。

国内外对竹类植物耐盐性的研究与其他植物相比相对落后，相关研究文献非常少见。厦门市园林植物园陈松河研究员带领的研究团队在此方面作了非常有意义的探索。作者在该专著中对滨海地区竹类的生物学、生态学和园林应用特性等进行了系统研究，对滨海地区竹类生长与土壤盐度之间的关系进行广泛调研，通过田间盐度梯度试验系统研究了竹类植物的耐盐机理，筛选应用适合滨海地区生长的耐盐性较好的竹种等。这些研究成果不仅理论性强，也具有很强的实践性，对充实和完善我国竹类耐盐性研究及应用意义重大。付梓在即，乐以为序。

马乃训

2013年5月27日

马乃训为《中国竹类植物图志》、《竹林丰产栽培技术》、《竹林培育实用技术》主编，《竹子研究汇刊》副主编，中国林业科学研究院亚热带林业研究所研究员。

前 言

盐渍化是一个全球性的影响农业生产及生态环境的重大问题。据不完全统计，全世界的盐渍土面积有9.5×10^8hm^2，中国约有2.7×10^7hm^2。在中国0.67×10^8hm^{2}耕地中就有10%为盐渍化土壤（朱晓军等，2004；林栖凤等，2000），并且过量的施肥及降雨的缺乏加剧了盐渍化程度，使土壤盐渍化面积逐年增加，土壤盐渍化影响作物的生长与生存，是农业生产的主要限制因素之一。

在我国，从滨海（亦即靠近海边、沿海）地区到内陆地区，从低地到高原都分布着不同类型的盐碱土壤，由于气候变化、灌溉方法不当、过度放牧等原因，土地次生盐渍化现象日益加重。福建省海岸线长（厦门本岛更是四面环海），随着城市人口的增加和各项事业的迅猛发展，土地资源日益紧张，寸土寸金，沿海地区围垦造地现象越来越普遍。海岸地带土壤结构差，肥力低，含盐量高，并受海风影响，空气中有较高的盐分，一般植物难以生长，严重影响了园林绿化及农林业的生产与发展。

近年来，通过对滨海盐碱地的耐盐植物进行改良开发，筛选出很多种适合在盐碱地区开发种植的优良地被植物。张永宏等在宁夏滩涂进行的植物对盐碱地的脱盐试验，结果证明了种植耐盐植物具有明显的脱盐作用，能有效抑制土壤盐分的增加，从而达到改良土壤的目的，但不同耐盐植物的脱盐效果差异较大（章文华，1997；LUDLOW，et al，1990）。通过对耐盐植物种质资源的发掘与利用，并采用现代生物技术手段，引进、筛选、驯化、培育新的耐盐植物，并提高植物的耐盐能力，以适应不断恶化的土壤环境，使生物适应土壤环境并达到改良利用盐渍土的目的。

目前对盐渍土壤的开发利用，主要是采取两种措施：一是通过工程措施来改良盐碱土壤，如淡水压盐、挖沟排盐、引黄放淤等，但这些工程措施投资巨大，不仅不能解决根本问题，工程一旦停止，土地马上泛盐，而且在洗盐的同时也洗走了土壤中大量元素包括微量元素，因此这些方法不能大面积地推广；二是生物改良，主要是通过传统杂交育种、海水灌溉筛选育种、组织培养及细胞培养筛选耐盐品种，并通过现代生物技术手段，克隆植物耐盐基因，培育耐盐植物品种或开发利用有经济价值的盐生植物资源以改良土壤，并最终达到改良利用盐碱土地的目的。

竹类植物在分类学上隶属于单子叶植物（Monocotyle-doneae）中的禾本目（Graminales）禾本科（Gramineae），是竹亚科（Bambusoideae）植物的泛称。据统计，全世界约有竹子80余属，1300余种（耿伯介等，1996；Wu Zhengyi et al，2007）。我国位于世界竹类植物分布的中心，现有木本竹类43属（其中4个属为外国引种），850余种（含种以下分类单位，下同）（易同培等，2008；易同培等，2009），被誉为“世界竹子之乡”。中华民族对竹类植物有着深切的情感，千百年来，除了笋用、材用，竹类植物在园林观赏和生态保护等众多领域也有着不可替代的作用，并形成独特的竹文化，倍受人们推崇（陈松河，2009）。

我国森林生态系统的重要组成部分——种质资源丰富，生态类型多，集经济、生态和社会效益于一体的竹子，是适应目前滨海地区园林绿化及防护林建设中所提出的既有经济效益又有生态效益的良好树种。我国竹子耐盐性研究与其他植物相比，起步较晚，虽然在盐胁迫生理、耐盐性鉴定和耐盐品种筛选等方面取得了一些成果，如万贤崇（1995）、郑容妹（2003）、李善春（2005）、洪有为（2005）等从生理生化的角度对几种竹的抗盐抗旱机理进行了研究，李善春（2005）、郑容妹（2003）等研究筛选了一些耐盐碱性较好的竹种。但与其他植物相比，竹类耐盐性相关研究总体水平较低，缺乏系统性，研究的竹种也不多，尤其是在耐盐机理、鉴定指标确定、耐盐竹种选育等方面几乎是空白。特别是针对福建（厦门）等滨海地区适生的耐盐竹子的相关研究更少，由此在盐碱地绿化或造林过程中竹种选择与培育方法不当，造成巨大的经济损失，严重影响环境。

针对以上问题，笔者在系统研究滨海地区竹类植物生物学、生态学和园林应用特性的基础上，通过实地调查研究滨海地区福建省（重点是厦门）、台湾省、海南省以及日本等地竹类盐害情况，研究并提出了滨海地区竹类生长与土壤盐度之间的关系；对厦门园博苑、莆田赤港和湄洲岛3个滨海地段竹类叶片和土壤养分状况进行分析研究及叶片、根系切片电镜扫描观察，阐明了滨海不同区域竹类叶片和土壤养分的动态变化，以及叶片和根系受盐害后内部结构形态的变化；通过盐度梯度试验首次从形态适应性、生理生化指标、养分利用效率、种子发芽率等方面系统研究了竹子的耐盐机理，建立了竹类盐害等级和耐盐等级标准；研究、筛选、推广应用了滨海地区适生的耐盐性较好的竹种；提出了福建（厦门）滨海盐碱地栽培竹类的主要技术措施并在实践中应用。本书的出版还得到了中共厦门市委组织部“厦门市优秀人才专项资金”的资助。

由于笔者水平有限和经验不足，编写时间比较仓促，掌握的资料也不尽全面，书中难免误漏和不当之处，敬请有关专家、学者、科技和生产工作者以及广大读者批评指正。

在本书出版之际，谨向所有关心、支持本书出版的单位、领导、专家、朋友表示衷心的感谢！

陈松河

2013年5月

中国盐碱土壤分布图

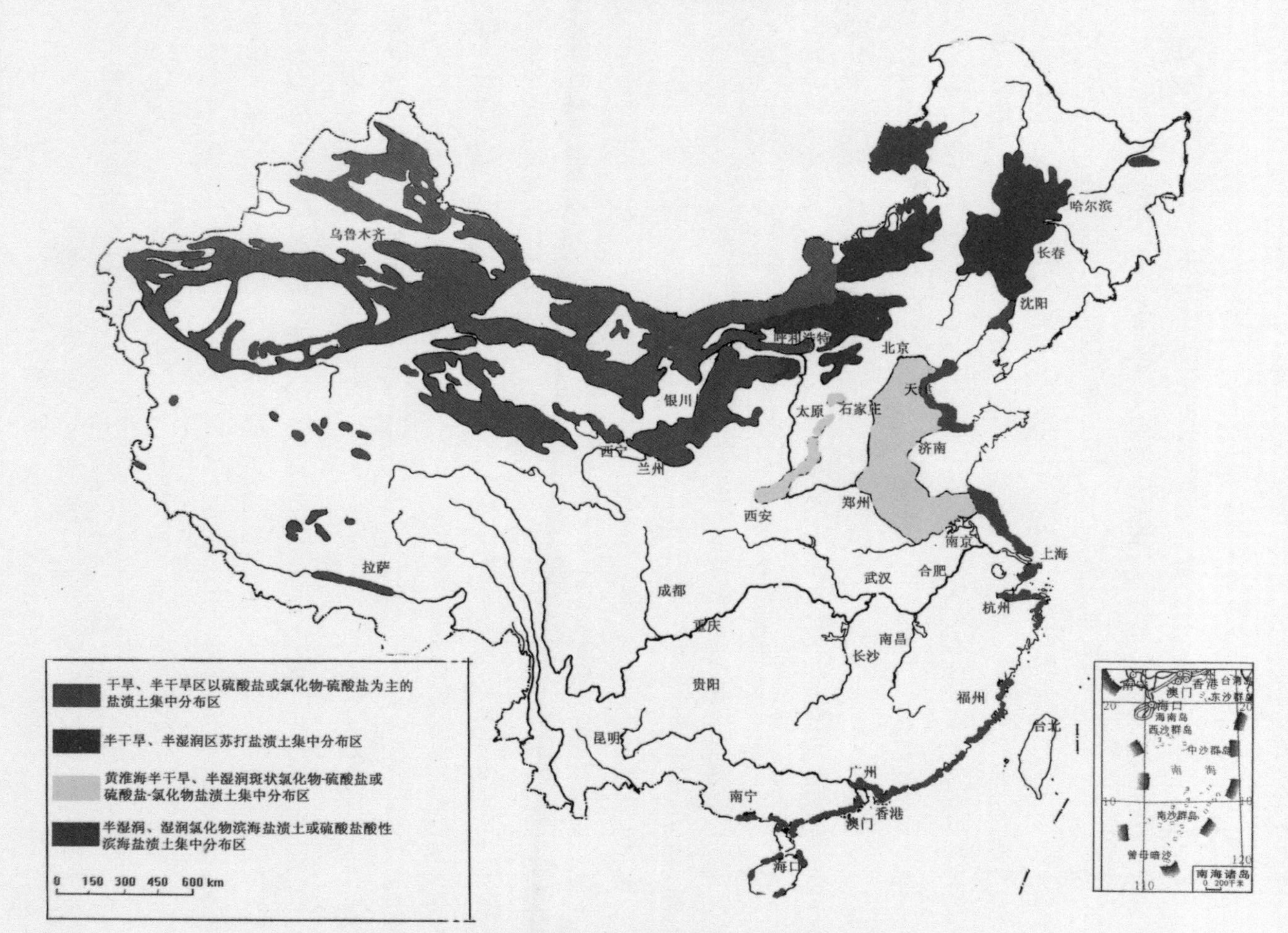

注：郭成源等（2013）根据王遵亲，1993年改制

CONTENTS 目录

第3章 竹类植物耐盐机理研究

第1章

滨海地区园林竹类植物生物学和生态学特性

竹类与禾草在分类学上同隶属于单子叶植物中的禾本科（Gramineae）。但它的形态构造特殊，竹竿通常为多年生，富含木质纤维，质地坚韧，与一般禾草不同，放在禾本科中列为竹亚科（Bambusoideae），是植物界中形态构造较独特的植物类群。竹类植物通常以地下茎繁殖，根据地下茎的分生繁殖特点和形态特征，可分为单轴型、合轴型、复轴型三大类型。竹类植物生长迅速，一般栽植4年左右即可采伐利用，若经营管理得当，一次造林就可永续利用。

竹子的适应范围广，但绝大多数竹种要求温暖湿润的气候条件，多分布在南北回归线之间的热带、亚热带季风气候区的平原丘陵地带。随着纬度和海拔增高，只有少数耐寒竹种才能生长。竹类植物常常组成大面积的竹林，成为森林资源的重要组成部分。

由于海洋的阻隔，世界竹子的地理分布可以分为三大竹区：亚太竹区、美洲竹区和非洲竹区。其中亚太竹区是世界上最大的竹子分布区。我国是世界竹子分布中心产区之一，是世界上竹类资源最为丰富，竹林面积最大，产量最多，栽培历史最悠久，经营管理水平较高的国家，700余万公顷的竹林约占全世界竹林总面积的33.3%。据南京大学已故教授耿伯介先生对世界竹类植物的系统整理研究，全世界共有竹类植物107属1300多种，其中木本竹类植物共79属约1200种，草本竹类植物28属180余种，我国竹类植物有39属500余种，均为木本，无草本竹类分布。我国著名的竹子分类学权威专家，四川农业大学易同培教授在其出版的《中国竹类图志》（科学出版社，2008）中记载统计的我国现有木本竹类43属（其中4个属是从外国引种的），竹种有700余种，变种、变型是150个左右。福建省有竹类植物17属141种，厦门植物园由于科研、科普和城市园林绿化推广应用的需要，自1960年建园以来，一直坚持不懈地从国内外引进新优竹类，截至2012年底，引种栽培的竹类植物达32属215种（含种以下分类单位，下同）。

我国竹类植物中的丛生竹和散生竹各占一半。丛生竹由于出笋一般较迟（7、8月出笋），严冬来临时幼竹尚未充分木质化或还在生长，抗寒性较差，分布仅限于我国南方诸省，到北纬30°以北已是罕见。散生竹和混生竹，由于对寒冷和干旱等不良环境有较强的抗性，适应性广，分布范围也就从南方的广东、广西，到北方的河南、山东等地都有它们的自然分布或引种栽培。高山竹种如箭竹（*Fargesia spathacea*）、玉山竹（*Yushania niitakayamensis*）、筇竹（*Qiongzhuea tumidinoda*）等，要求高湿的环境条件，只能在高山上或深山区生长和发展。《中国植被》的"竹林"章中将我国竹类分布地区区划为4大竹区和2个亚区，分别是：华中亚热带散生竹林区、华中亚热带混生竹林区、南方热带亚热带丛生竹林区（包括华南丛生竹林亚区和西南丛生竹林亚区）、琼滇热带攀缘竹林区。

竹类植物在我国社会发展过程中为创造物质文明、精神文明和生态文明做出了巨大贡献。竹类植物中许多不同形态的竹种四季常青、婀娜多姿，具有独特的形状、色彩、姿态，具有很高的观赏价值，加之寓意丰富，深受人们推崇，在中国园林中运用相当广泛，应用的历史悠久。园林中竹子的应用已成为中国园林的特色之一，在古典和现代园林中都是造园的主要植物材料之一，符合世界园林中崇尚自然、淳朴的发展潮流。竹子功用广泛，在中华民族的文化进程中，产生和形成了独有的竹建筑文化、竹饮食文化、竹工艺文化、竹民俗文化等。

随着人民群众生活水平的提高，竹类植物由于其独特的生长和观赏特性，越来越受到人们的喜爱。在城市园林景观绿化中应用越来越受到重视。但据了解，国内外与园林竹类植物的相关研究，特别是滨海地区园林竹类特性的研究却相对滞后，相关研究绝大部分停留在少数笋用或材用竹种，如毛竹（*Phyllostachys heterocycla* 'Pubescens'）、绿竹（*Dendrocalamopsis oldhamii*）、麻竹（*Dendrocalamus latiflorus*）等单一竹种上，对在滨海地区土壤和空气中盐分含量较高的特殊条件下园林实践中应用的竹类植物的相关生物学特性、生态学特性和园林景观应用等方面缺乏深入系统的研究。

本章系统介绍了滨海地区园林竹类的叶绿素含量、笋期生长规律、叶的热值和灰分含量、开花习性、种子特性、繁殖栽培、病虫害防治等生物学、生态学和园林应用特性，以期为滨海地区竹类研究及应用提供科学的理论依据。

1.1 园林竹类植物叶绿素含量

叶绿体是光合作用的完整单位，而叶绿素是叶绿体的主要色素，它与光合作用关系密切，具有极强的吸收光的能力，在光合作用中以电子传递及共振的方式参与能量的传递反应。过去对竹类植物叶绿素含量的研究主要集中于单一笋用竹种或材用竹种叶绿素含量的研究，如陈松河等（1996）对黄甜竹（*Acidosasa edulis*），邱尔发等（2002）对毛竹，郑容妹等（2002）对绿竹，黄勇（2003）对绿竹，郑蓉（2003）对麻竹等的叶绿素含量进行了相关研究。但对于园林竹类植物叶绿素含量较系统的研究，目前未见报道。课题组对不同园林竹类植物的叶绿素含量进行了研究，揭示不同竹种的叶绿素含量的动态变化规律，为其栽培繁育和开发利用提供理论依据。

1.1.1 材料与方法

（1）样品采集

样品采自厦门市园林植物园竹类植物区内栽培的竹类植物，采集时间为2005年5月中旬。采集的竹类植物有射毛悬竹（*Ampelocalamus actinotrichus*）、大肚竹（*Bambusa vulgaris* 'Wamin'）、妈竹（*B. boniopsis*）、黄金间碧玉竹（*B. vulgaris* 'Vittata'）、小佛肚竹（*B. ventricosa*）、撑麻青竹（*Bambusa pervariabilis* × *Dendrocalamus latiflorus* × *Bambusa textilis*）、大眼竹（*B. eutuldoides*）、河边竹（*B. strigosa*）、霞山坭竹（*B. xiashanensis*）、马甲竹（*B. tulda*）、坭竹（*B. gibba*）、绿篱竹（*B. albo-lineata*）、青皮竹（*B. textilis*）、小琴丝竹（*B. multiplex* 'Alphonse-Karr'）、银丝竹（*B. multiplex* 'Silverstripe'）、粉单竹（*B. chungii*）、撑篙竹（*B. pervariabilis*）、崖州竹（*B. textilis* var. *gracilis*）、鱼肚腩竹（*B. gibboides*）、凤尾竹（*B. multiplex* 'Femleaf'）、青竿竹（*B. tuldoides*）、孝顺竹（*B. multiplex*）、刺黑竹（*Chimonobambusa neopurpurea*）、方竹（*C. quadrangularis*）、香糯竹（*Cephalostachyum pergracile*）、麻竹（*Dendrocalamus latiflorus*）、粉麻竹（*D. pulverulentus*）、花吊丝竹（*D. minor* var. *amoenus*）、吊丝球竹（*Dendrocalamopsis beecheyana*）、壮绿竹（*D. validus*）、四季竹（*Oligostachyum lubricum*）、斑竹（*P. bambusoides* 'Lacrima-deae'）、紫竹（*P. nigra*）、刚竹（*P. sulphurea* 'Viridis'）、篌竹（*P. nidularia*）、乌哺鸡竹（*P. vivax*）、假毛竹（*P. kwangsiensis*）、毛竹（*P. heterocycla* 'Pubescens'）、淡竹（*P. glauca*）、黄皮刚竹（*P. sulphurea* 'Robert Young'）、人面竹（*P. aurea*）、黄竿京竹（*P. aureosulcata* 'Aureocaulis'）、

雷竹（*P. praecox* ‘Prevernalis’）、灰金竹（*P. nigia* var. *henonis*）、长叶苦竹（*Pleioblastus chino*）、大明竹（*P. gramineus*）、月月竹（*Sinobambusa sichuanensis*）、唐竹（*S. tootsik*）、泰竹（*Thyrsostachys siamensis*）、大泰竹（*T. oliveri*），共50种（含种以下分类单位）。各种竹类植物均选择不同年龄（1~5年生竹）竹株上的向阳面中部的叶片，分别取样枝第一片、第二片和第三片的中间部位，叶片要求无病虫害，无生理病斑，无机械损伤。

（2）叶绿素含量的测定

精密称样0.1~0.5g，加少许石英砂研磨后，用80%丙酮分批提取叶绿素至无色止，提取液过滤定容至25mL，用分光光度计分别在λ663nm、λ645nm下进行比色测定。重复3次，计算平均值（中科院上海植物生理研究所《现代植物生理学实验指南》）。

1.1.2 结果与分析

据测定，这些竹类植物的叶绿素含量C_a在1.230~4.350之间，C_b在0.485~1.760之间。叶绿素含量随着竹子年龄的增加而呈现“低—高—低”的变化规律（表1-1）。

园林竹类植物叶绿素含量 表1-1

序号	竹子名称	年龄（a）	C_a平均值	C_b平均值	C_{a+b}	C_a/C_b
1	射毛悬竹	3	3.120	1.400	4.520	2.229
2	大肚竹	1	2.785	1.320	4.105	2.110
		2	3.121	1.400	4.521	2.229
		3	3.281	1.420	4.701	2.311
		4	3.410	1.480	4.890	2.304
		5	3.200	1.380	4.580	2.319
3	妈竹	1	1.860	0.649	2.509	2.866
		2	2.524	0.841	3.365	3.001
		3	2.620	1.040	3.660	2.519
		4	2.710	1.120	3.830	2.420
		5	2.497	0.864	3.361	2.890
4	黄金间碧玉竹	1	2.010	0.940	2.950	2.138
		2	3.480	1.430	4.910	2.434
		3	3.543	1.642	5.185	2.158
		4	3.614	1.720	5.334	2.101
		5	3.378	1.586	4.964	2.130
5	小佛肚竹	1	2.640	1.112	3.752	2.374
		2	2.880	1.210	4.090	2.380
		3	2.640	1.137	3.777	2.322
		4	2.130	0.828	2.958	2.572
		5	2.032	1.006	3.038	2.020

续表

序号	竹子名称	年龄（a）	C_a平均值	C_b平均值	C_{a+b}	C_a/C_b
6	撑麻青竹	1	2.840	1.542	4.382	1.842
		2	3.020	1.620	4.640	1.864
		3	3.152	1.710	4.862	1.843
		4	3.120	1.600	4.720	1.950
		5	2.976	1.485	4.461	2.004
7	大眼竹	3	1.630	0.927	2.557	1.758
8	河边竹	1	3.212	1.210	4.422	2.655
		2	3.563	1.370	4.933	2.601
		3	3.860	1.540	5.400	2.506
		4	2.010	1.080	3.090	1.861
		5	2.008	1.146	3.154	1.752
9	霞山坭竹	3	4.168	2.210	6.378	1.886
10	马甲竹	3	3.490	1.730	5.220	2.017
11	坭竹	3	3.090	1.540	4.630	2.006
12	绿篱竹	3	3.500	1.590	5.090	2.201
13	青皮竹	3	3.240	1.380	4.620	2.348
14	小琴丝竹	1	2.228	1.012	3.240	2.202
		2	2.460	0.871	3.331	2.824
		3	3.170	1.480	4.650	2.142
		4	3.150	1.465	4.615	2.150
		5	3.135	1.342	4.477	2.336
15	银丝竹	3	3.800	1.610	5.410	2.360
16	粉单竹	1	3.540	1.347	4.887	2.628
		2	3.671	1.462	5.133	2.511
		3	3.830	1.550	5.380	2.471
		4	3.896	1.601	5.497	2.433
		5	3.589	1.475	5.064	2.433
17	撑篙竹	3	3.660	1.730	5.390	2.116
18	崖州竹	3	2.040	1.510	3.550	1.351
19	鱼肚腩竹	3	1.970	1.360	3.330	1.449
20	凤尾竹	3	2.570	1.150	3.720	2.235
21	青竿竹	3	3.320	0.965	4.285	3.440
22	孝顺竹	1	2.020	0.627	2.647	3.222
		2	3.800	1.570	5.370	2.420
		3	3.841	1.600	5.441	2.401
		4	3.768	1.583	5.351	2.380
		5	3.550	1.412	4.962	2.514
23	刺黑竹	1	2.740	1.390	4.130	1.971
		2	3.930	1.580	5.510	2.487
		3	4.110	1.760	5.870	2.335
		4	4.012	1.670	5.682	2.402
		5	3.970	1.568	5.538	2.532

续表

序号	竹子名称	年龄（a）	C_a平均值	C_b平均值	C_{a+b}	C_a/C_b
24	方竹	3	1.910	0.767	2.677	2.490
25	香糯竹	3	1.560	1.420	2.980	1.099
26	麻竹	1	2.301	1.110	3.411	2.073
		2	2.312	1.081	3.393	2.139
		3	2.452	1.010	3.462	2.428
		4	2.430	0.977	3.407	2.487
		5	2.414	0.983	3.397	2.456
27	粉麻竹	3	4.350	2.460	6.810	1.768
28	花吊丝竹	3	2.880	1.280	4.160	2.250
29	吊丝球竹	3	3.870	1.710	5.580	2.263
30	壮绿竹	3	3.480	1.240	4.720	2.806
31	四季竹	3	3.700	1.800	5.500	2.056
32	斑竹	1	2.130	0.695	2.825	3.065
		2	1.962	0.634	2.596	3.095
		3	2.080	0.739	2.819	2.815
		4	1.320	0.512	1.832	2.578
		5	1.290	0.500	1.790	2.580
33	紫竹	1	2.440	1.290	3.730	1.891
		2	2.170	0.755	2.925	2.874
		3	1.760	0.587	2.347	2.998
		4	1.536	0.510	2.046	3.012
		5	1.490	0.485	1.975	3.072
34	刚竹	3	2.800	1.210	4.010	2.314
35	篌竹	1	3.220	1.590	4.810	2.025
		2	3.540	1.321	4.861	2.219
		3	3.800	1.490	5.290	2.550
		4	3.781	1.385	5.166	2.730
		5	3.558	1.276	4.834	2.788
36	乌哺鸡竹	3	3.570	1.560	5.130	2.288
37	假毛竹	3	3.840	1.780	5.620	2.157
38	毛竹	3	1.230	0.571	1.801	2.154
39	淡竹	3	1.450	1.120	2.570	1.295
40	黄皮刚竹	3	2.112	0.765	2.877	2.761
41	人面竹	3	2.810	1.070	3.880	2.626
42	黄竿京竹	3	2.860	0.674	3.534	4.243
43	雷竹	3	1.480	0.490	1.970	3.020
44	灰金竹	3	1.370	0.505	1.875	2.713
45	长叶苦竹	3	3.21	1.262	4.472	2.544
46	大明竹	3	3.230	1.652	4.882	1.955
47	月月竹	3	2.050	1.720	3.770	1.192
48	唐竹	3	2.650	0.849	3.499	3.121

续表

序号	竹子名称	年龄（a）	C_a平均值	C_b平均值	C_{a+b}	C_a/C_b
49	泰竹	1	2.453	0.954	3.407	2.340
		2	2.541	1.000	3.541	2.541
		3	2.660	1.052	3.712	2.529
		4	2.841	1.112	3.953	2.555
		5	2.481	1.002	3.483	2.476
50	大泰竹	3	2.510	0.911	3.421	2.755

注：C_a表示叶绿素a的含量（mg/100g鲜重）；C_b表示叶绿素b的含量；C_{a+b}表示C_a和C_b之和；C_a/C_b表示C_a和C_b之比。

（1）聚类分析

聚类分析（Cluster Anlysis）是根据事物本身特征来研究个体分类的多元统计分类方法，是按照物以类聚的原则来研究的事物分类。为更自然地和直观地显示不同园林竹类植物叶绿素含量的差异和联系，本文以表1-1中各竹种3年生中部叶片测得的叶绿素含量为指标进行聚类分析（详细数据见表1-1），运用SPSS12软件中的Hierarchical Cluster方法，对样本用欧氏距离平方，组间平均距离连接法作分层聚类分析，结果如图1-1和表1-2、表1-3所示。

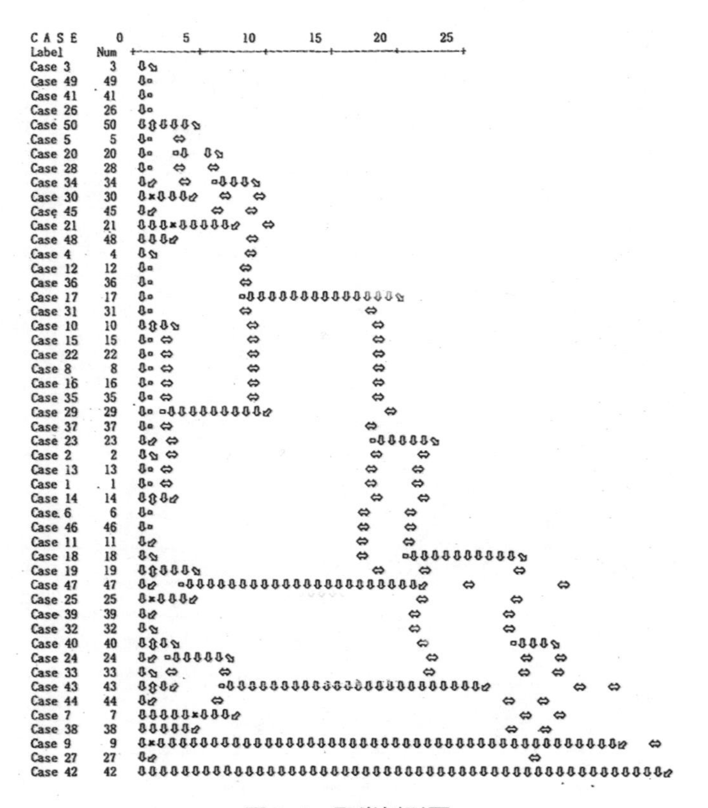

图1-1 聚类树形图

各竹种聚类结果 表1-2

类别	竹种编号
第1类	42
第2类	27、9
第3类	38、7、44、43、33、24、40、32
第4类	39、25、47、19、18、11、46、6、14、1、13、2、23、37、29、35、16、8、22、15、10、31、17、36、12、4、48、21、45、30、34、28、20、5、50、26、41、49、3

注：表中的竹种编号与表1-1中各竹子的序列号相同。

各类竹子叶绿素含量均值 表1-3

类别	C_a平均值	C_b平均值	C_{a+b}	C_a/C_b
第1类	2.860	0.674	3.534	4.243
第2类	4.259	2.335	6.594	1.827
第3类	1.697	0.669	2.365	2.589
第4类	3.086	1.410	4.496	2.230

结合实际，并综合上述结果，确定最终的分类见表1-2，各类别的均值见表1-3。从聚类的结果可以看出，50种竹子的叶绿素含量呈明显的分化态势，第一类有1种，第二类有2种，第三类有8种，第4类有39种。以C_a、C_b、C_{a+b}、C_a/C_b 4项指标来衡量，除少数竹子外，大多数竹子叶绿素含量均处于一般水平。

（2）叶绿素含量与竹子年龄的曲线拟合

为更好地了解各竹种的叶绿素含量与竹子年龄的关系，笔者选取了应用较广泛的15种园林竹类植物，测定其1~5年生竹叶的叶绿素含量，以测定的叶绿素含量与年龄进行单因子生长模拟。经过以下11种单因子模型拟合：

线性模型：$Y=b_0+b_1t$；

对数模型：$Y=b_0+b_1\ln(t)$；

双曲线模型：$Y=b_0+(b_1/t)$；

二次多项式：$Y=b_0+b_1t+b_2t^2$；

三次多项式：$Y=b_0+b_1+b_2t^2+b_3t^3$；

复合模型：$Y=b_0b_1^{t}$；

幂指数模型：$Y=b_0t^{b1}$；

S形曲线模型：$Y=\exp(b_0+b_1/t)$；

生长模型：$Y=\exp(b_0+b_1t)$；

对数模型：$Y=b_0\exp(b_1t)$；

逻辑模型：$Y=1/(1/u+b_0(b_1t))$。

结果表明，叶绿素含量与年龄的拟合模型以三次多项式模型最优，各竹种C_a、C_b的最优拟合模型见表1-4，相关系数的平方除斑竹Y_b为0.661，河边竹Y_b为0.666，篌竹Y_b为0.789略低外，其余均达0.826以上，呈显著或极显著相关关系，说明这些模型可用来预估不同年龄竹子的叶绿素含量。

各竹种叶绿素含量与年龄的单因子拟合模型　表1-4

序号	竹子名称	拟合的方程	相关系数平方（Rsq.）	自由度（Df.）	F值	显著性水平
1	斑竹	Y_a=1.5304+0.8990t−0.3760t^2+0.0370t^3	0.842	1	1.78	0.493
		Y_b=0.5840+0.1455t−0.0535t^2+0.0041t^3	0.661	1	0.65	0.697
2	紫竹	Y_a =2.5112+0.1003t−0.1932t^2+0.0265t^3	0.998	1	142.43	0.062
		Y_b =2.2784−1.2811t+0.3156t^2−0.0263t^3	0.998	1	183.69	0.054
3	大肚竹	Y_a =2.4904+0.2726t−0.0420t^2−0.0136t^3	0.987	1	24.78	0.146
		Y_b =1.3200−0.0395t+0.0521t^2−0.0083t^3	0.905	1	3.19	0.385
4	泰竹	Y_a =2.8722−0.7319t+0.3694t^2−0.0477t^3	0.943	1	5.52	0.301
		Y_b =1.0560−0.1950t+0.1103t^2−0.0147t^3	0.968	1	10.10	0.226
5	妈竹	Y_a =0.7532+1.4215t−0.3245t^2+0.0221t^3	0.977	1	13.96	0.194
		Y_b =0.6628−0.1687t+0.1848t^2−0.0286t^3	0.999	1	382.14	0.038
6	麻竹	Y_a =2.3428−0.1149t+0.0768t^2−0.0103t^3	0.847	1	1.85	0.485
		Y_b =1.0802+0.0772t−0.0530t^2+0.0068t^3	0.994	1	53.48	0.100
7	黄金间碧玉竹	Y_a =−0.8980+3.9092t−1.0681t^2+0.0917t^3	0.976	1	13.82	0.195
		Y_b =0.2056+0.8803t−0.1482t^2+0.0055t^3	0.998	1	183.29	0.054
8	小佛肚竹	Y_a =1.3324+1.9631t−0.7366t^2+0.0743t^3	0.994	1	55.51	0.098
		Y_b=0.2776+1.2672t−0.4989t^2+0.0548t^3	0.899	1	2.97	0.398
9	青麻撑	Y_a =2.5936+0.2593t−0.0100t^2−0.0053t^3	0.993	1	50.71	0.103
		Y_b=1.3624+0.2043t−0.0291t^2−0.0014t^3	0.918	1	3.71	0.360
10	河边竹	Y_a =0.0296+4.5672t−1.6303t^2+0.1585t^3	0.826	1	1.58	0.515
		Y_b=0.2632+1.3236t−0.4454t^2+0.0430t^3	0.666	1	0.66	0.693
11	篌竹	Y_a =2.8238+0.3935t+0.0105t^2−0.0120t^3	0.994	1	59.19	0.095
		Y_b=2.2234−0.9454t+0.3348t^2−0.0368t^3	0.789	1	1.25	0.564
12	刺黑竹	Y_a =0.1264+3.5258t−0.9954t^2+0.0888t^3	0.998	1	191.03	0.053
		Y_b=1.0356+0.4067t−0.0595t^2−0.0002t^3	0.949	1	6.26	0.284
13	小琴丝竹	Y_a =2.1276−0.1553t+0.2673t^2−0.0394t^3	0.933	1	4.67	0.325
		Y_b=1.7650−1.3100t+0.6015t^2−0.0715t^3	0.834	1	1.67	0.505
14	粉单竹	Y_a =3.6852−0.3410t+0.2315t^2−0.0334t^3	0.996	1	86.37	0.079
		Y_b=1.3190−0.0331t+0.0754t^2−0.0125t^3	0.994	1	51.21	0.102
15	孝顺竹	Y_a =−1.7992+5.1991t−1.4891t^2+0.1328t^3	0.984	1	20.23	0.162
		Y_b=−1.3166+2.6260t−0.7318t^2+0.0633t^3	0.980	1	16.71	0.177

1.1.3　结论与讨论

本研究的50种园林竹类植物3年生中部叶片的叶绿素含量变动的幅度较大，C_a在1.230~4.350之间，C_b在0.485~1.760之间，不同的园林竹类植物其叶绿素含量差异较大。为更自然地和直观地显示不同竹类植物叶绿素含量的差异和联系，本文通过聚类分析可以将其分为4类，第1类有1种，第2类有2种，第3类有8种，第4类有39种，可见除少数竹子外，大多数竹子叶绿素含量均处于一般水平。研究表明不同园林竹类植物叶绿素含量随着竹子年龄的增加而呈现“低—高—低”的变化规律，叶绿素含量与年龄经11种单因子模型拟合，以三次多项式：$Y=b_0+b_1+ b_2 t^2+ b_3 t^3$模型拟合最优，可以用这些模型来预估不同年龄竹子的叶绿素含量。

园林上应用的竹类植物与林业（农业）上的笋用竹或材用竹相比，因其培育的目的、生长环境、抚育管理措施等均有较明显的差异，特别是城市园林竹类植物所处的环境大多比较恶劣，如其生长的土壤大多为建筑垃圾土，土壤贫瘠，土壤盐分含量高，土壤下层城市管线等市政设施密布，条件十分恶劣，与林业（农业）上的笋用竹或材用竹所处的环境无法可比，其叶绿素含量的相关研究具有特殊性。本文主要研究了同一地点（厦门植物园）内相同或相似生境下人工栽培的园林竹类植物的叶绿素含量及其与年龄的关系，但对园林竹类植物叶绿素含量与复杂的城市环境要素如水分、土壤和光照等的关系还未涉及，这些有待于今后的进一步研究。

1.2　园林竹类植物出笋—成竹规律

竹类植物是我国传统的观赏植物种类之一，在我国华南地区园林中应用广泛。竹类植物的出笋—成竹规律的研究对其繁殖、栽培和应用十分重要，锦竹、粉单竹、撑篙竹、崖州竹、花竹、青皮竹、马甲竹、苦绿竹、吊丝球竹、麻竹是我国华南地区应用非常广泛的丛生竹类植物，但国内与此相关的研究甚少。本文对这10种园林竹类植物的出笋—成竹规律进行了初步研究。

1.2.1　材料与方法

（1）材料

选取试验地内生长正常，无明显病虫害的锦竹（*Bambusa subaequalis*）、粉单竹（*B.*

chungii）、撑篙竹（*B. pervariabilis*）、崖州竹（*B. textilis* var. *gracilis*）、花竹（*B. albo-lineata*）、青皮竹（*B. textilis*）、马甲竹（*B. tulda*）、苦绿竹（*Dendrocalamopsis basihirsuta*）、吊丝球竹（*D. beecheyana*）、麻竹（*Dendrocalamus latiflorus*）作为试验材料。

（2）方法

于1999年起在研究地内选取立地条件相似的样地，每竹种选取相邻的4丛竹子作为观察对象，观察记录各竹种的出笋起止时间。于2005年笋期每隔4d观察1次，调查、记录各竹种的出笋、退笋数量；于出笋初期各选出并标记5支竹笋，每隔5d测其高度，直至高生长停止，观察其高生长节律；于笋期结束后，各随机检测20竿成竹的胸径，取其平均值得出当年生各竹子的胸径。

1.2.2 结果与分析

（1）出笋起止与持续时间

出笋时间及持续的天数　表1-5

序号	竹子名称	出笋期	持续天数（d）
1	锦竹	7月上旬至10月上旬	90~102
2	粉单竹	7月上旬至10月中旬	85~110
3	撑篙竹	7月上旬至10月中旬	90~105
4	崖州竹	7月上旬至10月上旬	80~115
5	花竹	7月下旬至10月上旬	85~90
6	青皮竹	7月上旬至10月上旬	90~105
7	马甲竹	7月下旬至11月中旬	90~120
8	苦绿竹	7月上旬至9月下旬	85~100
9	吊丝球竹	7月中旬至10月下旬	95~115
10	麻竹	6月下旬至10月中旬	90~115

由表1-5可知，10种园林竹类植物出笋时间在6月下旬至11月中旬，大部分竹子7月上旬即开始发笋，10月中下旬基本结束；出笋持续的时间为80~120d，最长的为马甲竹，出笋持续时间为90~120d，最短的为花竹85~90d。

（2）出笋成竹情况

各竹种出笋成竹情况　表1-6

序号	竹子名称	笋个数	退笋数	成竹数	新竹胸径（cm）	退笋率（%）	成竹率（%）
1	锦竹	24	6	18	2.80	25.0	75.0
2	粉单竹	27	5	22	2.77	18.5	81.5
3	撑篙竹	30	9	21	4.58	30.0	70.0
4	崖州竹	36	7	29	4.01	19.4	80.6

续表

序号	竹子名称	笋个数	退笋数	成竹数	新竹胸径（cm）	退笋率（%）	成竹率（%）
5	花 竹	25	5	20	5.10	20.0	80.0
6	青皮竹	28	6	22	5.00	21.4	78.6
7	马甲竹	23	4	19	6.36	17.4	82.6
8	苦绿竹	26	5	21	6.47	19.2	80.8
9	吊丝球竹	22	4	20	5.92	18.2	81.8
10	麻 竹	32	6	28	3.33	18.8	81.2

由表1-6可见，10种园林竹类植物的退笋率在17.4%~30.0%之间，退笋率最高的是撑篙竹，达30.0%，退笋率最低的为马甲竹，17.4%；成竹率在70.0%~82.6%之间，成竹率最高的是马甲竹，达82.6%，成竹率最低的为撑篙竹，70.0%。

（3）幼竹高生长节律

竹笋—幼竹高生长情况调查表（单位:cm）　表1-7

序号	竹子名称	笋高及生长量	日期														
			7/1	7/6	7/11	7/16	7/21	7/26	7/31	8/5	8/10	8/15	8/20	8/25	8/30	9/4	9/9
1	锦竹	笋（幼竹）高	0	16	36	64	75	130	163	202	247	354	408	495	586	666	687
		5d生长量		16	20	28	11	55	33	39	45	107	54	87	91	80	21
2	粉单竹	笋（幼竹）高	0	20	50	84	129	170	201	246	319	495	541	589	640	691	728
		5d生长量		20	30	34	45	41	31	45	73	76	46	48	51	51	27
3	撑篙竹	笋（幼竹）高	0	14	30	42	64	104	149	199	248	307	361	418	496	560	603
		5d生长量		14	16	12	22	40	45	50	49	59	54	57	78	64	43
4	崖州竹	笋（幼竹）高			0	20	43	66	86	109	162	248	296	357	448	507	569
		5d生长量				20	23	23	20	23	53	86	48	61	91	59	62
5	花竹	笋（幼竹）高				0	12	29	67	97	135	200	241	304	388	433	481
		5d生长量					12	17	28	30	38	65	41	63	84	45	48
6	青皮竹	笋（幼竹）高					0	12	29	49	67	113	149	203	278	331	383
		5d生长量						12	17	20	18	46	36	54	75	53	52
7	马甲竹	笋（幼竹）高						0	18	41	116	221	313	423	557	691	811
		5d生长量							18	23	75	105	92	110	134	134	120
8	苦绿竹	笋（幼竹）高					0	13	31	51	86	155	210	283	379	460	532
		5d生长量						13	18	20	35	69	55	73	96	81	72
9	吊丝球竹	笋（幼竹）高		0	12	34	57	87	127	187	331	397	492	595	754	767	855
		5d生长量			12	22	23	30	40	60	144	66	95	103	159	13	88
10	麻竹	笋（幼竹）高						0	27	83	163	275	359	457	731	885	965
		5d生长量							27	56	80	112	84	98	274	154	80

续表

序号	竹子名称	笋高及生长量	日期														
			9/14	9/19	9/24	9/29	10/4	10/9	10/14	10/19	10/24	10/29	11/3	11/8	11/13	11/18	11/23
1	锦竹	笋（幼竹）高	765	841	874	931	1008	1030	停								
		5d生长量	78	76	33	57	77	22									
2	粉单竹	笋（幼竹）高	776	847	887	904	947	982	停								
		5d生长量	48	71	40	17	43	35									
3	撑篙竹	笋（幼竹）高	657	678	736	791	821	881	942	963	993	停					
		5d生长量	54	21	58	55	30	60	61	21	30						
4	崖州竹	笋（幼竹）高	618	639	672	737	825	883	925	停							
		5d生长量	49	21	33	55	88	58	42								
5	花竹	笋（幼竹）高	538	556	601	665	703	720	764	832	901	921	955	1002	1042	停	
		5d生长量	57	18	45	64	38	17	44	68	69	20	34	47	40		
6	青皮竹	笋（幼竹）高	430	447	509	572	624	646	686	749	800	817	857	913	975	1019	停
		5d生长量	47	17	62	63	52	22	40	63	51	17	40	56	62	44	
7	马甲竹	笋（幼竹）高	914	954	988	1009	1104	1204	1311	1354	1414	停					
		5d生长量	103	40	34	21	95	100	107	43	60						
8	苦绿竹	笋（幼竹）高	602	632	690	750	停										
		5d生长量	70	30	58	60											
9	吊丝球竹	笋（幼竹）高	930	990	1011	1043	1143	1240	1290	1330	1350	停					
		5d生长量	75	60	21	32	100	97	50	40	20						
10	麻竹	笋（幼竹）高	1024	1114	1174	1204	1314	1370	1450	1480	停						
		5d生长量	59	90	60	130	110	56	80	30							

各竹种竹笋—幼竹高生长情况调查结果见表1-7。由表1-7可见，各竹种5d高生长量呈“少—多—少”的趋势。为更好地了解各竹种竹笋—幼竹高生长与时间的关系，以连续测得的竹笋—幼竹高的数值与对应的时间梯度的数值（5d、10d、15d……）进行11种单因子生长模型的拟合。结果表明，两者拟合模型以三次多项式模型最优（表1-8），各竹种拟合模型的相关系数的平方达0.985以上，呈极显著相关关系，说明这些模型可用来预估竹笋—幼竹高生长情况。

竹笋—幼竹高生长数学模型　表1-8

序号	竹子名称	数学模型	相关系数平方	自由度	F值	显著性水平
1	锦 竹	$Y=34.8448-3.2241t+0.3023t^2-0.0017t^3$	0.998	16	2409.08	<0.01

续表

序号	竹子名称	数学模型	相关系数平方	自由度	F值	显著性水平
2	粉单竹	$Y=-4.1443+2.5143t+0.2268t^2-0.0016t^3$	0.993	16	722.76	＜0.01
3	撑篙竹	$Y=-10.658+1.6523t+0.1573t^2-0.0008t^3$	0.998	19	3592.08	＜0.01
4	崖州竹	$Y=-2.8535+1.7091t+0.1894t^2-0.0011t^3$	0.994	15	867.54	＜0.01
5	花　竹	$Y=31.0400-5.5923t+0.5226t^2-0.0043t^3$	0.998	10	1972.33	＜0.01
6	青皮竹	$Y=-49.863+4.0663t+0.2423t^2-0.0015t^3$	0.993	18	838.52	＜0.01
7	马甲竹	$Y=-58.064+8.1789t+0.0347t^2-0.0002t^3$	0.997	20	2140.14	＜0.01
8	苦绿竹	$Y=-53.530+9.2741t-0.0081t^2-0.000057t^3$	0.997	20	2408.19	＜0.01
9	吊丝球竹	$Y=-132.94+20.1320t+0.14572^2-0.0019t^3$	0.985	13	287.02	＜0.01
10	麻　竹	$Y=-140.53+19.2125t+0.0437t^2-0.0008t^3$	0.991	14	506.86	＜0.01

1.2.3　结论与讨论

10种华南地区应用广泛的丛生园林竹类植物锦竹、粉单竹、撑篙竹、崖州竹、花竹、青皮竹、马甲竹、苦绿竹、吊丝球竹、麻竹的出笋时间在6月下旬至11月中旬，大部分竹子7月上旬即开始发笋，10月中下旬基本结束；出笋持续的时间为80~120d，最长的为马甲竹，出笋持续时间为90~120d，最短的为花竹85~90d；退笋率在17.4%~30.0%之间，退笋率最高的是撑篙竹，达30.0%，退笋率最低的为马甲竹，17.4%；成竹率在70.0%~82.6%之间，成竹率最高的是马甲竹，达82.6%，成竹率最低的为撑篙竹，70.0%。各竹种5d高生长量呈“少—多—少”的趋势，竹笋—幼竹高生长与时间的关系经11种单因子生长数学模型拟合，以三次多项式模型$Y=b_0+b_1+b_2t^2+b_3t^3$拟合最优，各竹种拟合模型的相关系数的平方达0.985以上，呈极显著相关关系。

园林竹类植物的出笋—成竹规律不仅与其生长的地理环境条件有关，而且与其生长时期的气象条件如温度、湿度、降水等密切相关。本文只对这10种园林竹类植物在相对一致的环境条件下的出笋期、退笋率、成竹率、幼竹高生长节律进行了初步的观测分析研究，没有涉及与各气象因子的具体关系，这些有待于今后的进一步研究。

1.3　泰竹生物学特性的研究

泰竹（*Thyrostachys siamensis*），别名暹罗竹（台湾植物志）、南洋竹，原产于缅甸和泰国。我国台湾、福建（厦门）、广东（广州）及云南等地有栽培。该竹种竿直丛密，枝柔叶细，具有很高的观赏价值，在园林绿化中应用广泛，深受欢迎，目前种苗供不应求。但国内与此相关的研究甚少。

1.3.1 材料与方法

（1）材料

本试验材料泰竹皆取材于厦门市园林植物园内。

（2）研究方法

于2003年在研究地内选取9块样地，每块样地包括相邻的4丛竹子作为观察对象。笋期每隔4d观察1次，调查、记录各样地的出笋、退笋数量。于出笋初期选出并标记5支竹笋，每隔5d测其高度，直至高生长停止，观察其高生长节律。于每年笋期结束后，随机检测20竿竹的胸径，取其平均值得出当年生竹子的胸径。

1.3.2 结果与分析

（1）泰竹形态特征

泰竹为泰竹属植物，地下茎合轴丛生，竿直立，形成极密的单一竹丛，高可达8~13m，直径3~5cm，梢头劲直或略弯曲；节间幼时被白柔毛，竿壁甚厚，基部近实心；竿环平；节下具一圈高约5mm的白色毛环；分枝习性甚高，主枝不甚发达；芽的长度大于宽度。箨鞘宿存，紧包竿，质薄，柔软，与节间近等长或略长，背面贴生白色短刺毛，鞘口作“山”字形隆起；箨舌低矮，先端具稀疏之短纤毛；箨片直立，长三角形，基部微收缩，边缘略内卷。末级小枝具4~12叶；叶鞘具白色贴生刺毛，边缘生纤毛；叶耳很小或缺；叶舌高约1mm，上缘具纤毛；叶片窄披针形，长9~18cm，宽0.7~1.5cm，两表面均无毛，或幼时在下表面具柔毛，次脉3~5对。

（2）泰竹出笋规律

1）出笋起止时间及持续天数

1999~2004年对研究地内的泰竹进行连续5年的观察。研究地内的泰竹林于7月上旬开始出笋，至9月下旬基本结束。根据2003年对试验样地的观察，泰竹林出笋随时间而变化，竹笋一旦出土，出笋数量很快增加，第45天左右出笋数量达到了高峰，而后逐渐下降，近于常态分布（表1-9）。因此，可根据竹笋出土的3种态势，将整个出笋期分为前期（约30d）、中期（约30d）、后期（约31d）3个阶段，中期也就是出笋盛期。

出笋数与出笋日期的关系　表1-9

出笋日期（月/日）	7/1~7/5	7/6~7/10	7/11~7/15	7/16~7/20	7/21~7/25	7/26~7/30	7/31~8/4	8/5~8/9	8/10~8/14	8/15~8/19	8/20~8/24	8/25~8/29	8/30~9/4	9/5~9/9	9/10~9/14	9/15~9/19	9/20~9/24	9/25~9/29	合计 Total
出笋数量（支）	5	5	7	9	12	14	17	22	31	20	17	12	10	8	6	3	3	2	203
与出笋总数比（%）	2.5	2.5	3.4	4.4	5.9	6.9	8.4	10.8	15.3	9.9	8.4	5.9	4.9	3.9	2.9	1.5	1.5	1.0	100

出笋数量依持续时间的分布头15天出笋数占出笋总数的8.4%；随后，第6~30天，数量显著增加，达到17.2%；到第31~45天，达到34.5%；第46~61天略有下降，但仍稳定在24.2%的较高数量；到第62~77天后，出笋数量有11.7%；到第77~91天后，出笋明显下降，仅为4.0%，直至停止出土。可见，泰竹出笋量较集中在8月份，这是竹笋产量形成的重要阶段。

2）竹笋（幼竹）高生长节律

在土壤条件相似的同一样地上，于7月16日起，选出并标记5支竹笋，每隔5d测其高度，直至高生长停止，取其平均值。竹笋（幼竹）高生长随时间的变化见表1-10。

幼竹高生长与时间的关系　表1-10

时间（月/日）	7/16	7/21	7/26	7/31	8/05	8/10	8/15	8/20	8/25	8/29	8/30	9/04
高度（cm）	0	21	53	93	140	198	320	418	520	614	638	718

为更好地了解泰竹在厦门的生长状况，以调查的5株竹笋的高度与时间进行单因子生长模拟。经过11种单因子模型拟合（表1-11），竹（笋）高与时间的拟合模型以三次多项式模型最优，相关系数的平方达0.996，呈极显著相关关系。

竹（笋）高（Y）与时间（t）的最优拟合模型为：$Y=62.8485-10.489t+0.9075t^2-0.0091t^3$

竹（笋）高与时间的单因子拟合模型及参数　表1-11

序号	方程	类型	相关系数平方	自由度	F值	b_0	b_1	b_2	b_3
1	$Y=b_0+b_1t$	线性模型	0.978	9	398.69	−117.07	15.2145		
2	$Y=b_0+b_1\ln(t)$	对数模型	0.819	9	40.59	−652.13	309.788		
3	$Y=b_0+(b_1/t)$	双曲线模型	0.519	9	9.72	526.308	- 3404.8		
4	$Y=b_0+b_1t+b_2t^2$	二次多项式	0.984	8	243.76	−61.921	10.1236	0.084	
5	$Y=b_0+b_1+b_2t^2+b_3t^3$	三次多项式	0.996	7	618.99	62.848	−10.489	0.907	−0.0091
6	$Y=b_0b_1^t$	复合模型	0.912	9	93.83	29.693	1.068		

续表

序号	方程	类型	相关系数平方	自由度	F值	b_0	b_1	b_2	b_3
7	$Y=b_0t^{b1}$	幂指数模型	0.993	9	1235.20	1.552	1.546		
8	$Y=\exp(b_0+b_1/t)$	S形曲线模型	0.851	9	51.44	6.475	−19.762		
9	$Y=\exp(b_0+b_1t)$	生长模型	0.912	9	93.83	3.391	0.066		
10	$Y=b_0\exp(b_1t)$	对数模型	0.912	9	93.83	29.699	0.066		
11	$Y=1/(1/u+b_0(b_1t))$	逻辑模型	0.912	9	93.83	0.033	0.935		

注：表中b_0、b_1、b_2、b_3为模型的参数。

（3）成竹直径与年龄的关系

据调查资料的统计分析，泰竹成竹直径与年龄的关系，计算机拟合结果表明，二者符合回归方程$Y=6.1900-1.8084t+0.5606t^2-0.0553t^3$（$Y$为成竹直径，t为距离现在的年份数），相关系数$R=0.923$，达显著水平。

（4）成竹胸径、竹高、枝下高间的关系

以2003年生的泰竹成竹（2002年母竹移植）调查的胸径、竹高、枝下高的数据两两之间进行Pearson相关分析和双侧显著性概率检验。分析结果表明，双侧检验的显著性概率均小于0.01，胸径与竹高相关系数达0.898，胸径与枝下高的相关系数达0.728，竹高与枝下高的相关系数达0.763，三者之间在0.01的水平上达显著相关。

（5）成竹叶长、叶宽、叶面积与其他观赏竹种的比较

叶片的形状、大小、颜色等与竹子的观赏性有很大的关系。为更直观地反映泰竹叶片形态特征，随机选取试验地附近13种观赏竹，比较其与泰竹叶长、叶宽、叶面积大小，见表1-12。

泰竹成竹叶长、叶宽、叶面积与其他观赏竹种的比较　表1-12

序号	竹种名称	学名	平均叶长（cm）	泰竹与之相比（cm）	平均叶宽（cm）	泰竹与之相比（cm）	平均叶面积（cm^2）	泰竹与之相比（cm^2）
1	泰竹	*Thyrsostachys siamensis*	13.21	0	1.03	0	13.61	0
2	绿竹	*Dendrocalamopsis oldhamii*	27.50	−14.29	4.00	−2.79	110.00	−96.39
3	马甲竹	*Bambusa tulda*	24.00	−10.79	3.00	−1.97	72.00	−58.39
4	霞山坭竹	*B. xiashanensis*	16.00	−2.79	2.70	−1.67	43.20	−29.59
5	鱼肚腩竹	*B. gibboides*	15.50	−2.29	1.90	−0.87	29.45	−15.84
6	大眼竹	*B. eutuldoides*	16.30	−3.09	2.40	−1.37	39.12	−25.51
7	黄金间碧玉	*B. Vulgaris* ‘Vittata’	20.50	−7.29	3.00	−1.97	61.50	−47.89
8	撑篙竹	*B. pervariabilis*	11.70	1.51	1.50	−0.47	17.55	−3.94
9	大肚竹	*B. vulgaris* ‘Wamin’	18.50	−5.29	2.40	−1.37	44.40	−30.79

续表

序号	竹种名称	学名	平均叶长（cm）	泰竹与之相比（cm）	平均叶宽（cm）	泰竹与之相比（cm）	平均叶面积（cm^2）	泰竹与之相比（cm^2）
10	银丝竹	*B.multiplex* ‘Silverstripe’	15.50	−2.29	1.50	−0.47	23.25	−10.04
11	坭竹	*B. gibba*	9.70	3.51	1.80	−0.77	17.46	−3.85
12	甲竹	*B. remotiflora*	14.00	−0.79	2.20	−1.17	30.80	−17.19
13	粉单竹	*B. chungii*	11.00	2.21	2.00	−0.97	22.00	−8.39
14	小琴丝竹	*B.multiplex* ‘Alphonse-Karr’	9.70	3.51	1.80	−0.77	17.46	−3.85
合计			223.11		31.23		541.8	
平均值			15.94		2.23		38.7	
泰竹与之相比			−2.73		−1.2		−25.09	

由表1-12可见，泰竹除平均叶长较撑篙竹、坭竹、粉单竹、小琴丝竹大外，其余数值均比其他观赏竹小，是一种叶子较纤细的优良观赏竹种。

（6）病虫害情况

笔者2003年6月的调查发现，厦门地区泰竹的主要病害有：煤烟病、叶枯病；虫害主要有：蚜虫、矢尖蚧、夜蛾、卷叶蛾、毒蛾。其中危害泰竹的病害中以煤烟病为重，危害的部位主要是竹子茎竿下部；虫害以蚜虫为重，危害的部位主要是竹子的嫩叶。受害的竹子的生长发育受到严重的影响，观赏性大大降低。调查中也发现，在通风向阳、竹林不太密集的地方泰竹受到的病虫害危害较轻，甚至没有。可见加强竹林的养护管理，合理调整竹林的结构是预防泰竹病虫害发生的关键措施之一。

1.3.3　讨论

泰竹是我国南方地区非常受欢迎的观赏竹种之一，与之相关的研究文献资料甚少。笔者结合实际工作，只对其地上部分的特性进行了初步的探讨。以后还需对竹子的地下竹鞭的结构特征、生长发育状况及泰竹的其他相关生物学特性与土壤、气象状况的关系等进行系统深入的研究，为泰竹的推广应用提供更全面更科学的理论依据。

1.4　黄甜竹笋期生长规律的研究

黄甜竹[*Acidosasa edulis*（Wen）Wen]是竹亚科酸竹属一竹种，主要分布于福建省福州、闽侯、闽清、古田、连江、永泰、莆田等县市。该竹竹竿通直，节间长，枝叶浓密，翠绿而有光泽，适合于园林观赏。厦门植物园、福建省华安竹类园和浙江省林科所竹类园等均已引种栽培。目前对黄甜竹笋期生长规律的研究很少。为此，课题组对黄甜竹出笋、成竹、退笋等规律进行探索，以期促进该资源的合理开发和充分利用。

1.4.1 材料与方法

（1）材料

试验所用黄甜竹种苗是从其分布地永春县和莆田市天然林分中挖取，选取2~3年生健壮、无病虫害竹子，按来鞭20cm，去鞭30cm长截取，带土球，数量约350株，平均初植密度为每亩种植55株。

试验地位于福建省东部之莆田市黄龙林场场部附近，地处中亚热带，年平均气温19℃，1月份平均气温8.2℃，7月份平均气温27℃，极端最低气温-3.8℃，极端最高气温34.5℃，日均温≥10℃的积累达5750℃，年均降水量1600mm，相对湿度83.2%；霜期2~3个月，霜日55~76d；日照较短，昼夜温差明显。总之，本区雨量丰富，多云雾，温差大，气候冷暖适中。

试验地土壤为山地红壤，成土母质为花岗岩，土层深厚，腐殖质含量高，土壤湿润，较疏松，水肥条件较好，地势平缓，坡向、立地条件也较一致。

（2）方法

在立地条件较一致的试验地上选取10块作为观察样地，每块样地10m×10m，其4个角均设置2m×2m样方。出笋前，随机抽取8个样方，小心挖出样方内0~50cm土层中的土壤，保持竹鞭分布原状，逐条记载各鞭的壮芽、弱芽、笋芽等，然后盖土复原。笋期每隔4d观察1次，调查、记录各块样地的出笋、退笋数量；当退笋表现明显时，随机抽样调查退笋的原因，根系状况、着生深度等。在不同出土阶段（前期、中期和后期）各选出并标记10支竹笋，观察其高生长节律。

1.4.2 结果与分析

（1）出笋规律

1）出笋起止时间及持续天数

对黄甜竹自然分布区和莆田黄甜竹林集约经营试验地进行连续5年、20次的观察。在福建省黄甜竹林一般于3月下旬开始出笋，至5月上旬基本结束。出笋期闽东比闽北早8d，而同地区海拔较高的竹林比低山丘陵竹林迟约6d，同一地点，稀林较密林早，阳坡较阴坡早。黄甜竹林出笋持续天数，大年出笋持续天数比小年长约5d；人工集约经营比野生自然生长竹林出笋持续天数约长7~10d。黄甜竹林出笋持续天数，总的来说约35~47d。

2）出笋数量按时间分布

以莆田试验地的观察记录为例。黄甜竹林自3月23日开始出土至5月5日停止，出笋期历时44d，出笋数量依持续时间而变化，竹笋一旦出土，出笋数量很快增加，第24天左右出笋数量达到了高峰，而后逐渐下降，近于常态分布（表1-13）。因此，可根据竹笋出土的3种态势，将整个出笋期分为前期（约15d）、中期（约15d）、后期（约15d）3个阶段，中期也就是出笋盛期。

不同日期黄甜竹出笋数 表1-13

出笋日期（月/日）	3/23~3/26	3/27~3/30	3/31~4/3	4/4~4/7	4/8~4/1	4/12~4/15	4/16~4/19	4/20~4/23	4/24~4/27	4/28~5/1	5/2~5/5	合计
出笋数量（支）	345	540	990	1275	1485	1620	1155	510	330	180	45	8475
与出笋总数比（%）	4.1	6.4	11.7	15.0	17.6	19.1	13.6	6.0	3.9	2.1	0.5	100

出笋数量依持续时间的分布头8天出笋数占出笋总数的10.5%；随后，第9~16天，数量显著增加，达到26.7%；到第17~24天，达到36.7%；第25~32天略有下降，但仍稳定在19.6%的较高数量；到第37~41天后，出笋数量仅有2.6%，出笋明显下降，直至停止出土。可见，黄甜竹出笋量较集中在3月31日至4月19日的20d内，这是竹笋产量形成的重要阶段，在此期间除应留养足够的母竹外，连同初、末期的竹笋均可挖掘食用。

3）竹笋（幼竹）高生长节律

黄甜竹竹笋（幼竹）的高生长与其他植物一样，整个生长过程中依时间表现为“慢—快—慢”的特性，即呈S形曲线。出笋初期15d生长缓慢，日均生长4~5cm，随后高生长迅速，约维持15d左右，平均日生长量为17cm，最大日生长量可达32cm，以后高生长又逐渐下降，后期日生长量仅2cm，至5月上旬停止生长。为了用公式来探讨其生长节律，根据原始资料研究，采用不同经验公式进行拟合，结果表明，以选用Logistic 生长方程效果最佳。

$$H=K/(1+ae^{-bt})$$

式中 H ——相对（高）累积生长量（%），即截止某一日的累积生长量占全期生长量的百分比；

t ——生长天数（d）；

a、b ——方程参数（b 为内禀生长率）；

e ——自然对数常数；

K ——研究对象的极限容纳数，即当$t\rightarrow\infty$时$H=K$，它由下式给出：

$$K=[2P_1P_2P_3-P_2^2(P_1+P_2)]/(P_1P_3-P_2^2)$$

式中 P_1、P_2、P_3分别表示生长曲线始点、中点及终点的累积生长量。

计算机处理分析结果见表1-14。对表1-14方程进行回归检验，结果表明，表中各方程的回归显著性达极显著水平，相关系数在0.94以上，说明数学模型的拟合是精确可靠的。

黄甜竹笋—幼竹高生长数学模型　表1-14

出笋期	数学模型	相关系数	F值	F_a=0.01
前　期	$H=0.6035/(1+e^{3.464712-0.4024835t})$	0.9680	193.26	8.83
中　期	$H=3.5179/(1+e^{8.043443-0.3704559t})$	0.9437	105.85	8.83
后　期	$H=3.9014/(1+e^{1.218236-0.1078670t})$	0.9882	543.38	8.83

（2）成竹规律

1）成竹数与出笋数的关系

据调查资料的统计分析，成竹数量与出笋数量密切相关，计算机拟合结果表明，二者符合回归方程$Y=2.791425X^{0.8455606}$（Y为成竹数，X为出笋数），相关系数R=0.98，达显著水平。

2）成竹数与壮芽数的关系

成竹数与壮芽数的关系亦相当密切，且二者符合回归方程$Y=6.643073X^{0.7239248}$（Y为成竹数，X为壮芽数），相关系数R=0.97，达显著水平。

3）成竹质量与出笋时间的关系

分析结果显示，成竹质量与竹笋出土的迟早有关，随着出土时间由早至晚延续，其成竹率（成竹数/出笋数 × 100%）由高至低逐渐下降，成竹率与时间的持续呈负直线相关，平均地径亦呈逐步下降的趋势（表1-15）。

出笋时间与成竹质量的关系　表1-15

出笋日期（月/日）	3/23~3/26	3/27~3/30	3/31~4/3	4/4~4/7	4/8~4/11	4/12~4/15	4/16~4/19	4/20~4/23	4/24~4/27	平均值
成竹率（%）	82.6	80.6	80.3	80.0	76.8	62.9	72.7	52.9	59.1	71.9
平均地径（cm）	1.21	1.05	0.96	0.89	0.80	0.69	0.61	0.48	0.32	0.78

把竹笋开始出土后的16d按前后各8d分为2个时期，前期为3月23日~3月30日，后期为3月31日~4月7日，前后期成竹的地径按调查样地统计，可列成表1-16。

竹笋开始出土后前后8d地径变化　表1-16

样地编号	1	2	3	4	5	6	7	8	ck	平均值
前8d笋成竹地径（cm）	1.11	1.05	1.18	1.16	1.04	1.23	1.08	1.15	1.04	1.11

续表

样地编号	1	2	3	4	5	6	7	8	ck	平均值
后8d笋成竹地径（cm）	0.99	0.96	1.02	0.99	0.89	0.93	0.71	0.64	0.67	0.87
差　数（cm）	0.12	0.09	0.16	0.17	0.15	0.30	0.37	0.51	0.37	0.24

注：样地编号1~8为有采取管理措施，ck为空白对照值。

由表1-16可知，前期出笋成竹的地径大于后期出笋成竹的地径，经差异性检验，这种差异是显著的。

由上述分析可知，前期出笋的新竹成竹率高，质量好，这是由于前期出土的笋个体发育快，在出土后的生长过程中其营养条件也较好之故。因此，掌握出土期的成竹率和成竹质量变化的规律，这是笋期管理的重要依据。前期出土的竹笋成竹率高，成竹质量好，盛期出土笋次之。而后期出土的竹笋成竹率低，成竹质量差，可酌情挖掘食用，以减少林地营养的不必要的消耗。

（3）退笋规律

1）退笋特征

退笋是竹笋因生长终止而死亡。其外部特征归纳为以下几点：笋形一般尖削度大，笋箨颜色较深，暗褐色至黑色，不鲜艳，无光泽，无生气，箨叶不发达；中、上部笋箨箨毛紊乱，不挺拔或干枯，舌毛也大多干枯，易触落；捏笋尖部，一般无明显弹性，感觉发硬；剥开退笋笋箨，可见下部箨色偏紫，并出现青蓝色条纹，或青蓝至暗黄色，笋内也偏暗黄色；根部由紫红色转变成青蓝色至黄色。

2）退笋的阶段分布

黄甜竹退笋数随时间的分布　表1-17

出笋日期（月/日）	3/23~3/26	3/27~3/3	3/31~4/3	4/4~4/7	4/8~4/11	4/12~4/15	4/16~4/19	4/20~4/23	4/24~4/27	4/28~5/1	5/2~5/5	合计
退笋数（支）	60	105	195	255	345	600	315	240	135	45	15	2310
与退笋总数的比（%）	2.6	4.5	8.4	11.0	14.9	26.0	13.9	10.4	5.8	1.9	0.6	100

由表1-17分析可知，出笋第1天至第24天，退笋数随时间推移而逐步增加，第25天后逐步减少。前期（3月23日~4月7日）、中期（4月8日~4月23日）退笋率高，分别为26.5%和65.2%，但出笋数多，成竹数也多；出笋后期（4月24日~5月5日），出笋数占退笋总数的比率虽低，但出笋数低，成竹数也低。退笋数量的增加，是竹林内部营养不足，母竹和鞭根系统不能满足竹笋成长所需营养所致。因此，出笋中后期应采取删笋措施。

3）退笋根系

随机调查102支退笋根系状况，少根的有51支，占50%；无根的有32支，占31.37%；而多根的有17支，占16.67%。退笋由于生长发育终止，根系一般比同一林分中成竹笋根系少而短。

4）不同着生深度竹笋退笋率

对于同一林分，调查发现，随着竹笋着生深度的增加，其退笋发生率渐减，着生深度小于10cm的浅鞭竹笋，绝大部分退化，特别是5cm以内的竹笋基本上都退化（表1-18）。这部分浅鞭笋应尽早挖出利用。

不同着生深度竹笋退笋率　表1-18

着生深度（cm）	1~5	6~10	11~15	16~20	21~25	≥26	合计
观察支数（支）	92	106	127	150	78	130	683
退笋率（%）	98.21	80.62	65.40	49.13	33.04	35.18	60.26

5）退笋种类

竹笋出土后，由于多种因素的影响，不能成竹而死亡，称之为退笋。退笋种类按原因分：①营养不足造成的弱退；②受病原侵染而腐烂的病退；③受虫害致死的虫退；④受外界机械损伤的伤退。随机抽取154支退笋，分析其退笋原因，其中以弱退最多，88支，占总数57.2%；虫退次之，40支，占26.0%；病退21支，占13.6%；伤退最少，5支，占3.2%。

1.4.3 结论

（1）黄甜竹笋期出笋、成竹、退笋规律

黄甜竹出笋期在3月下旬至5月上旬，出笋持续时间约35~47d。出笋初始15d为出笋前期，出笋15d后至30d为出笋中期或盛期，出笋30d至结束为出笋后期；竹笋—幼竹高生长符合Logistic方程；成竹数与出笋数、壮芽数有关，出笋日期与成竹质量相关；前期和中期出笋数多，退笋率低，后期出笋数和退笋数都较少；退笋根系一般少根和无根；随着笋着生深度的增加，退笋率减小；退笋的原因以营养不足造成的弱退为最多。

（2）黄甜竹笋期抚育管理措施

出笋期各阶段竹笋的成竹率和成竹质量的变化规律，是笋用竹林笋期管理的重要依据。前期笋虽成竹率高，成竹质量好，但若在此阶段留养母竹，势必对竹林的产笋量造成较大的影响，故出笋后的母竹不宜保留，应予去除。盛期笋成竹率较高，成竹质量也较好，在此阶段适当留养母竹，对竹林产笋量的影响较小，且有利于提高林分的质量；后期竹笋成竹率低，成竹质量差，可酌情挖掘食用，以减少林地营养的不必要消耗。

黄甜竹退笋主要原因是营养不足，特别是后期营养问题更突出；前期受低温寒潮影响，竹笋生长慢，易受病虫危害而退笋。所以，竹笋出土以前应加强抚育管理，清理林地，增施肥料，以减少退笋。

1.5 园林竹类植物开花现象及其类型

开花结实是种子植物共同的特性，竹子也不例外。但竹类植物不常开花，其开花研究的报道也不多见。竹子开花周期长，一般可达六七十年，且难以预测，大多数竹种为一生一次性开花植物，随着开花结实，植株进入衰老死亡。这些特性不仅给竹子的分类鉴定、遗传育种等带来了很大的困难，也造成了严重的经济损失，破坏了园林景观和生态环境。研究竹类植物开花结实现象和相关因素，在生产和理论上都有重要的意义。1998~2013年，笔者对厦门地区的竹类植物进行了较为细致的调查研究，并从全国各地引进了100多种竹子到厦门地区（主要是厦门植物园）种植栽培。15年来笔者观察记录到了4属20种的竹子开花。这些开花的竹子中，匍匐廉序竹、吊罗坭竹、小琴丝竹和毛凤凰竹的繁殖器官（花或种子）国内外文献未见记载，笔者已经整理并发表。其余竹子虽见文献描述，但实物图片罕见。现将观察到的各种竹子的开花现象进行记述和分析。

1.5.1 材料与方法

（1）竹种概况

观察的竹种为栽培种，主要引自福建华安竹类植物园、华南植物园、广东林科院、云南西双版纳植物园、四川成都等地。栽培种除城市绿化用外，绝大部分种植在厦门植物园内。

（2）方法

1）开花现象的观察：结合笔者对厦门地区竹类植物资源的普查，实地观察记录，拍照存档和采集制作了部分开花竹类植物标本（保存在厦门植物园标本室）。

2）叶绿素含量的测定：采集刚开花时期竹子的叶片和同种相近未开花植株3年生竹子中部的叶片，用混合液测定叶绿素含量。

1.5.2 结果与分析

（1）厦门地区开花竹子的基本情况

1）霞山坭竹（*Bambusa xiashanensis* Chia et Fung）：大型丛生竹类。产于广东。1976年从

广州引种到厦门植物园，共有2丛，2000年其中1竹丛全部开花，开花植株死亡。果实未见。

2）孝顺竹〔*Bambusa multiplex*（Lour.）Raeuschel ex J.H. et J.H. Schult.〕：中小型丛生竹类。分布于我国东南部至西南部，野生或栽培。原产于越南。1999年从厦门本地引种到厦门前埔北区（汉伟英语幼儿园旁）的竹丛于2004年6月见全部开花，全部伐除死亡的开花植株后，现已经全部恢复。果实未见。厦门其余地方未见该竹种开花现象（图1-2）。

3）野龙竹（*Dendrocalamus semiscandens* Hsueh et Li）：大型丛生竹类。产于云南省南部至西南部。自然分布在海拔500~1000m地带。2004年4月从云南西双版纳植物园引种到厦门植物园，共有3丛，2005年3月竹丛见全部开花，花后植株死亡。果实未见。

4）甲竹（*Bambusa remotiflora* Kuntze）：大型丛生竹类。产于广东、广西和海南，越南也有。1964年从广州引到厦门植物园种植，现有8丛以上，2005~2006年见1竹丛少量开花，开花植株随后死亡，未开花的植株继续生长。果实未见。厦门其余地方未见该竹种开花现象。

5）匍匐镰序竹（*Drepanostachyum stoloniforme* S. H. Chen et Z. Z. Wang）：细长丛生藤本状竹类。1976年从贵州引到厦门植物园种植，共有1丛，2004年2月该竹丛见少量开花，2005

开花植株形态1

花枝

开花植株形态2

图1-2 **孝顺竹**

年3~4月大量开花，4~5月结果（现育有竹苗），10~11月母竹即枯死。颖果为细狭的长圆形，长1.0~1.2cm，直径2.5~2.7mm，棕褐色，果皮较厚，种皮无毛，具7~11脊，腹沟明显，基部尖，顶端残存有花柱基部形成的喙，胚乳丰富、乳白色。原名为“贵州悬竹”、“坝竹”（图1-3）。

花序

种子

图1-3　**匍匐镰序竹**

6）麻竹（*Dendrocalamus latiflorus* Munro）：大型丛生竹类。产于福建、台湾、广东、香港、广西、海南、四川、贵州、云南等地，在浙江南部和江西南部亦见少量栽培，越南、缅甸有分布。1964年从园外引种到厦门植物园。共10丛以上，2006年见3竹丛部分开花，开花植株随后死亡，未开花的植株继续生长。果实未见。厦门其余地方未见该竹种开花现象（图1-4）。

7）吊罗坭竹（*Bambusa diaoluoshanensis* Chia et Fung）：大型丛生竹类。产海南，广东有分布。厦门植物园于1976年引自广州华南植物园。2009年1~3月见4竹丛整丛开花，开花植株随后死亡。果实未见。厦门其余地方未见该竹种开花现象（图1-5）。

花枝

花枝（近观）

图1-4　**麻竹**

(a) 开花植株整体形态

(b) 花枝近观

(c) 开花小穗近观

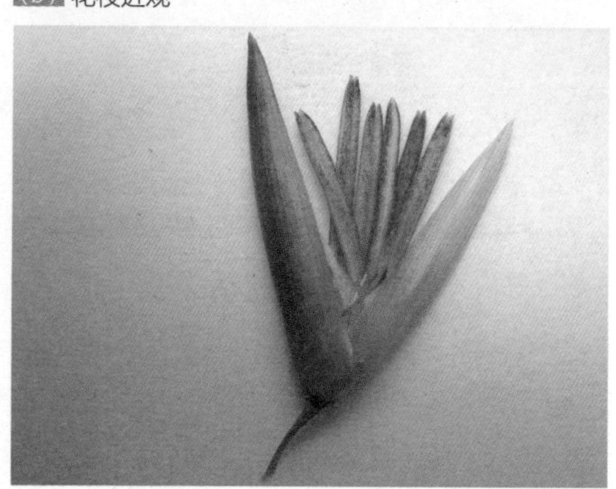

(d) 一朵小花外观（示雄蕊、外稃、内稃）

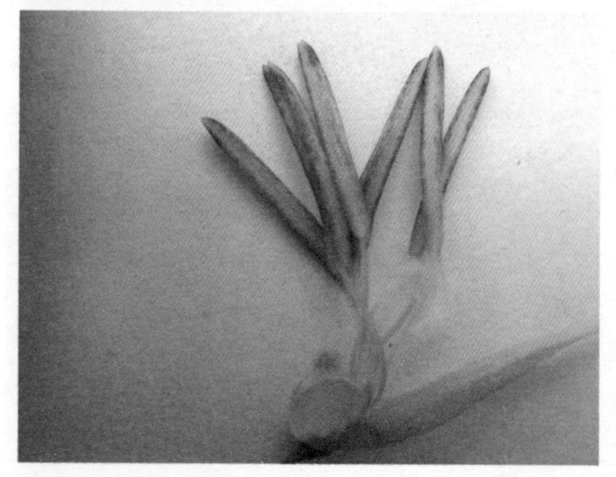

(e) 小花内部形态1（示雄蕊、鳞被）

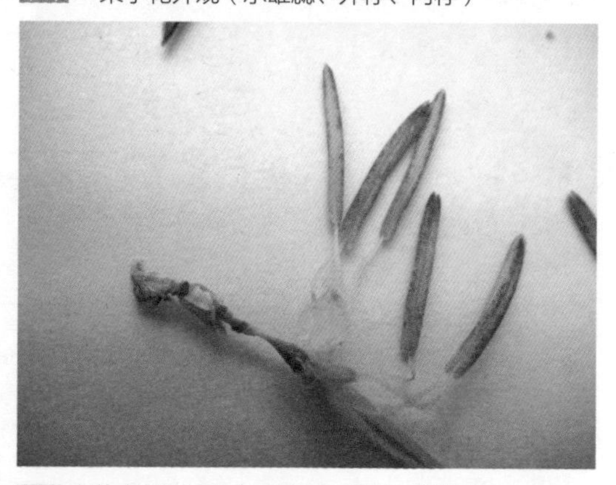

(f) 小花内部形态2（示子房、雄蕊、鳞被）

图1-5 **吊罗坭竹**

8）早竹（*Phyllostachys praecox* Chu et Chao）：散生竹。分布于江苏、浙江、上海、安徽、福建，湖南、江西有引种。厦门东坪山公园于2006年引自闽西。2009年3~5月见公园入口处所有引种早竹全部开花，开花植株随后死亡。果实未见。厦门其余地方未见该竹种开花现象（图1-6）。

开花植株形态1

开花植株形态2

开花小穗近观

图1-6　**早竹**

9）绿竹〔*Dendrocalamopsis oldhamii*（Munro）Keng f.〕：大型丛生竹。产于浙江南部、福建、台湾、广东、广西和海南等省区。厦门植物园1976年从本省引栽，2005年移植于园内东通道路旁。同一片竹林2007年5月和2013年3月见开花。果实未见。厦门其余地方未见该竹种开花现象（图1-7）。

开花植株形态1

花枝近观

开花植株形态2

小穗1

小穗2

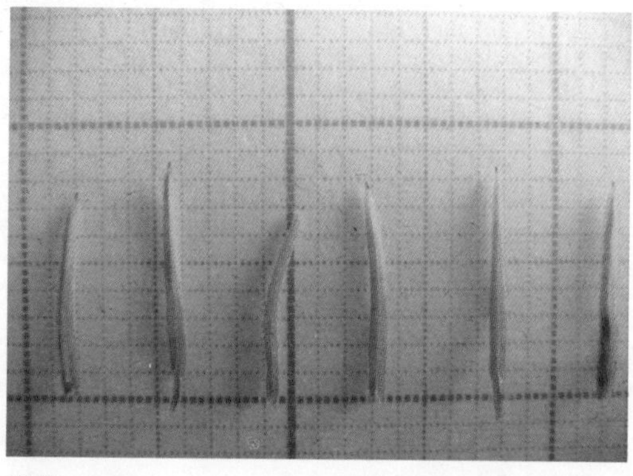
雄蕊

图1–7 **绿竹（一）**

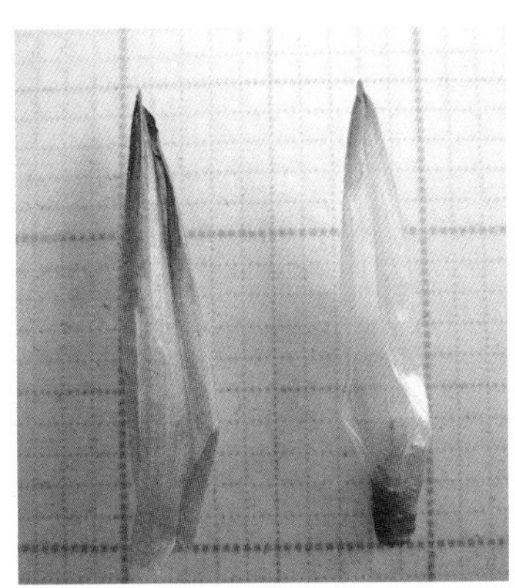

外稃（左）与内稃（右）

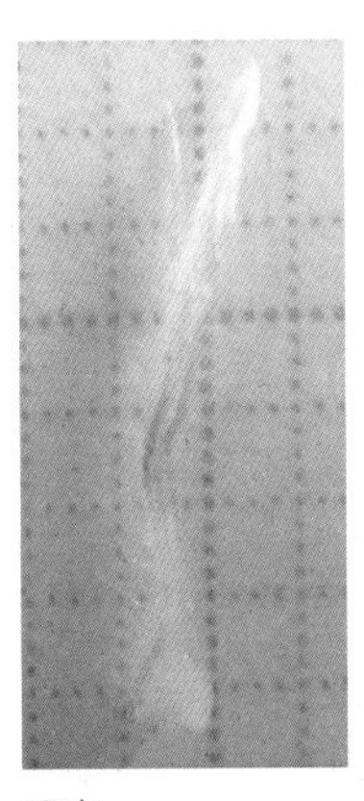

子房

小花内部形态（示外稃、内稃、雄蕊、子房等）

图1-7　**绿竹（二）**

10）小琴丝竹（*Bambusa multiplex*‘Alphonse-Karr’）：中小型丛生竹。常见分布于长江以南各省，分布范围与孝顺竹相同。是园林景观绿化中非常重要的常见的观赏竹类，观赏价值极高，在我国园林中应用非常广泛。厦门市思明区前埔北区二里汉伟英语幼儿园2003年从外地引栽于园内。同一丛竹2012年4月和2013年4月见开花。可见结实，目前育有实生苗。果实为颖果。带稃片种子，细狭长圆形，长1.5~2.2cm，直径2.0~3.0mm，紫灰色；去稃片种子为细长椭圆形，长0.9~1.3cm，直径1.6~2.8mm，棕褐色（图1-8）。

开花植株整体形态

花枝

图1-8　**小琴丝竹（一）**

花枝近观

开花小穗近观

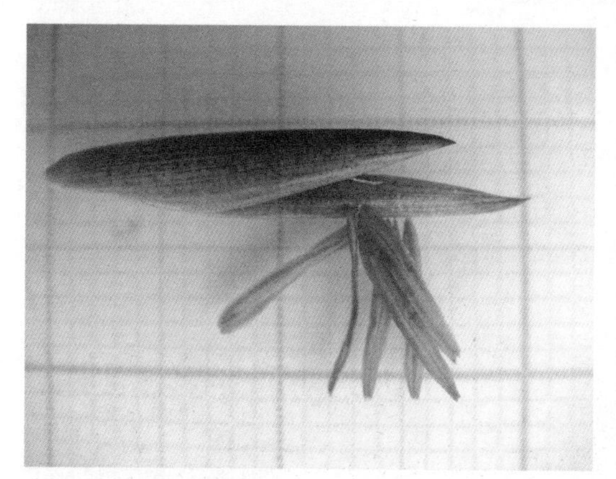

一朵小花外观（示雄蕊）

小花内部形态（示子房、外稃、内稃）

带稃片种子

去稃片种子

图1-8　**小琴丝竹（二）**

11）毛凤凰竹（*Bambusa multiplex* var. *incana* B. M. Yang）：中小型丛生竹。产于福建省南靖、三明、顺昌、德化，分布于江南各省及湖南。该竹在福建原称河边竹，现已作为毛凤凰竹的异名。厦门植物园1976年从广州引栽，植于该园竹类植物区“锁云景区——郑成功杀郑联处（厦门市市级文物保护单位）”石牌后侧大石头边。2011年3~4月见开花，可见结实。植株开花后死亡，目前育有实生苗。成熟颖果为细狭的长圆形，长0.8~1.0cm，直径2.0~2.5mm，棕褐色，果皮较厚（图1-9）。

开花植株整体形态

花枝近观

开花小穗近观

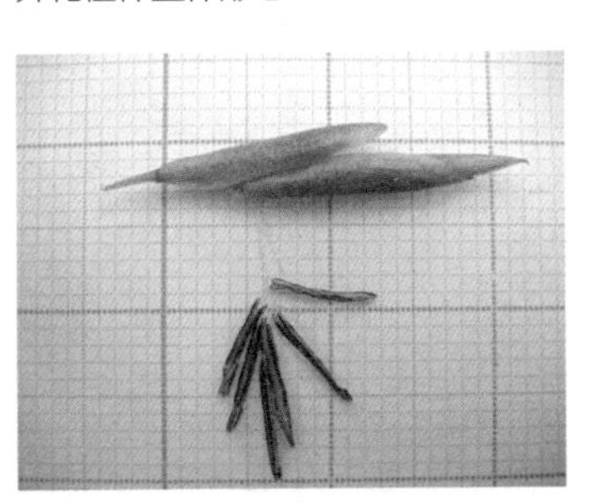

一朵小花外观（示雄蕊）

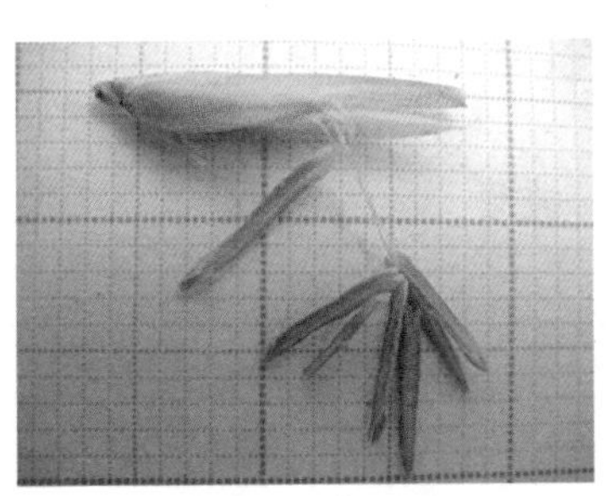

一朵小花（示外稃、内稃）

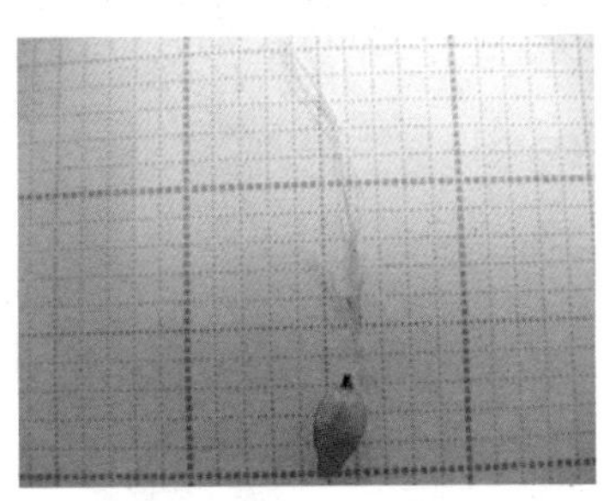

子房及柱头形态

图1-9　**毛凤凰竹**

12）篌竹（*Phyllostachys nidularia* Munro）：散生竹。产于陕西、河南及长江流域以南各地。厦门植物园1999年从华南植物园引栽。2011年5月和2013年5月同一小片竹见开花，开花后不死，果实未见（图1-10）。

13）小本泰竹，新拟为泰竹〔*Thyrsostachys siamensis*（Kurz ex Munro）Gamble〕的一个变种，竿形、竿径等明显小于泰竹。2008年从漳浦赤道苗圃引栽，2010年4月见开花，开花后死亡，果实未见（图1-11）。

花枝

雄蕊

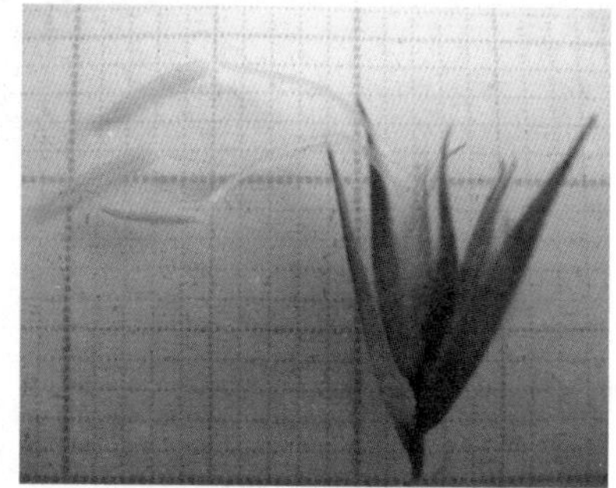

一朵小花（近观）

几朵小花在一起

图1-10　**篌竹**

开花植株形态

开花小穗近观

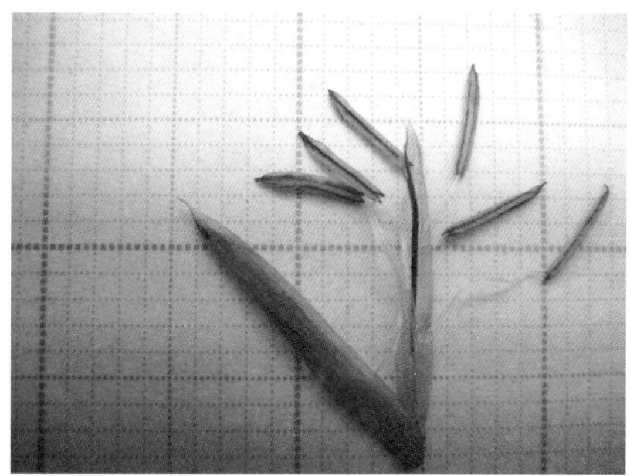
小穗构造

花枝

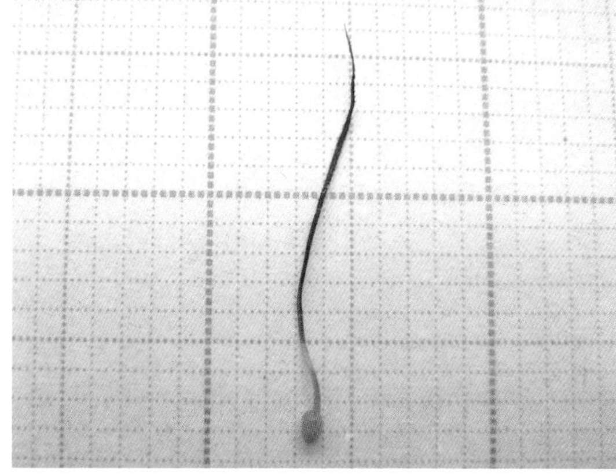
子房和柱头

图1-11　**小本泰竹**

14）多毛龙竹（*Dendrocalamus sp.*）：大型丛生竹。产云南。厦门植物园于1976年从云南引栽。2011年5月见开花，开花植株花后死亡，果实未见（图1-12）。

花枝

开花小穗

图1-12 **多毛龙竹**

15）花吊丝竹〔*Dendrocalamus minor* var. *amoenus*（Q. H. Dai et C. F. Huang）Hsueh et D. Z. Li〕：大型丛生竹。分布于广东、广西。厦门植物园1999年从华安竹类植物园引栽。2007年4月、2011年1月、2011年12月见开花，开花后不死，果实未见（图1-13）。

16）青竿竹（*Bambusa tuldoides* Munro）：大型丛生竹。产广东、香港、广西、贵州南部，福建、云南有引栽。厦门植物园于1976年从广州引进。2012年5月见开花，开花后死亡，果实未见（图1-14）。

开花植株形态

花枝近观1

图1-13 **花吊丝竹（一）**

花枝近观2

小花形态

小花内部形态（示外稃、内稃、雄蕊等）

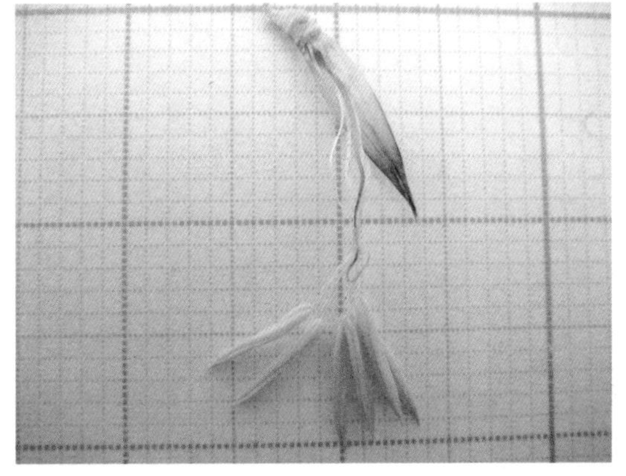

一朵小花

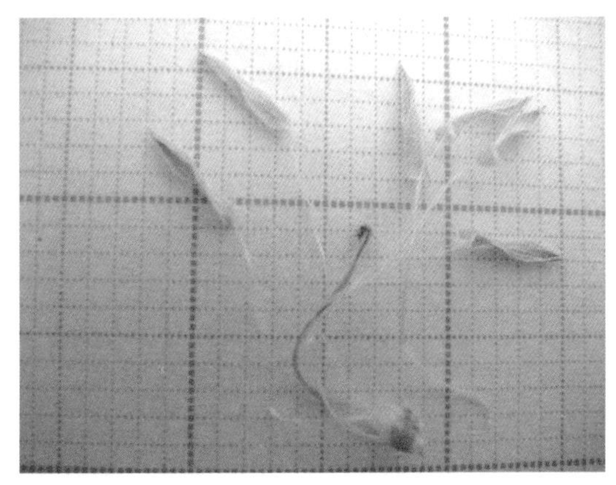

一朵小花内部构造

图1-13 **花吊丝竹（二）**

开花植株形态

花枝近观

小穗

一朵小花内部构造

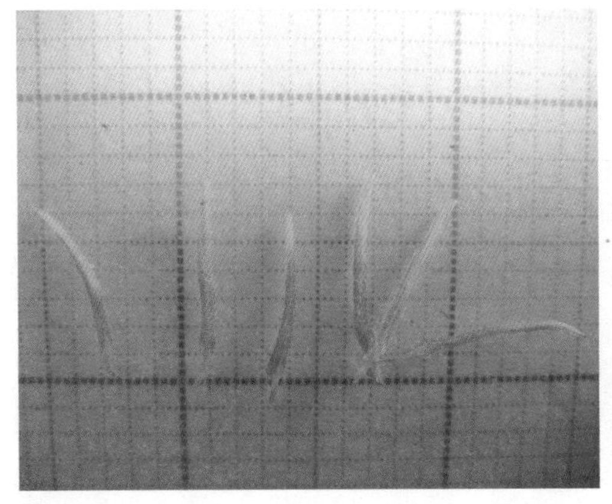
雄蕊

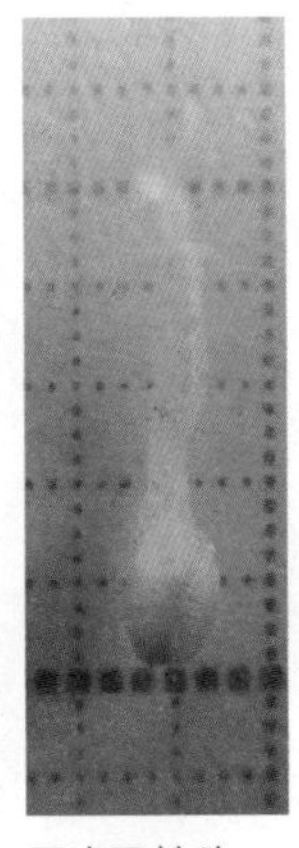
子房及柱头

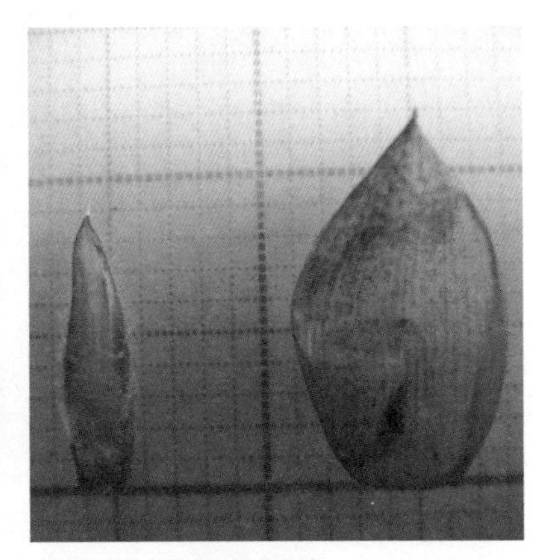
内稃（左）与外稃（右）

图1-14 **青竿竹**

17）青皮竹（*Bambusa textilis* McClure）：中型丛生竹。产于广东、广西，现西南、华中、华东各地均有引栽。厦门植物园于1976年从广州引进。2012年7月见开花，开花后死亡，果实未见（图1-15）。

开花植株形态

花枝近观

开花小穗近观1

开花小穗近观2

图1-15 **青皮竹（一）**

开花小穗近观3

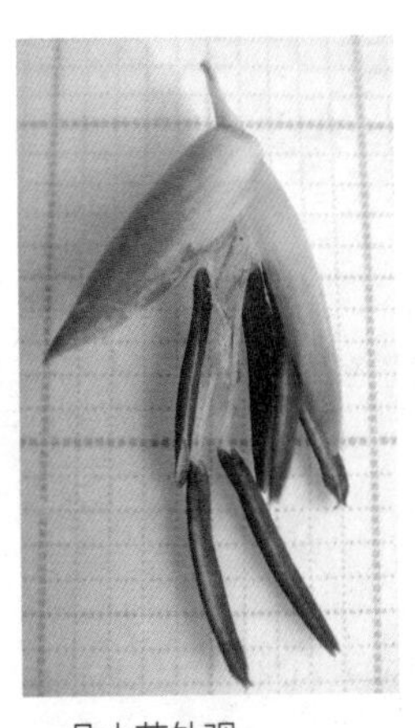

一朵小花外观

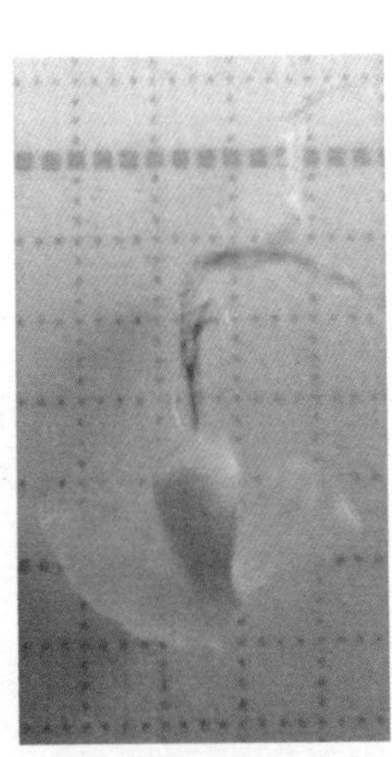

小花内部构造（示鳞被、子房、柱头）

图1-15 **青皮竹（二）**

18）台湾桂竹（*Phyllostachys makinoi* Hayata）：散生竹。主要分布于亚热带季风气候的福建、江西、台湾三省，而福建又以永泰、闽侯、尤溪、莆田、闽清和罗源等地资源较多，为其主要分布区。厦门植物园于1999年从华安竹类植物园引栽。2007年4月见开花，开花后死亡，果实未见（图1-16）。

花枝

开花小穗近观

图1-16 **台湾桂竹**

19）小叶龙竹（*Dendrocalamus barbutus* Hsueh et D. Z. Li）：大型丛生竹。产云南东南至西南部。厦门植物园于2004年从云南西双版纳引栽。2012年5月见开花，开花植株花后死亡，果实未见（图1-17）。

20）桂黄竹（*Bambusa sp.*）：大型丛生竹。2008年从漳浦赤道苗圃引栽。2010年10月见开花，开花后死亡，果实未见（图1-18）。

花枝近观

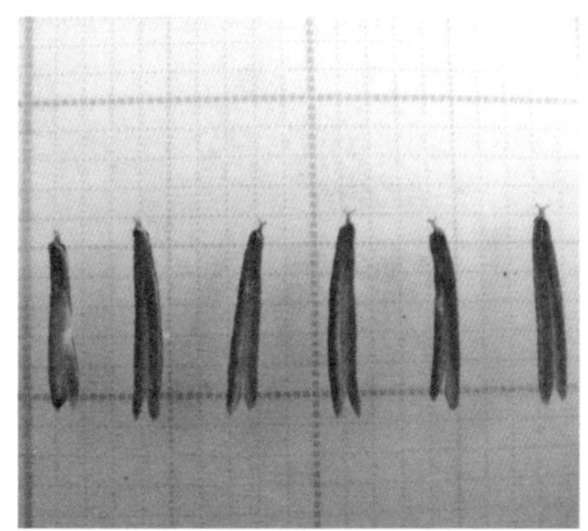

开花小穗近观

一朵小花的内部构造

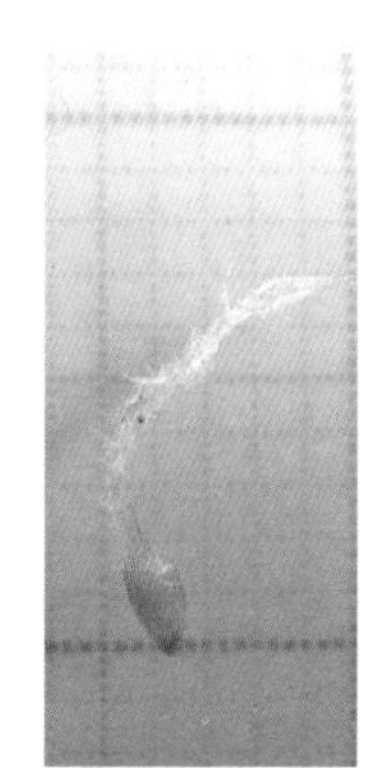

雄蕊

子房形态

图1-17　**小叶龙竹**

花枝

花枝近观

图1-18　**桂黄竹（一）**

一朵小花外观（示雄蕊）

图1-18 **桂黄竹（二）**

（2）竹子开花的习性类型

将上述观察到的20种竹子的开花情况列于表1-19，分析其开花的习性类型。由表1-19可见，这20种开花竹子都是栽培种。除孝顺竹、麻竹、绿竹和小琴丝竹来自厦门本地（也是早期从外地引种的）外，其余16种均引自厦门以外的地区。其中零星开花的竹种有12种，分别是霞山坭竹、孝顺竹、甲竹、麻竹、小琴丝竹、篌竹、多毛龙竹、花吊丝竹、青竿竹、青皮竹、台湾桂竹和小叶龙竹；全部开花的竹种也有8种，分别是野龙竹、匍匐镰序竹、吊罗坭竹、旱竹、绿竹、毛凤凰竹、小本泰竹和桂黄竹；开花后不死的有8种，开花后死亡的有12种，分别占总数的40.0%和60.0%；开花后能结实的只有3种，即匍匐镰序竹、小琴丝竹和毛凤凰竹，占总数的15%，不能结实的有17种，占总数的85%。

竹子开花情况一览表　表1-19

序号	竹种	开花时间	开花地点	栽培情况	开花状况	死亡情况	结实情况	备注
1	霞山坭竹	2000~2001	厦门植物园	栽培	零星	不死	未见	1976年引自广州
2	孝顺竹	2004	厦门前埔	栽培	零星	不死	未见	1999年引自本地
3	野龙竹	2005	厦门植物园	栽培	全体	死	未见	2004年引自云南
4	甲竹	2005~2006	厦门植物园	栽培	零星	不死	未见	1964年引自广州
5	匍匐镰序竹	2004~2005	厦门植物园	栽培	全体	死	结实	1976年引自贵州
6	麻竹	2006~	厦门植物园	栽培	零星	不死	未见	1964年引自本地
7	吊罗坭竹	2009	厦门植物园	栽培	全体	死	未见	1976年引自广州
8	旱竹	2009	厦门东坪山	栽培	全体	死	未见	2006年引自闽西
9	绿竹	2007.05 2013.03	厦门植物园	栽培	全体	不死	未见	1976年引自本地

续表

序号	竹种	开花时间	开花地点	栽培情况	开花状况	死亡情况	结实情况	备注
10	小琴丝竹	2012.04 2013.04	厦门前埔	栽培	零星	不死	结实	2003年引自本地
11	毛凤凰竹	2011.04	厦门植物园	栽培	全体	死	结实	1976年引自广州
12	篌竹	2011.05 2013.05	厦门植物园	栽培	零星	不死	未见	1999年引自华安
13	小本泰竹	2010.04	厦门植物园	栽培	全体	死	未见	2008年引自漳浦
14	多毛龙竹	2011.05	厦门植物园	栽培	零星	死	未见	1976年引自云南
15	花吊丝竹	2007.04 2011.01 2011.12	厦门植物园	栽培	零星	不死	未见	1999年引自华安
16	青竿竹	2012.05	厦门植物园	栽培	零星	死	未见	1976年引自广州
17	青皮竹	2012.07	厦门植物园	栽培	零星	死	未见	1976年引自广州
18	台湾桂竹	2007.04	厦门植物园	栽培	零星	死	未见	1999年引自华安
19	小叶龙竹	2012.05	厦门植物园	栽培	零星	死	未见	2004年引自云南
20	桂黄竹	2010.10	厦门植物园	栽培	全体	死	未见	2008年引自漳浦

注：1. 表中“开花状况”栏中“零星”、“全体”开花指的是开花竹子与调查所在区域该种竹子的总量相比较而言；
2. 表中“死亡情况”栏中“死”、“不死”指的是竹丛开花后的状态。

（3）开花竹种与不开花竹种叶绿素含量的比较

竹子开花时，其叶片状态的变化是最直观和明显的。为分析竹子开花时其叶片的变化情况，笔者采集了6种刚开花时期竹子的叶片和同种相近未开花植株的叶片，进行叶绿素含量的测定，结果见表1-20。

开花与不开花竹子的叶绿素含量　表1-20

竹种	开花				不开花				开花与不开花C_a+C_b相差
	叶绿素a C_a	叶绿素b C_b	C_a+C_b	C_a/C_b	叶绿素a C_a	叶绿素b C_b	C_a+C_b	C_a/C_b	
霞山坭竹	3.256	1.720	4.976	1.893	4.168	2.210	6.378	1.886	−1.402
孝顺竹	3.022	1.120	4.142	2.698	3.841	1.600	5.441	2.401	−1.299
野龙竹	1.117	0.430	1.547	2.598	1.840	0.531	2.371	3.465	−0.824
甲竹	2.613	1.119	3.732	2.335	3.590	1.830	5.420	1.962	−1.688
匍匐镰序竹	1.004	0.487	1.491	2.062	1.730	0.935	2.665	1.850	−1.174
麻竹	1.569	0.658	2.227	2.384	2.452	1.010	3.462	2.428	−1.235
平均值	2.097	0.922	3.019	2.328	2.937	1.353	4.290	2.332	−1.271

说明：1. C_a表示叶绿素a的含量（mg/100g鲜重）；C_b表示叶绿素b的含量；
2. 表中C_a、C_b的值为3个重复的平均值；
3. 表中除匍匐镰序竹叶片的取样为1年生中部的叶片外，其余的均为三年生中部的叶片。

由表1-20可见，6种竹子开花与不开花植株，其叶绿素含量差异较大，与相关文献研究是一致的。从其C_a+C_b的差值的比较来看，差异最大的为甲竹，相差1.688；其余依次为霞山坭竹、孝顺竹、麻竹、葡匐镰序竹和野龙竹，其相差值分别为：1.402、1.299、1.235、1.174和0.824，6竹子C_a+C_b的平均差值达1.271。

（4）竹子开花原因的初步分析

关于竹子开花原因的研究，目前主要还是从开花历史资料的分析、开花现象的观察和开花竹林的调查着手，主要有生长周期说、营养说、外因说、自由基理论、病理学说、个体变异和突变学说等。就笔者结合厦门地区实际情况，并进行仔细的分析研究认为，厦门地区竹子开花的原因主要应为营养缺乏和外部环境的剧烈变化所致，也与竹子的年龄有关。首先，厦门地区开花的竹子都为外地引进栽培的竹种，开花的竹子大多为零星的竹丛，大部分竹子开花后竹丛能恢复生长，大部分同期引进的竹种并没有出现同时开花的现象，竹子的开花显然与竹子生长的小环境有关，如甲竹、霞山坭竹、孝顺竹、麻竹开花的竹子只占同期栽植竹子的一小部分，大部分生长正常。其次，厦门地区虽然地理位置和气候条件不错，但是其土壤及水分条件并不好，除个别郊县山区外，大部分地方的土壤为沙壤土，含较多未彻底分化的石砾，土壤较为瘠薄。且该地年均降水量1149.9mm，多集中在4~9月，雨量少且分布不均，旱季明显。笔者实地观察到的开花竹子如甲竹、霞山坭竹、麻竹属于这种情况，其生长的土壤及水分条件都十分恶劣。第三，根据观察，厦门地区上述竹子开花的前1~2年大多经历较为干旱的年份或进行剧烈的砍伐。霞山坭竹在竹子开花前经历了厦门百年一遇强台风（9914号）的袭击，该竹丛全部倒伏，被从2m处全部砍除顶端。甲竹在竹子开花前厦门地区经历了较长时间的干旱时期。第四，厦门地区开花的竹丛（竹林）大多管理极为粗放，即使在景区（如厦门植物园），除不得已的枯枝伐除和防虫治病外，水肥等管理措施基本没有。霞山坭竹、甲竹、麻竹属于这种情况。但像葡匐镰序竹（珍稀观赏藤竹）、孝顺竹（生长在精细管理的居民小区）和吊罗坭竹，水肥及管理措施都十分到位，还是开花了，这只能从竹子的年龄（已经到了成熟年龄）上来加以解释了。

1.6 园林观赏竹种无性繁殖试验

本书对在华南地区深受欢迎，较具应用潜力的18种（含变种、变型、栽培型和杂交种，下同）观赏丛生竹无性繁殖育苗试验进行研究总结。

1.6.1 材料与方法

（1）材料

试验材料皆取自厦门植物园内。

1）试验竹种

大佛肚竹（*Bambusa vulgaris*）、粉单竹（*B. chungii*）、孝顺竹（*B. muttiplex*）、观音竹（*B. multiplex* var. *rivereorum*）、小琴丝竹（*B. multiplex* ‘Alphonse-Karr’）、银丝竹（*B. multiplex* ‘Silverstripe’）、凤尾竹（*B. multiplex* ‘Fernleaf’）、青皮竹（*B. textilis*）、崖州竹（*B. textilis* var. *gracilis*）、绿篱竹（*B. textilis* var. *albostriata*）、撑麻青竹（*Bambusa pervariabilis*×*Dendrocalamus latiflorus*×*Bambusa textilis*）、撑篙竹（*B. pervariobilis*）、黄金间碧玉竹（*B. vulgaris* ‘Vittata’）、泰竹（*Thyrsostachys siamensis*）、吊丝球竹（*Dendrocalamopsis beecheyana*）、绿竹（*D. oldhami*）、匍匐镰序竹（*Drepanostachyum stoloniforme*）、麻竹（*Dendrocalamus minor*）。

2）育苗材料

1~5年生竹竿、竹节，1~5年生带蔸竹竿与不带蔸竹竿，1~3年生竹枝条，包括主枝、侧枝、次生枝。

3）促进生根剂

生长素类萘乙酸（NAA）、吲哚乙酸（IAA）、吲哚丁酸（IBA）、2.4-D、ABT生根粉。

（2）方法

1）育苗方法

本试验采用的育苗方法主要有埋竿育苗、埋节育苗、竹节、枝条扦插育苗等。

A．埋竿育苗

a．带蔸埋竿育苗：选择1~5年生节芽数量较多，芽饱满，无病虫害的母竹整株带蔸挖起，大型竹留15节，中型竹留10节，修去侧枝和竹梢，在每节间用刀或锯切竿直径1/2~1/3深的切口，埋竿时将母竹平放在育苗沟中，使竿柄向下，节间切口向上并灌水，覆土5~10cm，踩实，盖草淋水。

b．不带蔸埋竿育苗：选择1~5 年生母竹，平地伐倒，处理方法同上。

B．埋节育苗

a．埋单节育苗：选1~5年生中等粗度以上具主枝或次生枝母竹，处理方法基本同埋竿育苗，不同之处是用锯或刀将母竹逐段截下，切口要平滑。

b．埋双节、三节育苗：基本方法同上，只是要求留两节或三节，节间切口灌水，埋时主枝或次生枝向两侧，切口向上。

C．竹节扦插育苗

选有根点的竹竿，2节一段切成插穗，切口距节2~3cm，然后斜插（15°~45°角），仅留一节在外，覆土3~6cm，踩实，盖草淋水。

D．枝条扦插育苗

此法可分为主枝、侧枝和次生枝扦插3种方法。选1~3年生枝条，用利刀将枝条平竹竿削下，不要伤着枝芛，剪去枝梢，留基部2~3节为一小段，将枝条斜插入育苗沟中，其基部插入深度为3~6cm，仅留一节露出地面，踏实后盖草淋水。

E．竹苗分株育苗

将成丛的竹苗分成若干株（剪去枝梢）移植于苗床内。继续培育苗木。

2）田间试验设计

为分析竹种、年龄和促进生根剂等因素对竹苗成活率的影响，根据具体情况，选用简单对比试验设计和随机区组试验设计等方法进行试验。

3）管理措施

育苗后，视土壤墒情和天气情况及时排灌水、除草、间苗、防治病虫害，定期施肥、松土，定期调查生长状况（发芽、生根、抽笋、高、径等）。

1.6.2 结果与分析

（1）繁殖材料年龄的影响

选择三种不同竹种，按不同年龄进行试验，结果见表1-21。

不同年龄母竹育苗成活率（%） 表1-21

竹种	粉单竹		黄金间碧玉竹		麻竹	
年龄	不带蔸埋竿	埋双节	不带蔸埋竿	埋双节	不带蔸埋竿	埋双节
1	41.6	8.1	7.6	0	0	0
2	42.8	23.4	80.0	65.6	68.4	37.2
3	35.6	26.7	82.1	66.9	70.5	38.1
4	25.7	20.5	70.5	50.3	56.2	29.9
5	11.2	10.8	20.6	30.6	18.8	12.7

从表1-21可看出，不同年龄母竹对埋竿、埋节育苗成活率影响显著。1年生竹发育尚不完善、养分不足，组织幼嫩，埋竿埋节后因养分不足或体内水分不平衡而易死亡，成活率极低；5年生母竹其组织老化，成活率亦低。故育苗时，尽量选用2~3年生或4年生无病虫害、生长健壮的母竹，才能保证有较高的成活率。

(2)不同育苗方法对成活率影响

采用埋竿法、埋节法、枝条扦插法、分株育苗法和竹节扦插法对各竹种进行育苗试验，结果见表1-22。

18种竹子采用不同育苗方法育苗成活率(%)　表1-22

方法	节间切口埋竿法		埋节法			枝条扦插法			分株育苗	竹节扦插
竹种	带蔸	不带蔸	单节	双节	三节	主枝	侧枝	次生		
大佛肚竹	87.5	83.2	44.5	67.3	82.7	73.7	14.8	83.6	92.1	86.5
粉单竹	46.9	42.4	24.3	24.7	33.9	0	0	5.1	—	40.3
孝顺竹	76.7	75.6	36.0	37.7	40.6	0	0	32.8	69.2	—
观音竹	—	—	—	—	—	—	—	—	94.5	50.7
小琴丝竹	85.5	80.3	37.7	38.2	39.1	0	0	31.7	85.6	37.8
银丝竹	85.0	78.0	35.5	37.6	38.0	0	0	30.6	82.9	29.7
凤尾竹	—	—	—	—	—	—	—	—	90.8	54.6
青皮竹	—	43.6	20.3	25.4	32.0	0	0	0	—	38.2
崖州竹	70.6	40.0	21.2	23.5	31.8	0	0	47.0	—	35.7
绿篱竹	80.1	41.0	22.5	21.6	29.8	0	0	45.7	—	36.0
撑麻青竹	87.6	79.4	43.7	66.5	79.1	87.8	33.6	30.0	—	70.6
撑篙竹	86.5	78.7	42.6	65.5	78.7	88.0	30.1	27.2	—	68.0
黄金间碧玉竹	89.2	80.6	43.3	67.8	80.2	90.4	29.7	92.1	93.6	—
泰竹	62.3	39.7	18.6	24.0	30.1	0	0	67.8	—	19.3
吊丝球竹	90.3	78.6	30.7	60.2	64.6	80.0	22.3	51.7	—	—
绿竹	—	42.6	23.7	22.8	30.3	0	0	46.6	—	40.6
匍匐镰序竹	0	0	0	0	0	0	0	0	0	0
麻竹	—	67.3	17.1	36.2	48.0	16.0	0	36.7	—	47.4

注：以上试验未采用生根剂处理，“—”表示未试验。

由表1-22可看出，采用不同的育苗方法，各竹种成活率因竹种不同而差异显著。带蔸节间切口埋竿法和分株育苗方法对大多数竹种来说成活率较高。对于节芽数量较多，节芽或枝芽饱满、中等粗度，无病虫害的母竹，如大佛肚竹、撑麻青、撑篙竹、黄金间碧玉竹等采用不同育苗方法成活率均较高。而其余竹种则相对较低。这里面原因有两方面：一是遗传因素；二是环境因素。生产上应根据不同竹种和育苗地条件灵活选用。

(3)生根剂对苗木成活率的影响

本试验选用5种促进生根剂按不同浓度和时间对撑篙竹、麻竹和青皮竹主枝进行处理，按随机区组试验设计方法进行试验，处理方法见表1-23，试验结果表1-24。

不同的处理方法　表1-23

生根剂	NAA			IBA			2.4-D			生根粉			IAA			对照（ck）
浓度（x10^{-6}）	100			200			1			50			200			置于阴凉处适时淋水
时间（h）	6	12	24	6	12	18	6	12	24	1	3	12	6	12	24	
处理号	1	2	3	4	5	6	7	8	9	10	11	12	13	14	15	16

不同处理对撑篙竹、麻竹和青皮竹主枝扦插成活率的影响（%）　表1-24

竹种	重复	处理号															
		1	2	3	4	5	6	7	8	9	10	11	12	13	14	15	16
撑篙竹	I	20	40	38	50	40	22	20	36	15	44	35	22	41	33	21	20
	II	22	47	37	47	46	20	23	34	20	48	36	23	44	30	20	22
	III	21	41	38	48	44	0	0	35	10	47	27	20	20	20	30	19
粉单竹	I	48	56	44	70	58	50	52	60	51	70	70	53	50	45	15	45
	II	50	58	43	60	57	56	53	70	52	73	72	50	47	44	23	47
	III	47	55	43	67	58	55	52	65	55	71	74	50	50	46	20	40
青皮竹	I	0	50	63	65	60	51	45	25	0	72	70	60	70	50	50	52
	II	0	50	63	65	67	50	40	25	0	70	70	63	68	57	51	50
	III	0	50	64	67	66	53	47	27	0	75	75	60	49	50	50	46

注：每小区枝条数为15。

对表1-24的数据作方差分析，结果表明，不同处理对撑篙竹、粉单竹和青皮竹等竹种的次生枝扦插成活率有显著影响。采用q检验法对不同处理进行多重比较结果，从表1-24所列的16种处理中，2、3、4、5、8、10、13等7个处理对撑篙竹次生枝扦插成活率有显著影响；2、4、5、8、10、11等6个处理对粉单竹次生枝扦插成活率有显著影响；3、4、5、10、11、12、13等7个处理对青皮竹次生枝扦插成活率有显著影响。

1.6.3 小结

（1）不同年龄母竹对埋竿、埋节育苗成活率影响显著。不带蔸埋竿育苗选2~4年生健壮母竹为宜，埋双节育苗选2~3年生或4年生为宜。

（2）育苗成活率高低因采用的育苗方法不同和竹种不同而差异显著。

（3）不同生根剂及其不同浓度和处理时间长短不同，对各竹种次生枝扦插成活率的影响不同，只要选用适当可获得较满意的效果。

1.6.4 讨论

采用无性繁殖方法大量繁育竹类苗木是确实可行的，但因其成活率与不同竹种、不同立地、不同繁殖材料、不同年龄和处理方法关系密切，故在具体实践中应具体分析和应用。华南地区园林中适合观赏的竹种较多，本试验所采用的竹种只是其中一部分。有些观赏价值极高的竹种如匍匐镰序竹等，采取各种无性繁殖方法育苗其成活率都极低，其内在原因有待于今后进一步探讨。

1.7 园林竹类植物叶的热值和灰分含量

能量是生态学功能研究中的基本概念之一，植物热值是植物含能产品能量水平的一种度量，可反映植物对太阳辐射能的利用状况，也是评价植物营养成分的标志之一。Gupta（1972）、Jordan（1971）研究认为，应用能量的概念研究植物群落比单纯用干物质测定更能反映出群落对自然资源（特别是太阳能）的利用情况。孙国夫等（1993）对水稻叶片热值的研究表明，植物热值研究的最重要意义在于热值能反映组织各种生理活动的变化和植物生长状况的差异；各种环境因子对植物生长的影响，可以从热值的变化上反映出来，热值可作为植物生长状况的一个有效指标。

1960年Golley应用氧弹式热量计测定了从热带雨林至极地泰加林主要植物群落中优势种类的平均热值。1969年，他对热带雨林植物群落的能量进行了更深入研究。Golley的工作导致了对生物个体、种群和群落能量测定的普遍展开，同时使氧弹式热量计成为能量生态学研究的基本手段之一。

我国对能量生态学的研究始于20世纪70年代末。对竹类植物能量的研究，目前还报道不多（林益明和林鹏，1998）。本节对竹类植物叶的热值和灰分含量进行研究，探讨竹类植物叶的热值大小及其与灰分含量的相关，为竹类资源保护和发展提供理论依据。

1.7.1 厦门植物园竹类植物叶的热值和灰分含量

（1）材料与方法

1）样品采集

样品采自厦门植物园竹类植物园区内的栽培竹类植物，采集时间为1999年3月下旬（春季）。采集的竹类植物有泰竹属的泰竹（*Thyrsostachys siamensis*），簕竹属的小簕竹（*Bambusa flexuosa*）、甲竹（*Bambusa remotiflora*）、马甲竹（*Bambusa tulda*）、坭竹（*Bambusa gibba*）、霞山坭竹（*Bambusa xiashanensis*）、乡土竹（*Bambusa indigena*）、鱼肚腩竹（*Bambusa gibboides*）、大佛肚竹（*Bambusa vulgaris* ‘Waminii’）、黄金间碧玉

竹（*Bambusa vulgaris* ‘Vittata’）、撑篙竹（*Bambusa pervariabilis*）、小叶琴丝竹（*Bambusa multiplex* ‘Stripestem fernleaf’）、凤尾竹（*Bambusa multiplex* var. *riviereorum*）、崖州竹（*Bambusa textilis* var. *gracilis*）、银丝竹（*Bambusa glaucescens* ‘Silverstripe’）、粉单竹（*Bambusa chungii*），绿竹属的吊丝球竹（*Dendrocalamopsis beecheyanus*），刚竹属的紫竹（*Phytlostachys nigra*）、假毛竹（*Phyllostachys kwangsiensis*）、斑竹（*Phyllostachys bambusoides* ‘Lacrima-deae’），苦竹属的长叶苦竹（*Pleioblastus chino* var. *hisanchii*）。各种竹类植物叶片均采自林冠外侧，按东西南北方向混合采样。

2）测定方法

所有样品采集后经80℃烘干，磨粉处理后过筛贮存备用；另取小样105℃烘干至恒重，求含水量。而后用热量计法测定其热值含量，仪器采用长沙仪器厂生产的GR—3500型微电脑氧弹式热量计。样品热值以干重热值（每克干物质在完全燃烧条件下所释放的总热量，简称GCV）和去灰分热值（AFCV）来表示。测定环境是空调控温20℃左右；每份样品2~3次重复，重复间误差控制在±200 J/g，每次实验前用苯甲酸标定。

灰分含量的测定用干灰化法，即样品在马福炉550℃下灰化3~5 h后测定其灰分含量。之后用以计算样品的去灰分热值，计算方法为：去灰分热值=干重热值/（1-灰分含量）。去灰分热值能比较正确反映单位有机物中所含的热量，免受灰分含量不同的干扰。因而，以两种热值求算进行比较。

竹类植物叶的N含量测定用钠氏试剂比色法，P含量的测定用钼蓝比色法。

（2）结果与讨论

1）竹类植物叶的灰分含量

据测定，这些竹类植物叶的灰分含量在10.02%~23.02%之间（表1-25），灰分含量高，其中，吊丝球竹的灰分含量最高，甲竹的灰分含量最低，各竹叶灰分含量的大小顺序是：吊丝球竹>泰竹>坭竹>大佛肚竹>长叶苦竹>霞山坭竹>崖州竹>马甲竹>粉单竹>小簕竹>乡土竹>鱼肚腩竹>小叶琴丝竹>撑篙竹>凤尾竹>斑竹>银丝竹>紫竹>黄金间碧玉竹>假毛竹>甲竹。林鹏等（1991）研究海南东寨港7种红树植物叶的灰分含量在7.11%~9.80%之间；任海等（1999）研究广东鼎湖山季风常绿阔叶林植物叶的灰分含量在2.6%~5.2%之间，针阔混交林植物叶的灰分含量在1.5%~3.8%之间，针叶林植物叶的灰分含量在1.9%~3.8%之间。通过比较可知竹类植物叶具有高的灰分含量。灰分含量的高低与植物吸收的元素量有关。N、P、K、Mg、Si等营养元素密切参与竹类植物的生命过程，所以它们主要集中于生命活动旺盛的叶中（而有些元素如Ca则集中在高度木质化的组织杆材中）。叶是有机物合成的场所，是代谢最活跃的器官，元素从土壤进入根系木质部导管后随蒸腾液流到达叶片，主要累积在叶中，本研究竹类植物叶的N含量在1.33%~3.26%之间，P含量在0.10%~0.21%之间，而这些竹类植物叶的灰分含量在

10.02%~23.02%之间，这是因为竹叶中Si含量高的缘故，竹类植物中Si广泛分布于叶片的表皮层、维管束、维管束鞘和厚壁组织中，以二氧化硅胶（$SiO_2 \cdot nH_2O$）的形态存在，因而叶中含量高，使得竹叶的灰分含量高。灰分含量高低可指示植物富集元素的作用，如红树植物白骨壤（*Avicennia marina*）的叶被广西沿海人民用作绿肥就是因为其灰分含量高（12.27%），特别是N、P含量高的缘故。植物各组分对土壤元素的富集多少本质上与植物各组分对元素的需求量和土壤中元素的含量及存在形态等有关，而元素的存在形态因不同因素而不同，因此灰分含量与所处生境有关，不是固定不变的，灰分含量的高低可反映不同植物对矿质元素选择吸收与积累的特点。

2）竹类植物叶的干重热值

从竹类植物叶的干重热值来看，在16597.1~l9199.0J/g之间，平均为l7907.4J/g，簕竹属的大佛肚竹干重热值最低，而刚竹属的紫竹干重热值最高（表1-25）。干重热值的大小顺序是：紫竹>银丝竹>甲竹>小叶琴丝竹>假毛竹>撑篙竹>凤尾竹>斑竹>黄金间碧玉竹>马甲竹> 鱼肚腩竹> 乡土竹>霞山坭竹>小簕竹>崖州竹>粉单竹>坭竹> 长叶苦竹>吊丝球竹>泰竹>大佛肚竹。抗寒的单轴散生竹种刚竹属的紫竹干重热值最高，丛生竹类较耐寒的种类如小叶琴丝竹的干重热值也较高，嗜热性窄布种的合轴丛生竹种绿竹属的吊丝球竹和泰竹属的条竹干重热值较低，这与前人研究的抗寒种类干重热值较高一致。而生态广布种的复轴混生竹种苦竹属的长叶苦竹的干重热值较低。与福建和溪亚热带雨林优势植物叶的干重热值相比，亚热带雨林中乔木层植物叶的干重热值在20270~22660J/g之间，灌木层植物叶的干重热值在17600~19780J/g之间，可见本研究竹类植物叶的干重热值（16597.1~19199.0J/g）小于亚热带雨林中乔木层植物叶，而与林下灌木层植物叶的干重热值相当。

从植物解剖学和植物生理学的角度看，叶是植物体生理活动最活跃的器官，含有较多的高能化合物如蛋白质和脂肪等物质，因此叶的干重热值一般较高。但影响植物热值的因素很多，植物种类及遗传特性，营养条件，气候条件以及植物所含的营养成分的不同都会影响植物的热值。本研究竹类植物叶的干重热值相对较低，是因为竹类植物叶的高灰分含量对其干重热值的高低影响显著。

3）竹类植物叶的干重热值和灰分含量的相关

竹类植物叶的干重热值和灰分含量有极显著的线性相关（图1-19），相关方程为$Y=-209.24X+21145$，$r=0.89\ 17^{**}$，$df=19$，其中X为叶的灰分含量，单位为%，Y为叶的干重热值，单位为J/g。由此可见，高灰分含量是导致竹叶干重热值相对较低的重要原因之一。对于竹类植物叶来说，灰分含量越高，其干重热值可能就越低。

4）竹类植物叶的去灰分热值

从竹叶的去灰分热值来看（表1-25），在20352.0~22361.6J/g之间，平均为21186.0J/g，其中小叶琴丝竹的去灰分热值最高，大佛肚竹的去灰分热值最低。竹叶去灰分热值的大小顺序

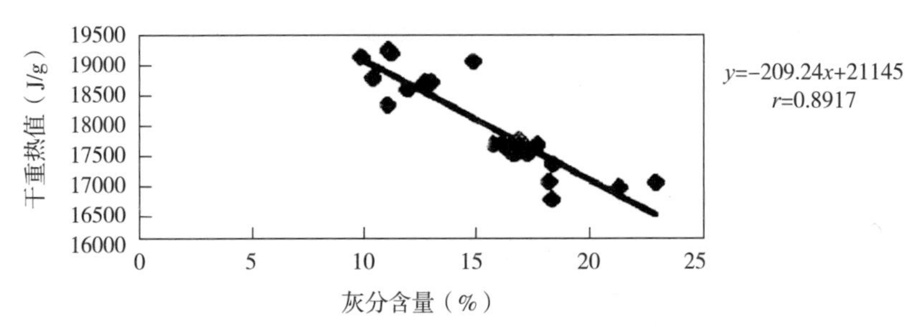

图1-19　竹类植物叶的干重热值和灰分含量的相关

分别为：小叶琴丝竹>吊丝球竹>紫竹>银丝竹>撑篙竹>泰竹>凤尾竹>霞山坭竹>马甲竹>甲竹>坭竹>斑竹>崖州竹>乡土竹>假毛竹>小簕竹>粉单竹>鱼肚腩竹>长叶苦竹>黄金间碧玉竹>大佛肚竹。由此可见，竹叶的去灰分热值与干重热值高低顺序有些不同。灰分含量的差异是竹叶干重热值差异的重要原因，在能量生态学研究时，干重热值在将植物生物量转化成相应的能量是有实用价值的。但是，在对不同植物种类或不同生态环境下的同种植物的热值比较时，应采用去灰分热值以消除灰分含量不同而造成的影响。

园林竹类植物叶的灰分含量、干重热值和去灰分热值　表1-25

属种		灰分含量（%）	N（%）	P（%）	干重热值（J/g）	去灰分热值（J/g）
泰竹属	泰竹	21.42	1.33	0.12	16811.0	21393.5
簕竹属	小簕竹	16.64	1.85	0.10	17424.3	20902.5
	甲竹	10.02	2.61	0.11	19083.3	21208.4
	马甲竹	17.01	2.56	0.11	17628.8	21242.1
	坭竹	18.52	2.01	0.15	17214.8	21127.6
	霞山坭竹	17.83	2.50	0.12	17544.5	21351.5
	乡土竹	16.29	1.80	0.12	17554.4	20970.5
	鱼肚腩竹	15.85	2.00	0.11	17555.5	20862.2
	大佛肚竹	18.45	3.02	0.14	16597.1	20352.0
	黄金间碧玉竹	11.17	3.00	0.21	18243.3	20537.3
	撑篙竹	13.13	2.68	0.10	18637.1	21454.0
	小叶琴丝竹	15.02	2.22	0.12	19002.9	22361.6
	凤尾竹	12.87	3.26	0.20	18633.6	21386.0
	崖州竹	17.40	2.15	0.18	17388.0	21050.8
	银丝竹	11.36	2.43	0.11	19140.2	21593.2
	粉单竹	16.80	2.14	0.11	17377.9	20886.9
绿竹属	吊丝球竹	23.02	3.11	0.19	16880.5	21928.4
刚竹属	紫竹	11.22	1.87	0.16	19199.0	21625.4
	假毛竹	10.52	2.92	0.14	18712.6	20912.6
	斑竹	12.08	2.53	0.14	18511.6	21055.0
苦竹属	长叶苦竹	18.31	2.83	0.12	16914.0	20705.1

与南亚热带广东鼎湖山植物群落叶的去灰分热值相比，本研究竹类植物叶的平均去灰分热值21186.0J/g（21种平均），低于鼎湖山针阔混交林乔木层的22429.1J/g（8种植物叶平均）和季风常绿阔叶林乔木层的21627.9J/g（8种植物叶平均）。

植物热值是植物含能产品能量水平的一种度量，可反映植物对太阳辐射能的利用状况。H. Lieth认为也许被子植物适应环境的秘诀，就在于有能力形成每单位重量的木材而支付少得多的能量，6000万年来，被子植物成功地超过了裸子植物，在大部分温暖地区，裸子植物已被推往树木生长的边缘环境（干燥寒冷或贫瘠）并进入早期的演替阶段。禾本科竹亚科竹类植物（为单子叶植物）是被子植物较进化类型，它们以低能量来适应土壤贫瘠的环境。

1.7.2 福建华安竹园一些竹类植物叶的热值

（1）材料与方法

1）样品采集

样品采自福建省华安县竹园，华安县地处东经117º16′~117º44′，北纬24º38′~25º11′，属南亚热带湿润季风型气候。气候温和，夏无酷暑，冬无严寒，年平均气温17.5~21.4℃，年日照时间为2031.8h，年降水量为1448~2023mm，年平均相对湿度为78%，年平均蒸发量1563.3mm，无霜期300d以上。华安竹园竹类生长的土壤为山地红壤，腐殖质较少，采集的时间为2000年1月（冬季）。采集的竹类植物有14属46种（含变种和栽培型），其中丛生竹4属（簕竹属*Bambusa*、慈竹属*Neosinocalamus*、绿竹属*Dendrocalamopsis*、牡竹属*Dendrocalamus*）18种，单轴散生和复轴混生竹10属（大节竹属*Indosasa*、唐竹属*Sinobambusa*、刚竹属*Phyllostachys*、业平竹属*Semiarundinaria*、寒竹属*Chimonobambusa*、酸竹属*Acidosasa*、少穗竹属*Oligostachyum*、大明竹属*Pleioblastus*、茶竿竹属*Pseudosasa*、箬竹属*Indocalamus*）28种。各种竹类植物叶片均采自林冠外侧，按东西南北方向混合采样。

2）测定方法

测定方法同1.7.1节。

（2）结果与讨论

1）竹类植物叶的灰分含量

据测定，华安竹园46种竹类植物叶的灰分含量在8.05%~28.14%之间，平均为15.18%（表1-25）。各竹叶灰分含量的高低顺序是：小叶龙竹（28.14%）>面竿竹（23.63%）>勃氏甜龙竹（23.19%）>吊丝单（21.20%）>大佛肚竹（20.80%）>肾耳唐竹（20.21%）>吊丝竹（19.98%）>大节竹（19.78%）>云南龙竹（19.08%）>斑苦竹（18.75%）>黄麻竹（18.40%）>牡竹（17.82%）>金丝慈竹（17.41%）>花竹（17.17%）>小簕竹（16.75%）>茶竿竹（16.53%）>长叶苦竹（16.18%）>油竹（16.14%）>妈竹（15.64%）>青竿竹（15.54%）>满山爆竹（15.52%）

>大绿竹（15.15%）>黎庵篙竹（14.79%）>石竹（14.51%）>青丝黄竹（14.28%）>晾衫竹（14.01%）>硬头苦竹（13.83%）>福建酸竹（13.61%）>少穗竹（12.97%）>杭州苦竹（12.88%）>实心苦竹（12.64%）>业平竹（12.52%）>笔竿竹（12.38%）>橄榄竹（12.33%）>托竹（12.12%）=阔叶箬竹（12.12%）>苦竹（12.00%）>粉酸竹（11.85%）>大明竹（11.65%）>唐竹（11.30%）>垂枝苦竹（10.11%）>光叶唐竹（9.58%）>刺黑竹（8.70%）>四季竹（8.57%）>黄金间碧玉竹（8.45%）>油苦竹（8.05%）。其中，丛生竹类的平均灰分含量（17.77%）>单轴散生和复轴混生竹类（13.61%）。

2）竹类植物叶的干重热值

从竹类植物叶的干重热值来看（表1-26），在14957.3~19111.4J/g之间，平均为17672.1J/g，牡竹属的勃氏甜龙竹的干重热值最低，而寒竹属的刺黑竹干重热值最高。干重热值的高低顺序是：刺黑竹（19111.4J/g）>垂枝苦竹（18937.5J/g）>四季竹（18905.3J/g）>粉酸竹（18881.5J/g）>油苦竹（18834.8J/g）>面竿竹（18822.3J/g）>唐竹（18728.8J/g）>肾耳唐竹（18663.7J/g）>阔叶箬竹（18657.0J/g）>光叶唐竹（18652.0J/g）>苦竹（18642.3J/g）>大绿竹（18561.1J/g）>业平竹（18559.3J/g）>黄金间碧玉竹（18549.5J/g）>橄榄竹（18379.0J/g）>杭州苦竹（18343.2J/g）>笔竿竹（18248.3J/g）>少穗竹（18197.1J/g）>硬头苦竹（17978.7J/g）>大明竹（17974.7J/g）>满山爆竹（17969.7J/g）>实心苦竹（17778.7J/g）>黎庵篙竹（17757.8J/g）>青丝黄竹（17751.3J/g）>晾衫竹（17710.1J/g）>金丝慈竹（17675.9J/g）>福建酸竹（17568.0J/g）>小簕竹（17443.2J/g）>斑苦竹（17425.2J/g）>长叶苦竹（17265.6J/g）>石竹（17259.2J/g）>托竹（17118.6J/g）>吊丝单（17072.2J/g）>妈竹（16992.3J/g）>花竹（16946.0J/g)>茶竿竹（16942.2J/g)>油竹（16917.3J/g)>青竿竹（16898.9J/g)>牡竹（16738.7J/g）>吊丝竹（16712.0J/g）>云南龙竹（16526.5J/g）>黄麻竹（16357.1J/g）>大节竹（16148.7J/g）>大佛肚竹（16028.1J/g）>小叶龙竹（15326.8J/g）>勃氏甜龙竹（14957.3J/g）。通过比较可以看出，抗寒的单轴散生和复轴混生的竹种干重热值较高，而喜热的丛生竹的竹种干重热值较低。丛生竹类除簕竹属的黄金间碧玉竹（18549.5J/g）和绿竹属的大绿竹（18561.1J/g）干重热值较高外，其余种类的干重热值在14957.3-17757.8J/g之间，平均为16956.2J/g；特别是牡竹属的种类干重热值最低，平均为16052.3J/g。单轴散生和复轴混生竹种除大节竹属的大节竹（16148.7J/g）和茶竿竹属的茶竿竹（16942.2J/g）干重热值较低外，其余种类的干重热值均较高，平均为18132.2J/g。这个结果与前人研究的抗寒种类干重热值较高一致。Golley（1969）、Wielgolaski和Kjelvik（1975）认为在低温的胁迫下，致使植物累积高能量的脂肪而使热值升高。丛生竹不耐寒，其干重热值较低；而单轴散生和复轴混生竹能耐低温环境，其干重热值也较高，具有一定的规律性。

与不同植被类型叶片的平均干重热值相比（表1-26），福建华安竹园竹类植物叶的平均干重热值（17672.1J/g）仅高于巴拿马的热带湿润森林（15614.7J/g）和美国犹他州的荒漠（17070.7J/g），而低于其他植被类型叶片的平均干重热值。说明了竹类植物叶的干重热值较低。

与邻近的福建和溪南亚热带雨林优势植物叶的干重热值相比，南亚热带雨林中乔木层植物叶的干重热值在20270~22660J/g之间，灌木层植物叶的干重热值在17600~19780J/g之间，可见本研究竹类植物叶的干重热值（14957.3~19111.4J/g）低于南亚热带雨林中乔木层植物叶，而与林下灌木层植物叶的干重热值相当。

竹类植物叶的灰分含量、干重热值和去灰分热值 表1-26

竹丛类型	属	种	灰分含量（%）	干重热值（J/g）	去灰分热值（J/g）
丛生竹类Sympodial Bamboos	簕竹属	油竹 *Bambusa surrecta*	16.14	16917.3	20173.3
	Bambusa	青丝黄竹*B. eutuldoides* var. *viridi-vittata*	14.28	17751.3	20708.5
		小簕竹*B. flexuosa*	16.75	17443.2	20952.8
		大佛肚竹 *B. vulgaris*‘Wamin’	20.80	16028.1	20237.5
		黄金间碧玉竹 *B. vulgaris* var. *striata*	8.45	18549.5	20261.6
		妈竹*B. boniopsis*	15.64	16992.3	20142.6
		黎庵篙竹*B. insularis*	14.79	17757.8	20840.0
		花竹*B. albo-lineata*	17.17	16946.0	20458.8
		青竿竹*B. tuldoides*	15.54	16989.9	20008.2
	慈竹属 *Neosinocalamus*	金丝慈竹*Neosinocalamus affinis*‘Viridiflavus’	17.41	17675.9	21402.0
	绿竹属 *Dendrocalomopsis*	大绿竹 *Dendrocalamopsis daii*	15.15	18561.1	21875.2
		黄麻竹*D. stenoaurita*	18.40	16357.1	20045.5
		吊丝单 *D .vario-striata*	21.20	17072.2	21665.2
	牡竹属 *Dendrocalamus*	云南龙竹*Dendrocalamus yunnanicus*	19.08	16526.5	20423.3
		吊丝竹*D.minor*	19.98	16712.0	20884.8
		勃氏甜龙竹 *D. brandisii*	23.19	14957.3	19473.1
		小叶龙竹*D. barbatus*	28.14	15326.8	21328.7
		牡竹*D. strictus*	17.82	16738.7	20368.3
	平均		17.77	16956.2	20625. 0

续表

<table>
<tr><th>竹丛类型</th><th>属</th><th>种</th><th>灰分含量（%）</th><th>干重热值（J/g）</th><th>去灰分热值（J/g）</th></tr>
<tr><td rowspan="29">单轴散生和复轴混生类 Monopodial and amphipodial bamboos</td><td rowspan="2">大节竹属
Indosasa</td><td>大节竹*Indosasa crassiflora*</td><td>19.78</td><td>16148.7</td><td>20130.5</td></tr>
<tr><td>橄榄竹*I. gigantea*</td><td>12.33</td><td>18379.0</td><td>20963.8</td></tr>
<tr><td rowspan="5">唐竹属
Sinobambusa</td><td>唐竹*Sinobambusa tootsik*</td><td>11.30</td><td>18728.8</td><td>21114.8</td></tr>
<tr><td>光叶唐竹
S. tootsik var. *tenuifolia*</td><td>9.58</td><td>18652.0</td><td>20628.2</td></tr>
<tr><td>满山爆竹*S. tootsik* var. *laeta*</td><td>15.52</td><td>17969.7</td><td>21271.0</td></tr>
<tr><td>晾衫竹*S. intermedia*</td><td>14.01</td><td>17710.1</td><td>20595.5</td></tr>
<tr><td>肾耳唐竹*S.nephroaurita*</td><td>20.21</td><td>18663.7</td><td>23391.0</td></tr>
<tr><td>刚竹属*Phyllostachys*</td><td>石竹*Phyllostachys nuda*</td><td>14.51</td><td>17259.2</td><td>20188.6</td></tr>
<tr><td>业平竹属
Semuarundinaria</td><td>业平竹
Semiarundinaria fastuosa</td><td>12.52</td><td>18559.3</td><td>21215.5</td></tr>
<tr><td>寒竹属
Chimonobombusa</td><td>刺黑竹*Chimonobambusa neopurpurea*</td><td>8.70</td><td>19111.4</td><td>20932.5</td></tr>
<tr><td rowspan="2">酸竹属
Acidosasa</td><td>福建酸竹
Acidosasa longiligula</td><td>13.61</td><td>17568.0</td><td>20335.7</td></tr>
<tr><td>粉酸竹*A.chienouensis*</td><td>11.85</td><td>18881.5</td><td>21419.7</td></tr>
<tr><td rowspan="2">少穗竹属
Oligostachyum</td><td>四季竹
Oligostachyum lubricum</td><td>8.57</td><td>18905.3</td><td>20677.3</td></tr>
<tr><td>少穗竹（大黄苦）
Oligostachyum sulcatum</td><td>12.97</td><td>18197.1</td><td>20909.0</td></tr>
<tr><td rowspan="9">大明竹属
Pleioblastus</td><td>大明竹
Pleioblastus gramineus</td><td>11.65</td><td>17974.7</td><td>20864.2</td></tr>
<tr><td>硬头苦竹*P. longifimbriatus*</td><td>13.83</td><td>17978.7</td><td>20864.2</td></tr>
<tr><td>长叶苦竹
P. chino var. *hisauchii*</td><td>16.18</td><td>17265.6</td><td>20598.4</td></tr>
<tr><td>油苦竹*P. oleosus*</td><td>8.05</td><td>18834.8</td><td>20483.7</td></tr>
<tr><td>斑苦竹*P. maculatus*</td><td>18.75</td><td>17425.2</td><td>21446.4</td></tr>
<tr><td>实心苦竹*P. solidus*</td><td>12.64</td><td>17778.5</td><td>20350.8</td></tr>
<tr><td>苦竹*P. amarus*</td><td>12.00</td><td>18642.3</td><td>21184.4</td></tr>
<tr><td>杭州苦竹*P. amarus* var. *hangzhouensis*</td><td>12.88</td><td>18343.2</td><td>21055.1</td></tr>
<tr><td>垂枝苦竹*P. amarus* var. *pendulifolius*</td><td>10.11</td><td>18937.5</td><td>21067.4</td></tr>
<tr><td rowspan="4">茶竿竹属
Pseudosasa</td><td>托竹*Pseudosasa cantori*</td><td>12.12</td><td>17118.6</td><td>19479.5</td></tr>
<tr><td>笔竿竹*P. guangxianensis*</td><td>12.38</td><td>18248.3</td><td>20826.6</td></tr>
<tr><td>茶竿竹*P. amabilis*</td><td>16.53</td><td>16942.2</td><td>20297.4</td></tr>
<tr><td>面竿竹*P.orthotropa*</td><td>23.63</td><td>18822.3</td><td>24646.2</td></tr>
<tr><td>箬竹属*Indocalamus*</td><td>阔叶箬竹
Indocalamus latifolius</td><td>12.12</td><td>18657.0</td><td>21230.1</td></tr>
<tr><td colspan="2">平均</td><td>13.61</td><td>18132.2</td><td>20987.4</td></tr>
</table>

3）竹类植物叶的干重热值和灰分含量的相关

华安竹园竹类植物叶的干重热值和灰分含量有极显著的线性相关（图1-20），相关方程为Y=−169.21X+20241，r=0.7370**（r=0.7370>r=0. 01144），df=44。其中X为叶的灰分含量，单位为%，Y为叶的干重热值，单位为J/g。由此可见，高灰分含量是导致竹叶干重热值相对较低的重要原因之一。对于竹类植物叶来说，灰分含量越高，其干重热值可能就越低。

4）竹类植物叶的去灰分热值

竹叶的去灰分热值在19473.1~24646.2d/g之间，平均为20845.6J/g。其中面竿竹的去灰分热值最高，勃氏甜龙竹的去灰分热值最低（勃氏甜龙竹的干重热值和去灰分热值在46种中均最低）；竹叶去灰分热值的高低顺序分别为：面竿竹（24646.2J/g）>肾耳唐竹（23391.0J/g）>大绿竹（21875.2J/g）>吊丝单（21665.2J/g）>斑苦竹（21446.4J/g）>粉酸竹（21419.7J/g）>金丝慈竹（21402.0J/g）>小叶龙竹（21328.7J/g）>满山爆竹（21271.0J/g）>阔叶箬竹（21230.1J/g）>业平竹（21215.5J/g）>苦竹（21184.4J/g）>唐竹（21114.8J/g）>垂枝苦竹（21067.4J/g）>杭州苦竹（21055.1J/g）>橄榄竹（20963.8J/g）>小簕竹（20952.8J/g）>刺黑竹（20932.5J/g）>少穗竹（20909.0J/g）>吊丝竹（20884.8J/g）>硬头苦竹（20864.2J/g）>黎庵篙竹（20840.0J/g）>笔竿竹（20826.6J/g）>青丝黄竹（20708.5J/g）>四季竹（20677.3J/g）>光叶唐竹（20628.2J/g）>长叶苦竹（20598.4J/g）>晾衫竹（20595.5J/g）>油苦竹（20483.7J/g）>花竹（20458.8J/g）>云南龙竹（20423.3J/g）>牡竹（20368.3J/g）>实心苦竹（20350.8J/g）>大明竹（20344.9J/g）>福建酸竹（20335.7J/g）>茶竿竹（20297.4J/g）>黄金间碧玉竹（20261.6J/g）>大佛肚竹（20237.5J/g）>石竹（20188.6J/g）>油竹（20173.3J/g）>妈竹（20142.6J/g）>大节竹（20130.5J/g）>黄麻竹（20045.5J/g）青竿竹（20008.2J/g）>托竹（19479.5J/g）>勃氏甜龙竹（19473.1J/g）。丛生竹类的去灰分热值在19473.1~21875.2J/g之间，平均为20625.0J/g；单轴散生和复轴混生竹类的去灰分热值在19479.5~24646.2J/g之间，平均为20987.4J/g。由此可见，单轴散生和复轴混生竹类的平均去灰分热值仅稍高于丛生竹类的平均去灰分热值，干重热值的结论也与此相似。同时，竹叶的去灰分热值与干重热值高低顺序有些不同。灰分含量的差异是竹叶干重热值差异的重要原因，在能量生态学研究时，干重热值在将植物生物量转化成相应的能量是有实用价值的；但是，在对不同植物种类或不同生态环境下的同种植物的热值比较时，应采用去灰分热值以消除灰分含量不同而造成的影响。

与南亚热带广东鼎湖山植物群落叶的去灰分热值（表1-27）相比，本研究竹类植物叶的平均去灰分热值20845.6J/g（46种平均），低于鼎湖山针阔混交林乔木层的22429.1J/g（8种植物叶平均）和季风常绿阔叶林乔木层的21627.9J/g（8种植物叶平均）。

不同植被类型叶片的平均干重热值　表1-27

植被类型	取样地区	种数	叶片平均干重热值（J/g）	资料来源
热带湿润森林 Tropical moist foresl	巴拿马Panama	4	15614.7	祖元刚，1990
热带草原 Tropical grassland	美国明尼苏达州 Minnesoia，USA	复合 Campound	20275.7	祖元刚，1990
柞树林 Xrwsma racemusum forest	美国明尼苏达州 Minnesoia，USA	复合 Campound	20568.5	祖元刚，1990
针叶林 Cornferous foredt	英国England	17	20610.4	祖元刚，1990
高山灌丛 Alpane shrubs	美国新罕普什尔州 New Hampshire，USA	30	22455.5	祖元刚，1990
高山苔原和草本植被 Alpane and lundra and herbs	美国新罕普什尔州 New Hampshire，USA	40	20066.5	祖元刚，1990
荒漠Desert	美国犹他州 Utab，USA	24	17070.7	祖元刚，1990
红树林Vlangroves	海南东寨港 Dongshai Harbor，Hainan	7	19505.7	林鹏和林光辉，1991
季风常绿阔叶林Monsoon evergreen	广东鼎湖山 Dinghushan，Guangdong	8	20628.4	任海等，1999
针阔混交林 Caoiferous-broadleaf mixed forest	广东鼎湖山 Dinghushan，Guangdong	8	21337.9	任海等，1999
南亚热带雨林 South subtropical rain forest	福建南靖和溪 Hexi，Nanjing County，Fujian	5	20970.0	邵成，1988
甜槠林 Castanopsis eyrei forest	福建武夷山 Wuyi Mountains，Fujian	1	19520.0	林益明等，1996
绿竹林 Dendwcalamopsis oldham forest	福建华安 Huaan County，Fujian	1	17124.0	林益明和林鹏，1998
竹类植物Barnboo	福建华安 Huaan County，Fujian	46	17672.1	

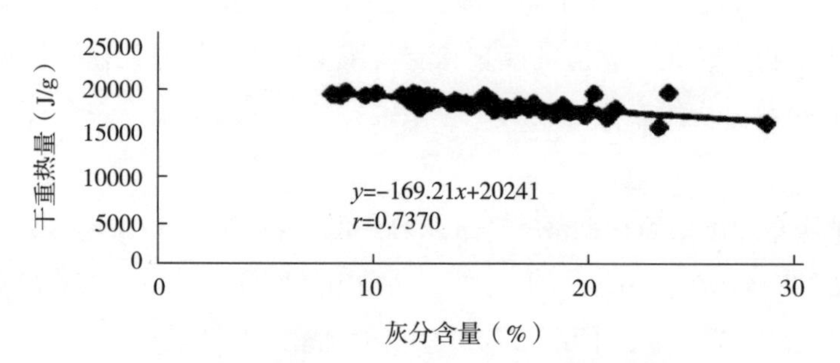

图1-20　竹类植物叶的干重热值和灰分含量的相关

1.7.3 厦门植物园与福建华安竹园竹类植物叶的热值比较

对厦门植物园21种园林竹类植物叶的灰分含量、干重热值和去灰分热值进行的研究（林益明等，2000）结果表明：竹类植物叶的灰分含量较高，在10.02%~23.02%之间，竹类植物叶的干重热值在16597.1~19199.0J/g之间，去灰分热值在20352.0~22361.6J/g之间，簕竹属的大佛肚竹（*Bambusa vulgaris*‘Waminii’）干重热值和去灰分热值均是最低。竹类植物叶的干重热值（Y）与灰分含量（X）有极显著的线性相关。相关方程为：$Y= -309.24X+21145$，$r=0.8917^{**}$，$df=19$。

对福建华安竹园14属46种竹类植物叶的热值和灰分含量进行的研究（林益明等，2001）结果表明：竹类植物叶的灰分含量较高，在8.05%~28.14%之间，平均为15.18%；干重热值在14957.3~19111.4J/g之间，平均为17672.1J/g；去灰分热值在19473.1~24646.2J/g之间，平均为20845.6J/g；竹类植物叶的干重热值（Y）与灰分含量（X）有显著的线性相关，相关方程为：$Y=-169.21X+20241$（$r=0.7370^{**}$, $df=44$），高灰分含量是竹叶干重热值相对较低的重要原因之一。

可见，同为园林竹类，厦门植物园和华安竹园竹类植物叶的灰分含量、干重热值和去灰分热值在不同竹种个体上存在一定的差异，但总体平均水平上并没有明显的差别。

1.8 匍匐镰序竹种子营养成分和特性

匍匐镰序竹（*Drepanostachyum stoloniforme* S. H. Chen et Z. Z. Wang）属于禾本科竹亚科镰序竹属植物，是厦门市园林植物园陈松河等新近发现并命名的竹类新种。该竹子为厦门植物园于1976年引自贵州，2004年2月该竹子见少量开花，2005年3~4月大量开花，4~5月结果（现育有竹苗），10~11月母竹即枯死。为稀有的藤本状竹类，丛生，长3~5m，直径只有3~6mm；叶片较小，在成竹时长2~6cm，宽0.3~0.6cm。该竹子枝条细长柔软，叶片纤细，姿态优美，为园林观赏之珍品。本研究首次对该竹子种子的营养成分和特性进行分析报道。

1.8.1 材料与方法

（1）材料

供试验的匍匐镰序竹种子取自厦门植物园2005年4~5月结的新鲜种子。取部分直接测含水量，另留部分待测定蛋白质。其余经烘干、粉碎混匀后随即取样用于粗脂肪、粗纤维等的测定。

（2）方法

1）种子营养成分的测定

粗蛋白采用自动凯氏定氮仪测定，碳水化合物采用苯酚—硫酸法测定，种子含水量采用直接干燥法测定，粗纤维采用酸性洗涤剂法测定，粗脂肪采用索氏抽提法测定，还原糖的测定采用高锰酸钾滴定法（GB/T 5009.7—1985），β-淀粉酶活性的测定方法是根据α/β-淀粉酶的酶学特性采用选择性失活的技术，并结合3，5-二硝基水杨酸（DNS）来进行定量测定淀粉酶降解产物还原糖的含量，维生素C采用2，6-二氯靛酚滴定法测定，Ca、Mg、K、Mn、Cu采用原子吸收光谱法测定，Zn、Fe采用比色测定法。

2）种子特性的研究

收集匍匐镰序竹成熟种子，测定净度、千粒重、发芽率等。

1.8.2 结果与分析

（1）匍匐镰序竹种子的主要营养成分分析

匍匐镰序竹种子富含碳水化合物、蛋白质、还原糖和多种矿物质元素，其主要营养成分测定结果见表1-28。

匍匐镰序竹种子的主要营养成分 表1-28

测定项目	蛋白质（%）	碳水化合物（%）	水分（%）	粗纤维（%）	脂肪（%）	还原糖（%）	β-淀粉酶（U/g）	维生素C（%）
测定结果	14.06	64.25	13.5	0.6	0.65	1.73	216	0.98
测定项目	**Ca（mg/100g）**	**Mg（mg/100g）**	**K（mg/100g）**	**Mn（mg/100g）**	**Cu（mg/100g）**		**Zn（mg/100g）**	**Fe（mg/100g）**
测定结果	58.2	161	428	2.22	1.49		6.87	7.1

注：淀粉酶活性单位1U=产生1mg麦芽糖/h。

由表1-28可知，匍匐镰序竹种子的营养成分以碳水化合物为主，其含量占干物质的64.25%；其次是蛋白质，占14.06%；其水分含量达13.5%，还原糖含量达1.73%；粗纤维含量最少，只有0.6%。匍匐镰序竹种子每100g组织中所含的矿物质元素以含K元素最多，达428mg，其次是Mg元素，达161mg，最少的是Cu元素，只有1.49mg。

（2）匍匐镰序竹种子的特性

匍匐镰序竹种子于2005年4~5月种子成熟期采收，随即进行相关特性的分析测定。

1）种子形态特征：匍匐镰序竹的果实为颖果，细狭长圆形，长1.0~1.2cm，直径2.5~2.7mm，棕褐色，果皮较厚，种皮无毛，具7~11脊，腹沟明显，基部尖，顶端残存有花柱基部形成的喙，胚乳丰富、乳白色。

2）种子的净度：将种子上的外壳（内、外稃）、废种子、夹杂物去除后，经净度测定，匍匐镰序竹种子的净度为91.17%，净度较高。

3）种子的含水量：称取经净度测定后留下的纯净种子2份，重量为10g，放入105℃烘箱内，将种子烘至恒重后，测定其种子含水量为13.5%。匍匐镰序竹种子含水量较高，且富含碳水化合物，储藏过程中很容易发生霉变变黑，而丧失生活力，不耐久藏。故应随采随播，尽快育苗。

4）种子千粒重：匍匐镰序竹种子带壳（内、外稃）千粒重为38.664g，去壳千粒重为38.148g。

5）种子发芽率：实验室种子发芽测定结果表明，匍匐镰序竹种子的平均发芽率为94%，在第4~6天出现发芽高峰，10d后发芽终止。匍匐镰序竹种子萌动迅速，种子的发芽率高。

1.8.3　结论与讨论

（1）匍匐镰序竹种子的形状与稻谷相似，其主要营养成分以碳水化合物、蛋白质、还原糖为主，分别占干物质含量的64.25%、14.06%、1.73%；每100g组织中所含的矿物质元素以含K元素最多，达428mg；其次是Mg元素，达161mg；Ca元素达58.2mg；最少的是Cu元素，只有1.49mg。

（2）匍匐镰序竹种子的长为1.0~1.2cm，直径为2.5~2.7mm；种子的净度为91.17%，千粒重38.148g，发芽率94%，含水量达13.5%。

（3）实验中发现，匍匐镰序竹种子极不耐储藏，新鲜的种子放置3~5d，内含物很快变黑变质，失去活力，故在育苗时，随采随播，可大大提高发芽率。

（4）该新竹种开花前在厦门植物园仅有一丛，该丛竹子2005年开花时，结实率非常低（仅3%~5%），种子数量不多，且由于其不耐储存，还有不少成分无法分析测定，本文中没有体现。

1.9　匍匐镰序竹和花叶唐竹生物学特性

匍匐镰序竹（*Drepanostachyum stoloniforme* S. H. Chen et Z. Z. Wang）、花叶唐竹（*Sinobambusa tootsik* var. *luteolo-albo-striata* S. H. Chen et Z. Z. Wang）分别属于禾本科竹亚科镰序竹属和唐竹属植物，是厦门植物园陈松河等新近发现并命名的竹类新分类群。匍匐镰序竹枝条细长柔软，叶片纤细，姿态优美；花叶唐竹植株大小中等，叶片及新鲜的笋箨上具有黄白色条纹，皆为稀有之园林观赏珍品，目前前者仅见栽培于厦门植物园，后者在园林实践中亦极为少见。相关研究文献仅见于陈松河（2007）对匍匐镰序竹种子成分和特性的研究，本研究首次对这两竹类新分类群的生物学特性进行进一步研究报道，旨在为其今后的开发利用提供科学的理论依据。

1.9.1 材料与方法

（1）材料

所有供试验的匍匐镰序竹、花叶唐竹、射毛悬竹（*Ampelocalamus actinotrichus*）和唐竹（*Sinobambusa tootsik*）等相关试验材料均取自于厦门市园林植物园试验地内生长正常，无明显病虫害的健康竹株。

（2）方法

1）笋期生长规律的观测分析方法：于2006~2008年在立地条件相似的试验样地内，分别选取匍匐镰序竹、花叶唐竹之相邻的4丛竹子作为观察对象，观察记录各竹种的出笋起止时间。于2008年笋期每隔5d观察1次，调查、记录花叶唐竹的出笋、退笋数量；于出笋初期各选出并标记5支竹笋，每隔5d测其高度，直至高生长停止，观察其高生长节律。

2）叶绿素含量的测定方法：于2008年6月采取了匍匐镰序竹、花叶唐竹不同年龄健康竹株中部的叶片，精密称样0.1~0.5g，加少许石英砂研磨后，用80%丙酮分批提取叶绿素至无色止，提取液过滤定容至25mL，用分光光度计分别在λ663nm、λ645nm下进行比色测定。重复3次，计算平均值。

3）开花植株成分的分析测定方法：于2005年5月采取了匍匐镰序竹开花植株竹根、竹枝、竹茎等样品进行成分测定，超氧化物歧化酶采用化学比色法之邻苯三酚自氧化法测定；过氧化氢酶采用可见光分光光度法测定。

4）叶绿素含量的分析方法：应用相关数理统计方法进行分析比较。

1.9.2 结果与分析

（1）形态特征

1）匍匐镰序竹

地下茎合轴型。竿藤本状，丛生，长3~5m。全竿具25~55节。节间圆筒形，淡绿色或黄绿色，幼时微被白粉，老时无毛，有光泽；箨环隆起，具箨鞘基部的残留物，无毛；竿环稍隆起。箨鞘短于节间，长三角形，厚纸质，灰褐色，背部光滑，无毛，纵脉纹明显，边缘膜质；箨耳无；箨舌截形或微下凹，先端具纤毛；箨叶外翻，锥形或条状披针形，无毛，基部作圆弧形向内收窄，先端渐尖，边缘内卷；竿每节簇生5~14枝，有时具1枚较粗的主枝，枝上举，直径与主竿相近，侧枝较细，枝环与箨环较明显。叶在每小枝有3~10枚，叶鞘无毛，边缘质薄而略带紫色；叶耳无；叶舌截形，上缘具细锯齿和纤毛；叶片纸质，窄披针形，在成竹时长2~6cm，宽0.3~0.6cm，上面绿色，下面淡绿色，两面均无毛，先端渐尖，基部渐窄，叶次脉3~4对，小横脉不明显，叶缘具细锯齿而粗糙。花期3~4月。笋期8月。

匍匐镰序竹（原产于贵州）与同属同为藤本状竹类植物爬竹〔*Drepanostachyum scandens*（Hsueh et W. D. Li）Keng f. ex Yi，分布于贵州赤水市〕相比，除它们的花部特征有明显的区别外。爬竹整体形态较大，竿表面细线状纵肋隆起；竿环平。竿箨迟落至宿存，短于节间，薄革质，鲜时紫红色，背面脉面被疣基状白色小刺毛；箨耳微小，具易落放射状隧毛；箨舌发达，具长纤毛；箨叶披针形，外翻，易落。与匍匐镰序竹有明显的区别。

2）花叶唐竹

地下茎复轴型。竿直径2~3cm，竹高3~5m，幼竿深绿色，无毛，被白粉。竿箨早落，革质，被棕褐色刺毛，基部边缘密被金黄色茸毛，箨鞘新鲜时绿色，有黄白色纵条纹，两边缘的条纹尤其宽大；箨叶披针形至长披针形。分枝常为3枚；叶子有许多宽窄不等的黄白色条纹。笋期3~5月。花序未见。

花叶唐竹与原变种唐竹的区别在于叶绿色，具有许多宽窄不等的黄白色条纹；箨鞘新鲜时绿色，具黄白色纵条纹，箨鞘两边缘的条纹尤其宽大。

（2）出笋规律

1）出笋起止时间及持续天数

经过2006~2008 年对这两竹类新分类群进行连续3年的观察。匍匐镰序竹在厦门植物园一般于4月上旬开始出笋，至5月中旬基本结束，出笋持续天数，总的来说在35~45d。花叶唐竹一般于3月下旬开始出笋，至5月下旬结束，出笋持续天数约60d。

2）花叶唐竹竹笋（幼竹）高生长节律

花叶唐竹竹笋（幼竹）的高生长与其他植物一样，整个生长过程中依时间表现为“慢—快—慢”的特性，即呈S形曲线。在土壤条件相似的同一样地上，于3月25日起，选出并标记5竿花叶唐竹竹笋，每隔5d测其高度，直至高生长停止，取其平均值。竹笋（幼竹）高生长随时间的变化见表1-29。出笋初期前15d生长缓慢，日均生长约2~2.5cm，随后高生长迅速，约维持20d左右，平均日生长量为9~10cm，以后10d左右高生长又逐渐下降，后期日生长量仅0.3~0.4cm，至5月下旬停止生长。

花叶唐竹竹笋（幼竹）高生长与时间的关系　表1-29

时间（月/日）	3/25	3/30	4/9	4/14	4/19	4/24	4/29	5/5	5/10	5/15
高度（cm）	0	6.3	21.3	33.0	65.0	136.2	188	215.8	217.8	219.3

为更好地了解花叶唐竹在厦门的生长状况，以调查的5株竹笋的平均高度（cm）与时间

（每隔5d）经过以下11种单因子模型拟合。结果表明，竹（笋）高与时间的拟合模型以三次多项式模型最优，相关系数的平方达0.987（自由度6，F值152.71），呈极显著相关关系。竹（笋）高（Y）与时间（t）的最优拟合模型为：$Y=8.0389-5.5224t+0.6611t^2-0.0097t^3$。

（3）叶绿素含量

据测定，匍匐镰序竹的叶绿素含量C_a在1.730~2.020之间，C_b在0.700~1.100之间；花叶唐竹的叶绿素含量C_a在1.112~1.310之间，C_b在0.391~0.438之间。两竹种叶绿素含量随着竹子年龄的增加而呈现"低—高—低"的变化规律（见表1-30）。

匍匐镰序竹、花叶唐竹1~5年生叶绿素含量　表1-30

序号	竹子名称	年龄(a)	C_a平均值	C_b平均值	C_a+C_b	C_a/C_b
1	匍匐镰序竹	1	1.730	0.935	2.665	1.850
		2	1.891	1.084	2.975	1.744
		3	1.932	1.100	3.032	1.756
		4	2.020	0.710	2.730	2.845
		5	2.001	0.700	2.701	2.859
2	射毛悬竹	3	3.120	1.400	4.520	2.229
3	花叶唐竹	1	1.112	0.391	1.503	2.844
		2	1.183	0.418	1.601	2.830
		3	1.220	0.425	1.645	2.871
		4	1.310	0.438	1.748	2.991
		5	1.264	0.413	1.677	3.061
4	唐竹	3	2.650	0.849	3.499	3.121

注：C_a表示叶绿素a的含量（mg/100g鲜重）；C_b表示叶绿素b的含量；C_a+C_b 表示C_a和C_b之和；C_a/C_b表示C_a和C_b之比。表中C_a、C_b的值为3个重复的平均值；叶片的取样部位为植株中部的叶片。

为更好地了解两竹类新分类群的叶绿素含量与竹子年龄变化的动态关系，笔者测定其1~5年生竹叶的叶绿素含量，以测定的叶绿素含量与年龄进行单因子生长模拟。经过11种单因子模型拟合，结果表明，叶绿素含量与年龄的拟合模型以三次多项式模型最优，各竹种C_a和C_b的最优拟合模型见表1-31，相关系数的平方除匍匐镰序竹Y_b为0.894略低外，其余均达0.95以上，呈显著或极显著相关关系，说明这些模型可用来预估两竹子不同年龄的叶绿素含量。

匍匐镰序竹、花叶唐竹叶绿素含量与年龄的单因子拟合模型　表1-31

序号	竹子名称	拟合的方程	相关系数平方	自由度	F值	显著性水平
1	匍匐镰序竹	$Y_a=1.5388+0.2268t-0.0321t^2+0.0011t^3$	0.972	1	11.78	0.210
		$Y_b=0.0788+1.2348t-0.4365t^2+0.0428t^3$	0.894	1	2.81	0.407
2	花叶唐竹	$Y_a=1.1408-0.0799t+0.0636t^2-0.0085t^3$	0.953	1	6.73	0.274
		$Y_b=0.3740+0.0130t+0.0065t^2-0.0015t^3$	0.980	1	16.71	0.177

为更直观地反映两竹类新分类群的叶绿素含量的特点，将其叶绿素含量与相近的竹种进行分析比较。由表1-30还可知，同为3年生叶片中部的叶绿素含量，匍匐镰序竹C_a和C_b分别比同为藤本状竹类植物射毛悬竹低38.08%（1.188）和21.43%（0.300）；花叶唐竹C_a和C_b分别比原变种唐竹低53.96%（1.430）和49.94%（0.424）。

（4）匍匐镰序竹开花植株根、枝、茎部成分

为对今后探讨匍匐镰序竹开花原因提供参考，于该竹子开花当年（2005年5月）及时采取了开花植株相关部位进行成分测定，检测开花植株竹根、竹枝、竹茎超氧化物歧化酶（SOD）、过氧化氢酶（CAT）的含量。研究结果表明，竹根、竹枝、竹茎SOD的酶活性分别为250 U/g、398 U/g、316 U/g；竹根、竹枝、竹茎CAT的酶活性分别为48.2 U/g、28.9 U/g、11.4 U/g。

（5）栽培特性

匍匐镰序竹2005年播种育苗后，经2005~2008年观察分析。该竹喜温暖湿润，土层深厚，疏松、肥沃的沙壤土，忌强光长时间照射。较不耐寒、不耐旱、不耐瘠薄。栽培时对土壤、水肥条件要求较高。盆栽苗1年至少施2次肥（以有机肥、复合肥为宜），2年换1次土，随竹株数量的增加要及时更换盆的规格，避免竹丛的生长环境过于局促。适宜栽植于避风、半阴地方。

花叶唐竹在较阴湿的环境下生长良好，但在干旱强日照条件下亦能正常生长；能耐一定的高温及零下低温；移栽成活率高，生长迅速，对环境适应性强，养护管理相对粗放。在土层深厚、疏松、肥沃的砂质土壤中生长更好，观赏价值更高。

（6）景观特征与园林应用

匍匐镰序竹枝条细长柔软，叶片纤细，呈藤本状，植株姿态优美典雅，为园林观赏之珍品。适宜栽植于水边驳岸，细枝拱形下垂，水面倒影清晰；植于路缘、坡地及石头缝隙等处均极优美。适合于花架、绿廊、蔓篱、屋顶、阳台或高地垂直绿化，是点缀庭园、假山的好材料，也可盆栽供观赏。

花叶唐竹竿形优美，叶具有许多宽窄不等的黄白色条纹；箨鞘新鲜时具黄白色纵条纹，观赏价值高。因叶片具有美丽的黄白色条纹，非常醒目艳丽，适用于庭园配置观赏，或单独配置，或与水体、景石、景墙相配皆宜，也可做花篱或盆栽观赏。

1.9.3　讨论

匍匐镰序竹、花叶唐竹为稀有的园林观赏竹，前者为罕见的藤本状竹类，仅见于厦门植物园栽培，种苗极为稀少，目前除少量与相关研究单位进行种苗交换外，仅在厦门植物园及第九届中国（北京）国际园林博览会“闽园”内初步应用；后者在园林实践中也很少见，种苗昂贵。笔者结合实际工作，只对其进行了初步的探讨。这两种竹子的其他相关生物学特性如与土壤、气象状况的关系等有待于今后进一步系统深入的研究。特别是如何通过分株、扦插、组培等方法扩大繁殖育苗，以更好地满足园林景观配置实践的需要，也是今后研究开发工作的重点。

1.10 园林竹类植物病虫害调查分析与防治技术措施

园林竹类种植的种类、数量和规模与一般的笋用或材用竹林相比有一定的区别，园林竹类中除竹类专类园（区）等因特殊目的种植的竹子种类较多，集中或成片栽植规模较大外，一般园林竹类种植的种类、数量和规模均较小，发生成片毁灭性病虫害的可能性不大，但一旦发生将严重影响竹类景观，故园林竹类病虫害的防治也是园林竹类养护管理重要的工作之一。2003年6月，课题组对厦门园林竹类进行调查研究，结果表明，危害园林竹类的病虫害约有20种，经鉴定筛选，主要的病害和虫害各有5种，现分别介绍其主要危害竹子种类、症状和为害特点和防治方法。

1.10.1 主要病害及其防治

（1）煤污病

1）主要危害竹种

簕竹、泰竹、刚竹、罗汉竹、淡竹、黄金间碧竹、撑篙竹、甲竹、长叶苦竹、小琴丝竹、斑竹、紫竹等。

2）症状和为害特点

病害主要发生在叶片及小枝上。开始时，叶片正面有黑色煤污状斑点，形状不规则，后扩展使整个叶表面布满黑色煤污层，影响叶片的光合作用。病叶常易脱落，致使竹林生长衰弱。竹煤污病主要由蚜虫危害引起，蚜虫的分泌物是煤污病菌的营养来源，因此，蚜虫的危害往往是竹煤污病发生的前提。

3）防治方法

A．适当地砍伐，使竹林通风透光较好，可大大减少发病的机会。

B．防治竹煤污病应以消灭蚜虫为主，如用10%吡虫啉可湿性粉剂1500倍液喷雾，可防治蚜虫的若虫。

C．发病期可喷代森铵800倍液防治效果良好。

（2）丛枝病

1）主要危害竹种

刚竹、淡竹、簕竹、佛肚竹、麻竹、桂竹、毛竹等。

2）症状和为害特点

丛枝病又名扫帚病或雀巢病，该病是真菌性病害，可能由子囊菌中的竹瘤座菌寄生引起，有白色米粒状物，即病菌的分生孢子器。其侵染源是越冬后的病株在春梢上产生的分生孢子，孢子由新梢心叶侵入生长点，刺激其迅速生长，从而表现出特有的病症。病菌经风、雨水传播，或由带病菌的母竹远播，每年5月~6月中旬为孢子传播盛期。病竹常见症状是在顶端小枝丛生而细长呈蔓生状，病枝节数增多，丛生枝节间缩短，叶形变小，呈鳞片状，其顶端叶梢端内一般会形成白色米粒状物，病竹的生长衰弱。严重发病时，植株从下到上各侧枝长满雀巢状或球状的丛生小枝，整株竹丛枝状，丛生成团下垂，进而枯死。

3）防治方法

A．合理地抚育管理，保持适当的密度。

B．加强肥、水管理，提高抗病力，促进新竹生长。

C．在不影响群体郁闭度要求标准的前提下，有选择地砍除那些畸变叶枝和危害严重的病株，特别对那些新感病林区的单株零散分布的病竹，要力求做到彻底，以免进一步扩大蔓延，所伐病竹枝梢，要集中烧毁。

D．每年5~8月是竹丛枝病的发病旺季，应及时在竹枝上喷洒50%退菌特600~800倍液或用20%的粉锈宁乳油1000倍液喷雾，以预防病菌感染。

（3）竹竿锈病（又称竹褥病）

1）主要危害竹种

淡竹、刚竹、斑竹、箭竹、桂竹、早竹等。

2）症状和为害特点

本病的病原菌是竹竿锈病菌，病害多发生在竹竿的中、下部或近地表基部的竹节处，有时小枝上也发生，一般在春天，可见到病部产生橙黄色的垫状物（病菌的冬孢子堆），冬孢子堆呈椭圆形或长条形或不规则形，冬孢子堆脱落后，产生黄褐色或暗褐色粉质层——夏孢子堆，夏孢子飞散脱落后，竹竿发病部位成黑褐色，病部最初产生褪色斑块，病斑扩大包围竿部，发病重的竹子可能枯死，被害重的竹林，生长衰退；有的管理不良，生长过密、植株细弱的容易受害；在比较阴湿地方的竹林也比较容易受害。

3）防治方法

A．加强抚育管理，合理砍伐，不使竹林过密，可减少病害发生的机会。

B．发病轻的竹林，应及早砍除病竹，以免病菌继续蔓延传播；发病重的竹林喷0.5~1波美度的石硫合剂或25%粉锈宁可湿性粉剂1000倍液，每隔10~15d喷1次，连续喷3次。

C．当竹林零星发病时，涂药防治也是一种较为有效的防治方法。可用刀将冬孢子堆及周围的竹青刮去，对尚存的轻病竹可用1：1的柴油加煤焦油或粉锈宁5倍液涂治。在基部压土能够压住基部的竿锈病斑，从而减少夏孢子飞散和侵入，涂药要彻底，不遗不漏，至少连续涂药2年。

（4）毛竹枯梢病

1）主要危害竹种

孝顺竹、淡竹、斑竹、长叶苦竹等。

2）症状和为害特点

主梢或枝条的节杈处先出现舌状或梭形病斑，色泽由淡褐色逐渐加深呈紫褐色。当病斑包围枝杆一圈时，其上部的叶色逐渐变黄至棕黄色，而后叶片开始卷曲并渐次脱落，枝梢枯死，以至全株枯死。在枯枝基部上往往可看到红褐色舌状斑块，引起枯梢死亡或整竹枯死。枯死的竹竿材质变脆，利用价值低。

3）防治方法

A．加强竹林抚育管理，开沟排水，降低地下水位；同时合理砍伐，保持通风透光。

B．把已感染枯梢病的竹株或竹梢砍除，将带病的竹、枝条及时烧毁。

C．每年7~8月份发病盛期，应加强调查，发现新竹枝叶枯黄，竹竿节部出现褐色病斑，应及时在发病部位下1~2节处钩去竹梢，以免病害继续蔓延，造成整株枯死。

D．用50%多菌灵可湿性粉或70% 的甲基托布津可湿性粉1000倍液，从新竹展叶时起每隔15d喷雾1次。

E．严格检疫，不要从病区调运母竹。

（5）竹黑痣病（又称黑肿病、竹疹病）

1）主要危害竹种

淡竹、刚竹、箭竹、簕竹、苦竹及慈竹等。

2）症状和为害特点

引起竹黑痣病的病原是子囊菌，竹黑痣病发生在叶上。每年8~9月间叶表面产生灰白色小斑点，后扩大成圆形或纺锤形，颜色也逐渐变成橙黄色至赤色。第二年病斑表面产生黑色漆状小点或斑块，表面稍肿起。黑色小点（块）的边缘，病斑仍为赤色。发病严重时，一叶上可同时发生很多个病斑，病叶易枯脱落。

3）防治方法

A．加强抚育管理，适当疏伐，使竹林通风透光，可减少发病。

B．在夏初可喷65%代森锰锌可湿性粉剂600倍液保护。

1.10.2 主要虫害及其防治

（1）毒蛾（*Pantana phyllostachysae* Chao），属毒蛾科

1）主要危害竹种

刚竹、毛竹、黄金间碧玉竹、篌竹、苦竹、刺黑竹、泰竹、淡竹等。

2）症状和为害特点

主要以幼虫取食竹叶背面为害，轻者影响毛竹生长，使翌年出笋量减少，危害严重的竹林，成灾速度很快，幼虫爱取食老毛竹叶，但虫口密度大时嫩竹叶也被食尽，竹腔积水发生

时可食尽竹叶，竹节内积水，成片枯黄，致使毛竹枯死等现象。老熟幼虫在竹的上部竹叶或竹竿上结茧。

3）防治方法

A．成虫羽化期用灯光诱杀成虫。

B．幼虫期喷洒5%定虫隆乳油1000~1500倍液或使用1：20的森得保喷粉进行林间防治，可降低虫口密度。

C．利用夏天中午幼虫下竹的习性，用80%敌敌畏乳油或2.5%溴氰菊酯乳油+40%辛硫磷乳油800倍液喷洒竹竿。

（2）竹织叶野（*Algedonia coclesalis* Walker），又称竹螟，属螟蛾科

1）主要危害竹种

毛竹、淡竹、苦竹、刚竹、单竹、篌竹、泰竹、青皮竹等。

2）症状和为害特点

该虫以幼虫吐丝卷叶取食危害，大发生时竹叶受害严重，竹林成片枯死，严重影响第二年的出笋和竹鞭生长。成虫有较强的趋光性，初孵幼虫多选择尚未长开的抽新叶，在上面吐丝，织一条丝带，使新叶无法开放并形成虫苞，幼虫在卷叶内取食叶肉，5~6龄幼虫取食叶量猛增，是危害的盛期。

3）防治方法

A．结合竹林抚育工作，冬季结合松土，可消灭越冬幼虫。

B．在5月份成虫出现盛期，可用灯光诱杀。

C．在6月份发现幼虫苞叶时，可喷洒90%敌百虫500倍液或2.5%三氟氯氰菊酯1500倍液或抑太保乳油1000倍液或80%敌敌畏1份+灭幼脲1份稀释1000倍液毒杀。

D．施放烟雾剂毒杀成虫或幼虫。

（3）竹茎扁蚜（*Pseudoregma bambusicola* Takahashi），又称竹茎扁蚜、居竹伪角蚜，属扁蚜科

1）主要危害竹种

孝顺竹、泰竹、刚竹、罗汉竹、淡竹、黄金间碧玉竹、甲竹、小琴丝竹、斑竹、紫竹等。

2）症状和为害特点

是危害竹子的蚜虫中最常见的种类，春季繁殖最快，常成群聚集在各类竹子的嫩茎上吸食汁液。以孤雌成蚜、若蚜寄生在嫩枝和茎竿上刺吸汁液，有时虫口密度常极高，布满嫩枝和茎竿，嫩枝受害后萎缩变褐色，诱发严重煤污病，致使整株嫩枝、茎竿上形成一层厚厚的黑色煤污，地面也一片污黑，并散发出一股浓烈臭味，重者造成竹子枯死。

竹茎扁蚜成虫不善活动，基本上固定为害，而一龄若蚜体小，但其后足特长，行动迅速，因此，在每年4~5月和8~9月这两段时期，其迁移扩散主要在一龄若蚜期进行。竹茎扁蚜以孤雌蚜在竹笋的基段越冬。翌年2月开始活动，到4月上、中旬竹笋枝芽开始萌发，无翅型孤雌蚜也开始迁移、扩散，爬到嫩芽、枝上为害；到5月蚜量达顶峰，至9月份，新笋长到一定高度，蚜量大增，达全年第二次高峰。

3）防治方法

A．结合冬季管理剪除有蚜竹笋，减少来年虫量。

B．保护和利用天敌。在每年5~6月天敌数量多的季节，尽量不喷化学农药；竹茎扁蚜有多种自然天敌，如草蛉、褐蛉、瓢虫、异绒螨等，其中以大草蛉、黄斑盘瓢虫为天敌优势种。

C．喷洒化学药剂应掌握在天敌活动和蚜虫迁移、扩散之前的2月至3月上旬进行。药剂可用20%杀灭菊酯乳油2000倍液，或10%蚜虱净超微可湿性粉剂3000~4000倍液，或5%吡虫啉1500倍液，均有良效。

（4）黄脊竹蝗（*Ceracris kiangsu* Tsai），又称竹蝗，属蝗科

1）主要危害竹种

毛竹、淡竹、刚竹等。

2）症状和为害特点

群集在竹梢取食，使竹梢呈现枯黄色。大发生时，将竹叶吃尽，如同火烧一般，新竹被害即枯死，老竹被害后2~3年内不发新笋，被害竹的竹竿内往往积水，不能利用。当天气炎热时，中午常成群下竹，躲到阴凉处，待下午气温降低后再上竹活动，一般天黑至次日露水未干前很少活动。

3）防治方法

A．跳蝗出土10天内，于早上露水未干前，用3%敌百虫粉剂喷撒。

B．在跳蝗上竹时，对密度较大的竹林，用3%敌百虫粉喷撒或48%毒死蜱乳油1000倍液喷雾；或在露水干后用50%马拉硫磷800~1000倍液喷雾。

C．释放白僵菌，使初生的跳蝗感染白僵菌而死亡。

（5）竹直锥大象虫（*Cyrtotrachelus longimanus* Fabricius），又称竹象或竹象鼻虫，属象鼻虫科

1）主要危害竹种

青皮竹、山竹、粉单竹、绿竹等。

2）症状和为害特点

以幼虫蛀食竹笋，使笋枯死，还会蛀食1m多高的嫩竹，使其生长不良，节间缩短，拦腰折断，造成顶端小枝丛生，嫩竹纵裂成沟等畸形和断头现象，结果使嫩竹腐败。

3）防治方法

A．成虫产卵期用90%敌百虫500倍液或50%敌敌畏1000倍液，喷洒笋尖，每7d喷1次即可。

B．用40%乐果乳剂3~6倍液，用毛刷涂药刷虫孔，从上而下涂刷（成虫产卵后第一天，虫孔新鲜，青而湿；第二天灰白带青；第三天灰黑色而干燥；第四只露少量纤维；第五天不见纤维，只见虫屎），在成虫产卵后5d内，防效显著。

竹类病虫害的防治，应本着“预防为主，积极消灭”的方针，通过有计划地运用生物学及生态学原理，发现病虫害本着“治早、治少、治了”原则，做到经济、有效、安全、简便地把病害虫控制在经济允许水平以下。同时，加强竹林抚育管理，提高竹类抗病虫害的能力，减少病虫害的发生，以提高园林竹类景观。

第2章

滨海地区耐盐竹类植物调查与研究

竹类植物因其具有较强的观赏及笋用、材用价值，在我国滨海地区应用数量不断增多，范围不断扩大。特别是在园林景观营造时，已经达到了“无竹不成园，有园必有竹”的地步。从20世纪80年代后，特别是近10年来，具有虚心、有节、坚韧、挺拔等自然属性的竹类植物在我国沿海地区如广东、福建、浙江和海南等地的应用越来越广泛，深受人们的喜爱，在农业林业上，在园林景观绿化和生态环境保护等方面更是掀起了一场场引种、栽培和应用竹类植物的热潮。以福建厦门为例，岛外山区、房前屋后随处可见竹，本岛的小区绿化、公园景观配置等更是无竹不成园，厦门植物园“竹类植物区”、厦门园博苑“百竹园”、海悦山庄“竹之园”等是其中的典型代表。此外，竹类植物具有坚忍不拔、盘根错节的特性，使其成了福建（厦门）沿海防护林树种的组成成分之一，改变了单纯由木麻黄作防护林的历史。

竹类植物的盐害是影响其推广应用和景观建设的主要问题。在滨海地区，由于特殊的地理条件，土壤和空气中盐分含量较高，竹类植物的生长状况受到严重影响，受到盐害的竹类植物轻的造成叶受伤枯焦，重则整株死亡，蒙受较大经济损失。然而，滨海地区竹类盐害的具体情况如何，国内外相关报道极为缺乏。本章重点介绍我国滨海地区福建、厦门、海南、台湾，以及日本等地竹类植物盐害情况，以及滨海地区不同地域竹类叶片和土壤养分的动态变化情况。

2.1 研究地概况及研究竹种

2.1.1 研究地概况

本书以滨海地区竹类植物为野外调查研究对象，主要调研其耐盐性（盐害情况与土壤盐度之间的关系）。将厦门市滨海地区设定为主要调查区域（调查范围包括了厦门本岛滨海岸边绿化带、各大公园、高校、植物园、居住区、酒店及岛外滨海绿化带等），并扩大到我国福建省、台湾省、海南省、广东省、浙江省等其他沿海地区，以及日本、美国等国家和地区。

主调查区域厦门市位于福建东南沿海，地理位置处于北纬24° 20′，东经118° 04′。由厦门本岛（思明区、湖里区）、集美区、海沧区、翔安区、同安区六个区组成，区域陆地（含填海造地）总面积1699.39km^2，海域面积300多平方公里，厦门本岛面积132.5km^2，为福建省第四大岛屿，全岛海岸线长达234km。年平均温度20.8℃，年均降雨量约1150mm，相对湿度77%。极端最低温度2℃（2月），极端最高温度38.4℃（7月），基本无冬季，终年无霜，属典型的南亚热带海洋性气候。气候温和，雨量丰沛，四季如春，适宜于亚热带、热带植物生长。南部五老峰群山相连，最高海拔云顶岩309.5m，中西部的仙岳山、狐尾山连成一体。山地面积3350hm^2，土壤为砖红性红壤，母岩多为粗晶花岗岩。山地土壤瘠薄多石砾，尤以南部从云顶岩到阳台山，千岩万石裸露，土层厚度一般30~60cm，立地条件很差。中部仙岳山立地稍好，裸岩较少。岛内现有城市森林系在建国初期厦门人民绿化荒山海岛，在贫瘠的荒山上营造马尾松、台湾相思树等人工林，使岛内荒山披上绿装（陈东华，2002）。

其他部分主要野外调查地点的概况：

（1）福建省厦门园博苑（以下简称厦门园博苑）

厦门园博苑（亦称园博园）为“2007年第六届中国（厦门）国际园林花卉博览园”的简称，位于厦门市集美区杏林湾的中州岛，包含周边水面。规划总用地面积676hm^2，其中陆域303hm^2，规划建设区域原属海湾滩涂堆积地貌，后经人工修筑海堤而成封闭水库。规划后建成的园博苑岛群地形是经过杏林湾区清淤吹沙充填，并从区域外补充350多万立方米沙壤土和田园种植土人工造地形成的。“百竹园”为园博苑中的一临海而建的竹类专类区（张洪英，2008）。据厦门气象台资料，该地年平均气温21.1℃，最低月均温12.3℃，年较差16.0℃，年降雨量1036mm，气候为南亚热带季风气候，气候温和，雨量充沛（厦门市地理学会，1995）。

（2）福建省厦门环岛路（海悦山庄）

海悦山庄位于厦门本岛东部美丽的环岛路（历届厦门国际马拉松比赛的主赛道）旁，与台湾金门隔海相望，依山傍海而建。为海悦酒店（按白金五星标准建造，分为海悦山庄、度假酒店区、滨海俱乐部三部分）之重要组成部分。该地属南亚热带海洋性季风气候；年平均气温21.2℃；2月平均温度12.4℃，极端最低温度为1.5℃；7月平均温度28.4℃，极端最高温38.2℃；年均降水量1149.9mm，多集中在4~9月，年平均相对湿度77%，土壤为沙壤土，土壤肥力中等（张洪英，2008）。由于与大海相隔只有100m左右，受海洋影响严重，土壤、空气中盐分含量较高，对园林植物生长影响较大。

（3）福建省莆田赤港华侨农场竹园（以下简称莆田赤港）

地处福建省沿海中部兴化湾畔，东经119.2°，北纬25.3°，北靠324国道，南面临海，福厦高速贯穿全境，主干道涵港路与高速路涵江出口处（迎宾路）相连接，周边邻著名侨乡江口镇及三江口镇。该农场竹园所在地原为盐场（1958年），后为池塘，2009年填土改造成景观优美的竹园，占地面积3000m^2，栽有长叶苦竹、青丝黄竹、花吊丝竹、紫竹、孝顺竹等竹子26种。据莆田气象资料（陈素钦，1998），莆田市地处南亚热带到中亚热带过渡地带，这里常年平均气温20.6℃，年均日照数1995.9h，无霜期300~350d，年降雨量1300~1500mm。

（4）福建省莆田湄洲岛

湄洲岛位于台湾海峡西岸中部，全国四大国际中转港之一的湄洲湾口的北半部。南北长约9.6km，东西宽约1.3km，全岛南北纵向狭长，形如娥眉，故称湄洲，全岛陆域面积14.35km^2，海岸线绵延30.4km。湄洲岛属典型的亚热带海洋性季风气候，年均气温21℃，年均降雨量约1000mm，气候温和（蔡加洪，2009）。

（5）海南省

位于中国的最南端，地处北纬03°20′~20°18′，东经107°10′~119°10′，是中国最大的海洋省，最小的陆地省。所属海域面积200多万平方公里，占全国海洋面积的1/3；所属陆地面积3.4万km^2，其中海南岛面积3.39万km^2，是我国仅次于台湾岛的第二大岛。

海南省地处热带，属热带季风气候。全岛中部地区气温较低，西南部较高，年均气温23.8℃，1月份平均气温17.2℃，7月份平均气温28.4℃，可谓夏无酷夏，冬无严寒。海南雨量充沛，年均降雨量1500~2000mm。年平均日照1750~2700h，干湿季分明，光、热资源充足。

（6）台湾省

台湾省地处东经119°18′03″~124°34′30″，北纬21°56′25″~25°56′30″，由台湾岛、绿岛、兰屿、龟山岛以及澎湖列岛等组成，全岛面积为35873.2km^2。台湾地处热带亚热带，风化成土作用强烈，加以成土母岩类型众多，土壤类型众多。其中台湾北部和中部植物类型丰富，种类众多，土壤颜色以黄灰色最多，土壤质地以砂土最多，土壤硬度范围为0.4~20mm。

台湾东临太平洋，西隔台湾海峡与福建相望，南界菲律宾，东北与日本琉球群岛相邻。台湾位于东亚大陆东南部的海洋中，是季风气候强烈影响的地区之一，北回归线正好通过台湾中部，由于地处高温多雨的季风热带亚热带气候环境，因而形成了丰富的热带、亚热带植物区系所组成的常绿阔叶林植物群落，北部属于亚热带雨林，南部属于热带季雨林和热带雨林，这些茂盛的热带亚热带森林蕴藏着丰富的生物多样性。并且台湾地形地貌较为复杂，约2/3的面积属于山地，山势高峻挺拔，高低落差悬殊的许多山地，构成了多种多样垂直分布的生境类型（蔡飞等，2002）。

（7）日本国

日本位于亚欧大陆东部、太平洋西北部，由数千个岛屿组成，众列岛呈弧形，海岸线全长33889km，山地和丘陵占总面积的71%，国土森林覆盖率高达67%，森林土壤类型主要有灰壤、棕色森林土、红黄壤等（李昌华，1980）。日本东部和南部为太平洋，西临日本海、东海，北接鄂霍次克海，隔海分别和朝鲜、韩国、中国、俄罗斯、菲律宾等国相望。日本是世界上填海造陆最多的国家，填海造陆的面积多达1600km^2。日本土壤总体含盐量较高。

日本属温带海洋性季风气候，终年温和湿润，冬无严寒，夏无酷暑。夏秋两季多台风，6月份多梅雨。1月平均气温，北部－6℃，南部16℃；7月北部17℃，南部28℃。极端高温40.9℃（2007年8月16日，埼玉县熊谷市和岐阜县多治见市）；极端低温－41℃（1902年1月25日，北海道旭川市）。年降水量700~3500mm，最高达4000mm以上。

（8）美国

美国滨海竹类植物的耐盐性调查主要是委托美国竹类专家克利夫·萨斯曼（Cliff Sussman）协助调查了解，提供相关资料。

2.1.2　研究竹种

根据野外滨海地区实际调查到的竹子情况进行相关研究。

2.2　调查研究方法

采取野外实地调查、取样室内分析与资料查阅相结合的方法，对各调查点的竹类植物（重点调查研究受盐害的竹类）的耐盐范围进行测定评价以及耐盐观赏植物的筛选〔见附录1及附录2（1）〕。详细记录（并拍照存档）植物种类名称、生长状况、盐害程度、生境特征及周边植物种类；用2265FS便携式电导计测量竹子生长土壤的盐度值（电导率），取部分相应土壤样本回实验室测定土壤实际含盐量，最后根据土壤电导率与土壤实际含盐量的函数关系将野外实测的土壤电导率转换成土壤实际盐度值（均用百分数表示）、土壤温度值；用TYS-3N植株养分速测仪测量相应调查竹子叶片的叶绿素值、含氮量、水分含量。

竹类植物盐害等级判定。结合竹类植物的野外生长发育状况，将其盐害等级分为5级，为进一步开展滨海耐盐竹类植物的应用研究提供参考。竹类植物叶片盐害等级的判别标准目前国内未见。本研究结合竹类叶片特殊结构形态特征，通过野外调查和盐度梯度试验，参照果树等其他植物的盐害等级标准（王业遴等，1990）制定如下具量化指标以判定竹类植物盐害等级标准，分为5级。0级：无盐害症状，叶尖、叶缘变黄的叶片约占全叶（叶尖至叶柄顶部）0~10%；1级：轻度盐害，叶尖、叶缘变黄的叶片约占全叶10%（含10%）~30%；2级：中度盐害，叶尖、叶缘变黄的叶片约占全叶30%（含30%）~60%；3级：重度盐害，大部分叶尖、叶缘变黄，占全叶60%（含60%）~80%；4级：极重度盐害，叶片焦枯脱落、枝枯，占全叶80%（含80%）至最终死亡（陈松河，2013）。

2.3 结果与分析

2.3.1 厦门滨海地区竹类植物调查

（1）厦门园博苑竹类植物调查

对厦门园博苑（重点是百竹园）内的竹类植物耐盐性情况进行的系统调查研究表明，该园土壤盐度值范围为0.01%~0.82%，平均为0.21%（测定土层深度为20~40cm，下同），主要栽培的竹子有：佛肚竹（*Bambusa ventricosa*）、鼓节竹（*Bambusa tuldoides* f. *swolleninternode*）、花吊丝竹（*Dendrocalamus minor* var. *amoenus*）、龙竹（*Dendrocalamus giganteus*）、黄竹（*Dendrocalamus membranaceus*）、金镶玉竹（*Phyllostachys aureosuleata* f. *spectabilis*）、大佛肚竹（*Bambusa vulgaris* ‘Waminii’）、罗汉竹（人面竹）（*Phyllostachys aurea*）、黄甜竹（*Acidosasa edulis*）、长叶苦竹（*Pleiolastus chino* var. *hisanchii*）、青丝黄竹（*Bambusa eutuldoides* var. *viridi-vittata*）、孝顺竹（*Bambusa multiplex*）、小琴丝竹（*Bambusa multiplex* ‘Alphonse-Karr’）、黄金间碧玉竹（*Bambusa vulgaris* ‘Vittata’）、吊丝竹（*Dendrocalamus minor*）、红竹（*Phyllostachys iridescens*）、黄杆乌哺鸡竹（*Phyllostachys vivax* f. *aureocaulis*）、紫竹（*Phyllostachys nigra*）、刚竹（*Phyllostachys sulphurea* var. *viridis*）、斑竹（*Phyllostachys bambusoides* f. *lacrima-deae*）、红哺鸡竹（*Phyllostachys iridescens*）、淡竹（*Phyllostachys glauca*）、麻竹（*Dendrocalamus latiflorus*）、紫线青皮竹（*Bambusa textiles* var. *fusca*）、青皮竹（*Bambusa textilis*）、桂竹（*Phyllostachys bambusoides*）、泰竹（*Thyrsostachys siamensis*）、硬头黄竹（*Bambusa rigida*）、粉单竹（*Bambusa chungii*）、金竹（*Phyllostachys sulphurea*）、菲黄竹（*Sasa auricoma*）、菲白竹（*Sasa fortunei*）、龟甲竹（*Phyllostachys heterocycla*）、撑麻青竹（*Bambusa pervariabilis* × *D. latiflorus* × *B. textilis*）、茶竿竹（*Pseudosasa amabilis*）、高节竹（*Phyllostachys prominens*）、花眉竹（*Bambusa longispiculata*）、花竹（*Bambusa albo-lineata*）、小叶白斑竹（*Arundinaria suberecta*）、花叶唐竹（*Sinobambusa tootsik* var. *luteolo-albo-striata*）、石竹仔（*Bambusa picatorum*）等。从调查结果看，园博苑竹类植物受盐害的等级大部分在1级以下，一些可达2级，少量已死亡。

（2）厦门鼓浪屿（华侨亚热带植物引种园）竹类植物调查

课题组于2010年7月28日对厦门鼓浪屿岛上的竹类植物分布及生长情况进行了全面的实地调查，结果表明：竹类植物在岛上分布范围广，以华侨亚热带植物引种园内种类最多；鼓浪屿岛上的竹类植物计有7属12种：淡竹（*Phyllostachys glauca*）、小叶白斑竹（*Arundinaria suberecta*）、紫竹（*Phyllostachys nigra*）、淡竹（*Phyllostachys glauca*）、黄金间碧竹（*Bambusa vulgaris* ‘Vittata’）、麻竹（*Dendrocalamus latiflorus*）、大眼竹（*Bambusa eutuldoides*）、泰竹（*Thyrsostachys siamensis*）、吊丝球竹（*Dendrocalamopsis beecheyana*）、大肚竹（*Bambusa vulgaris* ‘Wamin’）、车筒竹（*Bambusa sinospinosa*）、倭竹（*Shibataea kumasasa*）、翠竹、坭竹和孝顺竹等，其盐害等级在1~2级，以1级为多，少量达2级以上或死亡。调查中发现，竹类盐害等级与土壤盐分密切相关，如大肚竹，离海较近者盐害严重，离海远者盐害程度较轻。

（3）厦门环岛路（海悦山庄）竹类植物调查

通过实地调查和分类鉴定（包宇航，2012；陈松河等，2001；耿伯介等，1996；易同培等，2008），海悦山庄“竹园”及其周边（环岛路、景州乐园、胡里山炮台等地）应用的竹子种类主要的有8属27种（含种以下分类单位，下同）：孝顺竹（*Bambusa multiplex*）（在环岛路边上种植数量多，长势差，盐害等级达1~2级）、河边竹（*B. multiplex* var. *strigosa*）、青竿竹（*B. tuldoides*）、鼓节竹（*B. tuldoides* ‘Swolleninternode’）、黄金间碧竹（*B. vulgaris* ‘Vittata’）、大肚竹（*B. vulgaris* ‘Wamin’）、观音竹（*B. multiplex* var. *rivierenrum*）、小琴丝竹（*B. multiplex* ‘Alphonse-Karr’）、凤尾竹（*B. multiplex* ‘Fernleaf’）、青皮竹（*B. textilis*）、斑竹（*Phyllostachys bambusoides* f. *tanakae*）、刚竹（*Ph. viridis*）、罗汉竹（*Ph. aurea*）、紫竹（*Ph. nigre*）、金镶玉竹（*Ph. aureosulcata* f. *spectabilis*）、淡竹（*Ph. glauca*）、早竹（*Ph. praecox*）、高节竹（*Ph. prominens*）、花吊丝竹（*Dendrocalamus minor* var. *amoenus*）、倭竹（*Shibataea kumasasa*）、苦竹（*Pleioblastus amarus*）、长叶苦竹（*Pl. chino* var. *hisanchii*）、茶竿竹（*Pseudosasa amabilis*）、菲白竹（*Sasa fortunei*）、菲黄竹（*S. auricoma*）、翠竹（*S. pygmaea*）、

泰竹（*Thyrsostachys siamensis*）。

因海悦山庄“竹园”临海而建，植物受海洋影响严重，本研究重点对竹类植物的盐害情况进行较详细的调查。据调查，海悦山庄“竹园”竹类生长土壤的盐度均值为0.35%，pH均值为7.5。竹类植物盐害等级标准按陈松河等（2013）的方法分成5级调查统计，竹园内竹类植物盐害等级为0级的有10种：鼓节竹、黄金间碧玉竹、青皮竹、斑竹、刚竹、金镶玉竹、淡竹、青竿竹、高节竹、泰竹，占调查竹种总数的37%；盐害等级为1级的有12种：小琴丝竹、凤尾竹、观音竹、大肚竹、早竹、孝顺竹、河边竹、罗汉竹、花吊丝竹、苦竹、长叶苦竹、茶竿竹，占调查竹种总数的44%；盐害等级为2级的有3种：倭竹、紫竹、菲白竹，占调查竹种总数的11%；盐害等级为3级的有1种：翠竹，占调查竹种总数的4%；盐害等级为4级的有1种：菲黄竹，占调查竹种总数的4%。可见，“竹园”中竹类植物受到一级盐害以上的占调查竹种总数的63%，受盐害程度非常明显（包宇航，2012）。

（4）厦门大学及其周边竹类植物调查

调查区域包括厦大白城、厦大校区、南普陀寺，主要的竹类植物有：小琴丝竹、唐竹（*Sinobambusa tootsik*）、坭竹（*Bambusa gibba*）、泰竹、黄金间碧玉竹、长叶苦竹、大肚竹、河竹（*Phyllostachys rivalis*）、麻竹（*Dendrocalamus latiflorus*）、簕竹、吊罗坭竹（*Bambusa diaoluoshanensis*）、绿竹（*Dendrocalamopsis oldhamii*）等。这些竹子的盐害等级大部分在0~1之间，一些达到2级，少数竹种已死亡。

（5）厦门筼筜湖绿化带竹类植物调查

主要的竹类植物有：紫竹、粉单竹、小琴丝竹、凤尾竹、阔叶箬竹、倭竹、菲白竹、崖州竹、大肚竹、斑竹、青竿竹、泰竹、刚竹、绿篱竹、罗汉竹、黄金间碧玉竹、长叶苦竹、花吊丝竹、花眉竹、橄榄竹（*Acidosasa gigantea*）、翠竹等。这些竹子的盐害等级大部分在1级，少部分达2级以上，有些已死亡。

（6）厦门其他公园绿地竹类植物调查

1）南湖公园（含白鹭洲、海湾公园）：黄金间碧玉竹、橄榄竹、唐竹、大头典竹、青皮竹、泰竹、茶竿竹、青丝黄竹、花吊丝竹、银丝竹、孝顺竹、绿竹、麻竹、淡竹、大肚竹、小琴丝竹、簕竹。这些竹子的盐害等级在1~2级之间，有些甚至达到3级或死亡。

2）园林植物园：匍匐镰序竹、紫竹、粉单竹、小琴丝竹、花叶唐竹、凤尾竹、巨龙竹、白纹阴阳竹（*Hibanobambusa tranguillans* f. *shiroshima*）、阔叶箬竹（*Indocalamus latifolius*）、倭竹（*Shibataea kumasasa*）、菲白竹、刺黑竹（*Chimonobambusa neopurpurea*）、崖州竹（*Bambusa textilis* var. *gracilis*）、大肚竹、斑竹、小簕竹（B. fexuosa）、大眼竹（*B. eutuldoides*）、青竿竹（*B. tuldoides*）、甲竹（*B. remotiflora*）、簕竹、油簕竹（*B. lapidea*）、妈竹（*B. lapidea*）、泰竹、刚竹（*Phyllostachys sulphurea* ‘Viridis’）、绿篱竹

（*B. textilis* var. *albo-striata*）、罗汉竹（*P. aurea*）、毛凤凰竹、黄金间碧玉竹、龟甲竹（*P. heterocycla*）、鱼肚腩竹（*B. gibboides*）、车筒竹（*B. sinospinosa*）、长叶苦竹（*Pleioblastus chino* var. *hisauchii*）、坭竹、马甲竹（*Bambusa tulda*）、吊丝球竹（*Dendrocalamopsis beecheyana*）、撑篙竹（*B. pervariabilis*）、假毛竹（*Phyllostachys kwangsiensis*）、花吊丝竹（*Dendrocalamopsis beecheyana*）、花眉竹（*Bambusa longispiculata*）、黄甜竹（*Acidosasa edulis*）、福建酸竹（*Acidosasa longiligula*）、四季竹（*Oligostachyum lubricum*）、油苦竹（*Pleioblastus oleosus*）、金竹（*Phyllostachys sulphurea*）、台湾桂竹、方竹（*Chimonobambusa quadrangularis*）、少穗竹（*Oligostachyum sulcatum*）、橄榄竹（*Indosada gigantea*）、石竹、金丝葫芦竹（*Bambusa ventricosa* cv.）、翠竹、黄竿金竹、小叶白斑竹（*Arundinaria suberecta*）、花叶金明竹（*Phyllostachys bambusoides* cv.）、白纹阴阳竹（*Hibanobambusa tranguillans* f. *shiroshima*）、茶竿竹、草黑竹（*Gigantochloa artroviolacea*）、东帝汶黑竹（*Bambusa Lako*）、黑甜龙竹（*Dendrocalamus asper* var. *Black*）、梨竹（*Melocanna baccifera*）、万石山思劳竹（*Schizostachyum wanshishanensis*）、中岩茶秆竹（*Pseudosasa zhangyanensis*）、花毛竹（*Phyllostachys heterocycla* 'Huamozhu'）、南平倭竹、无毛翠竹（*Sasa pygmaea* var. *disticha*）、狭叶倭竹（*Sasa lancefolia*）、油竹子（*Fargesia angustissima*）、真水竹（*Phyllostachys stimulosa*）、辣韭矢竹（*Pseudosasa japonica* var. *tsutsumina*）、黄条金刚竹（*P. kongosansis* f. *aureosteiatus*）、铺地竹（*Sasa argenteastriatus*）、菲白川竹、椰变女竹等。这些竹子的盐害等级绝大部分在0~1级之间，部分达2级，少数已濒临死亡。

2.3.2 福建其他滨海公园绿地竹类植物调查研究

（1）莆田市滨海地区竹类植物调查

莆田湄洲岛：大肚竹、淡竹、佛肚竹、吊罗坭竹、黄金间碧玉竹、青竿竹、孝顺竹、凤尾竹、黄竹（种植在海边沙滩上，盐害等级达4级，已大部分死亡干枯）、簕竹、绿竹、青皮竹。这些竹子的盐害等级大部分在1~2级之间，生长在离海边100m以内的竹子达到3级以上，不少竹种甚至死亡。

莆田赤港华侨农场竹园：坭竹、青丝黄竹、无毛翠竹、花吊丝竹、倭竹、紫竹、金丝慈竹、铺地竹、高节竹、泰竹、菲白竹、唐竹、阔叶箬竹、美丽箬竹、黄竿乌哺鸡竹、青芳竹（*Oligostachum sulcatum*）、红竹、斑竹、菲黄竹、人面竹、紫线青皮竹、青麻撑竹、龟甲竹、毛竹等。这些竹子的盐害等级大部分在1级以下，少数达到2级。

（2）福建其他公园绿地竹类植物调查

主要调查的区域包括龙岩、宁德、福鼎、三明、泉州、漳州等滨海地区，主要竹种有：紫竹、粉单竹、小琴丝竹、花叶唐竹、凤尾竹、阔叶箬竹、倭竹、菲白竹、崖州竹、大肚竹、斑竹、小簕竹、青竿竹、簕竹、妈竹、泰竹、刚竹、罗汉竹、黄金间碧玉竹、龟甲竹、长叶苦竹、垠竹、吊丝球竹、撑篙竹、花吊丝竹、方竹、茶竿竹等。这些竹子的盐害等级绝大部分在0~1级之间，调查中盐害等级2级以上较少。

2.3.3 海南省竹类植物调查研究

据调查，海南有竹类植物13属46种（含种以下分类单位，下同）（刘强，2012），野外常见的有思劳竹属（*Schizostachyum*）的岭南思劳竹（*S. jaculans*）、思劳竹（*S. pesudolima*），藤竹属（*Dinochloa*）的藤竹（*D. utilis*），簕竹属（*Bambusa*）的大肚竹（*Bambusa vulgaris* ‘Wamin’）、小琴丝竹（*Bambusa multiplex* ‘Alphonse-Karr’）、孝顺竹（*Bambusa multiplex*）、粉单竹（*B. chungii*）、甲竹（*B. austrosinens*）、密节竹（*B. ventricosa*）、青皮竹（*B. textilis*）、吊丝球竹（*B. beecheyana*）、大头典竹（*B. beecheyana* var. *pubescens*）、青篱竹属（*Arundinaria*）的细柄青篱竹（*A. gracilipes*）、林仔竹（*A. nuspicula*）。

课题组调查了海南省城区公园、绿地，特别调查了海南海口和三亚滨海地区的公园绿地、景区景点内配植的竹类的生长和应用情况，因为这些公园、景区景点濒临海边，土壤呈现沙质，土壤盐度较高。主要实地调查的地点包括三亚湾、天涯海角、博鳌会址、南山景区以及大量临海高档酒店内竹类植物的配置应用、盐害状况。经过我们初步调查，大肚竹、青皮竹、孝顺竹、小琴丝竹等竹类在海南滨海地区应用广泛，但临海种植的竹种危害程度较严重，盐害等级基本上在1~2级，个别地点如三亚湾临海酒店靠海一侧的竹子因土壤和海风含盐量较高，竹子的盐害等级最高可达到4级，甚至已死亡或濒临死亡。

2.3.4 台湾省竹类植物调查研究

台湾园林中竹类植物也很多，尤以北部、中部最为丰富，在园林中应用广泛，营造出别具一格的竹景观，体现独特的中华竹文化。台湾主要竹类植物有黄金间碧玉竹、唐竹、小琴丝竹、孝顺竹、方竹、凤尾竹、粉单竹、簕竹、麻竹、观音竹、绿竹、毛竹、菲白竹、菲黄竹、翠竹、铺地竹等20属63种及种以下分类群（史军义等，2007；台湾植物志，2003；黄增泉，2003；罗宗仁，2007；陈松河，2009），据调查分析，其中绝大部分竹类适生的土壤盐度范围在0.14~1.0。这些竹子大部分均为人工园林栽培，因管理较好，常见竹类盐害等级绝大部分在1级以下，少数达2级。

2.3.5 日本竹类植物调查研究

日本园林中常见的竹子种类有：山白竹（*Sasa veitchii*）、菲白竹（*Sasa fortunei*）、菲黄竹（*Sasa auricoma*）、翠竹（*Sasa pygmaea*）、石川笹（*Sasa fugeshiensisi*）、御殿场

笹（*Sasa asahinae*）、川竹（*Pleioblastus simonii*）、矢竹（*Pseudosasa japonica*）、白纹阴阳竹（*Hibanobambus tranguillans* f. *shiroshima*）、唐竹（*Sinobambusa tootsik*）、倭竹（*Shibataea kumasasa*）、毛竹（*Phyllostachys pubercens*）、龟甲竹（*Phyllostachys pubercens* var. *heterocyclae*）、花毛竹（*Phyllostachys heterocycla* 'Tao kiang'）、桂竹（*Phyllostachys bambusoides*）、斑竹（*Phyllostachys bambusoides* f. *tanakae*）、刚竹（*Phyllostachys viridis*）、罗汉竹（*Phyllostachys aurea*）、紫竹（*Phyllostachys nigre*）、金镶玉竹（*Phyllostachys aureosulcata* f. *spectabilis*）、佛肚竹（*Bambusa ventricosa*）、孝顺竹（*Bambusa multiplex*）、小琴丝竹（*Bambusa multiplex* 'Alphonse-karri'）、苦竹（*Pleioblastus amarus*）、长叶苦竹（*Pleiolastus chino* var. *hisanchii*）、河边竹（*Bambusa multiplex* var. *strigosa*）、方竹（*Chimonobambusa quadrangularis*）等（史军义等，2012）。

竹类植物深受日本传统园林的喜爱，应用十分广泛，在日本小石川后乐园、昭和纪念公园、金阁寺等地，以及街头绿地、居住区房前屋后，不时可见竹类植物的身影。日本栽植竹类植物品种较多的地方是春日大社神苑万叶植物园，以中小型竹类为主。日本小石川后乐园成片坡地的倭竹地被，金阁寺、平等院、幕张海滨公园等地赤竹属（*Sasa*）竹类作为地被和墙缝点缀绿化景观给人留下了深刻的印象。

因日本处于海洋包围之中，且填海造地的面积大，自然地理条件特殊，土壤含盐量较高，植物生长容易受到海洋性季风气候的影响，植物受盐害影响严重（日本2011年3月11日特大地震和海啸之后更加严重）。据观察，在日本沿海地区许多植物，特别是农田作物盐害程度较严重。但在公园、庭园、居住区等地，因管理精细到位，植物生长状况基本良好，盐害程度并不明显，对园林植物景观影响不大。某些植物种类如竹类植物因根系较浅，受盐害程度较明显，其中以赤竹属植物尤为明显，叶片顶端枯焦现象明显，盐害等级达2级。

2.3.6 美国竹类植物种类和竹类耐盐性研究及应用情况

2012年3月11日，美国（San Dimas Family Climic- Primary Care in a Garden Setting）竹类专家克利夫·萨斯曼（Cliff Sussman）博士与蒋丽华女士（翻译）到厦门市园林植物园参观访问，笔者与其进行了深入的交流探讨，并委托克利夫·萨斯曼博士协助调查了解美国开展竹子耐盐性研究及美国滨海地区竹子种类、生长状况等相关情况。2012年3月14日，夏希民先生回信称，据其向美国从事竹子研究的同行了解，竹子的耐盐性相关研究在美国很少，相关文献也很少见到，不过他和美国同行都认为该项工作对竹子在沿海岸土壤盐分较高地区的种植很有意义。同时他也将能收集到（包括在他自己种植园内从世界各地引种收集）的美国竹子名录发给了我们，并就本项目的研究提出了一些建设性的意见和建议。

2.3.7 福建滨海地区竹类叶片及土壤养分分析

福建滨海地区受海洋的持续影响比较大，土壤多为风积沙土与潮积沙土，保水性差，肥力贫乏，土壤含盐量较高，对植物的生长影响较大。国内对竹类叶片、土壤养分等研究陆续有见报道，如岳祥华等（2009）研究了铺地竹叶片营养成分随季节的动态变化；陈瑞炎（2011）对福建省永安市大湖竹种园刚竹属的5种竹类植物（紫竹、绿槽毛竹、毛金竹、早竹和淡竹）成熟叶和衰老叶的N、P含量及内吸收率进行了研究；陈志阳等（2009）对常宁市平衡施肥毛竹林的叶片养分含量与土地肥力及产量进行相关性研究；徐祖祥等（2010）经连续8年对2种主要土壤长期肥力定位监测点土样分析，研究了浙江临安雷竹种植条件下土壤养分的变化；郑蓉（2009）分析了绿竹12个主要产地不同土壤层次的6项养分指标及其综合肥力状况；吴明等（2006）2001~2004年以笋用红竹林小区精确施肥试验为基础，结合试验区内部分长期定位观测，比较研究了不同施肥处理对笋用红竹林生态系统土壤特性的影响；张梅等（2008）对福建省漳州东山滨海沙地吊丝单竹林凋落物分解及其营养动态进行分析；徐绍清等（1993）进行了滨海盐土角竹引种试验研究；金川等（1997）进行了绿竹滩涂栽培试验研究。

值得一提的是，以原福建农林大学林学院院长郑郁善教授为主的研究团队，在福建省漳州市东山赤山林场建立了研究基地，对3种不同年龄的吊丝单竹植株在不同发笋时期，不同竹冠部位的叶片比叶重、光合、呼吸性状及N、P、K含量等进行测定（郑郁善，2004），并对沿海沙地竹类植物的引种栽培、抗盐、抗风、抗旱等进行了系统研究，已取得了一些研究成果。

但这些研究大多是对单一竹种或在单一试验地进行的，针对福建滨海地区多竹种多试验点的研究未见文献报道。笔者选取了福建滨海地区厦门园博苑百竹园（以下简称厦门园博苑）、莆田赤港华侨农场竹园（以下简称莆田赤港）和莆田湄洲岛3个具代表性试验点，对其竹类叶片和土壤养分进行取样分析研究，并对三地部分竹类叶片、根系取样回实验室进行切片电镜扫描，观察其受盐害后内部组成结构颜色的变化情况（扫描图详见附图2），以期为探索改善滨海地区土壤肥力，优化绿化和经济植物种类选择，提高竹类等植物防护和改善环境效益等功能提供科学的参考依据。

研究田间试验于2011年在厦门园博苑、莆田赤港和莆田湄洲岛进行，室内分析测试研究在厦门大学生命科学学院进行。

样品均分别实地采自于厦门园博苑、莆田赤港和莆田湄洲岛，采集时间为2011年1月。采集的竹类植物有，厦门园博苑7种（含种以下分类单位，下同）竹子：长叶苦竹（*Pleioblastus chino* var. *hisauchii*）、孝顺竹（*Bambusa multiplex*）、绿竹（*Dendrocalamopsis oldhamii*）、鼓节竹（*Bambusa tuldoides* ‘Swolleninternode’）、金镶玉竹（*Phyllostachys aureosulcata* ‘Spectabilis’）、花吊丝竹（*Dendrocalamus minor* var. *amoenus*）、小琴丝竹（*Bambusa multiplex* ‘Alphonse-Karr’）；莆田赤港6种竹子：青丝黄竹（*Bambusa eutuldoides* var. *viridi-vittata*）、紫竹（*Phyllostachys nigra*）、泰竹（*Thyrsostachys siamensis*）、美丽箬竹（*Indocalamus decorus*）、斑竹（*Phyllostachys bambusoides* ‘Lacrima-deae’）、毛竹（*Phyllostachys heterocycla* ‘Pubescens’）；莆田湄洲岛上4种竹子：淡竹（*Phyllostachys glauca*）、吊罗坭竹（*Bambusa diaoluoshanensis*）、青竿竹（*Bambusa tuldoides*）、凤尾竹（*Bambusa multiplex* ‘Fernleaf’）。各种竹类植物叶片均采自林冠外侧，按东西南北方向混合采样，成熟叶片指2~3年生生长健壮、无病虫害竹类叶枝中部叶片（离顶叶2~3片），衰老叶片指无病虫害竹类且即将脱落的叶片（叶片已由绿色变成黄色或浅黄色），采集的竹类叶片样品用密封塑料袋装好后放入小型保温箱带回实验室处理。土壤样本取自所测竹丛（竿）基部，每竹种选取3个代表性的样点，样点单元采用十字交叉法采集3个分点的10~20cm层土壤均匀混合，采用四分法留取1 kg土壤样品。土壤样品采集风干后尽可能剔除碎石、金属碎块、未分解的有机物残体等，以尽量减少对重金属元素及有机物含量测定的影响。土样经研磨、混匀后，分别过8目、30目、100目筛后贮存在聚乙烯塑料瓶中，以备进一步分析使用。

测试结果（表2-1）显示，福建滨海地区厦门园博苑、莆田赤港和莆田湄洲岛17种竹类成熟叶片和衰老叶片氮（N）、磷（P）含量存在显著差异，且存在明显的地域性差异。三取样地成熟叶片和衰老叶片氮（N）含量均值比达到2.12，其中厦门园博苑成熟叶片和衰老叶片氮（N）含量比值最大，达到3.52，远高于同一地区的莆田赤港（1.64）和莆田湄洲岛（1.44）；三取样地17种竹类成熟叶片和衰老叶片磷（P）含量均值比达到2.0，其中厦门园博苑竹类成熟叶片和衰老叶片磷（P）含量比值最大，达到2.93，远高于同一地区的莆田赤港（1.85）和莆田湄洲岛（1.35）。

竹类植物叶片氮（N）、磷（P）含量 表2-1

取样地点	竹种名称	成熟叶片				衰老叶片			
		N		P		N		P	
		含量（mg/g）	标准差	含量（mg/g）	标准差	含量（mg/g）	标准差	含量（mg/g）	标准差
厦门园博苑	长叶苦竹	16.9874	2.3452	0.9506	0.1677	3.8958	0.3617	0.1834	0.0299
	孝顺竹	23.2367	4.6109	1.7365	0.3226	7.4232	0.7717	0.5530	0.2759
	绿竹	26.3596	2.2711	1.1042	0.5658	6.6924	0.4230	0.2893	0.0750
	鼓节竹	21.5766	0.4153	1.6150	0.2202	5.6378	0.5871	0.8675	0.3794
	金镶玉竹	24.9879	0.2092	1.7910	0.1689	9.0480	3.1257	0.6199	0.1834
	花吊丝竹	21.4073	0.8244	1.7463	0.1135	5.8327	0.1385	0.7778	0.9039
	小琴丝竹	18.1523	2.8609	1.6187	0.8399	4.8767	0.9183	0.3188	0.2098
	合计	152.7078	13.5370	10.5623	2.3986	43.4066	6.3260	3.6097	2.0573
	均值	21.8154	1.9339	1.5089	0.3427	6.2009	0.9037	0.5157	0.2939

续表

取样地点	竹种名称	成熟叶片				衰老叶片			
		N		P		N		P	
		含量（mg/g）	标准差	含量（mg/g）	标准差	含量（mg/g）	标准差	含量（mg/g）	标准差
莆田赤港	青丝黄竹	18.8465	0.7397	1.4740	0.0130	10.0360	1.2871	0.9759	0.0293
	紫竹	19.8857	0.7506	1.4557	0.0429	10.3329	0.7382	0.6653	0.0204
	泰竹	18.8809	1.5316	1.5990	0.1573	25.2872	1.0431	1.3994	0.1408
	美丽箬竹	20.7080	1.0693	1.5752	0.0126	8.5640	0.9655	0.5861	0.2029
	斑竹	25.2872	0.1075	1.6786	0.0454	11.3398	1.0053	0.7508	0.1532
	毛竹	18.8404	0.7212	1.3300	0.0728	8.9492	0.2654	0.5359	0.0133
	合计	122.4487	4.9199	9.1125	0.3440	74.5091	5.3046	4.9134	0.5599
	均值	20.4081	0.8200	1.5188	0.0573	12.4182	0.8841	0.8189	0.0933
莆田湄洲岛	淡竹	22.6569	1.6799	1.1549	0.2747	12.5641	1.2029	0.6020	0.1269
	吊罗坭竹	21.9931	0.6005	1.1284	0.0211	17.9929	0.3161	0.7514	0.1230
	青竿竹	27.1964	0.3906	1.5982	0.0615	19.0786	1.2687	1.3030	0.0298
	凤尾竹	27.0821	1.5558	1.5961	0.0069	19.0964	0.4475	1.3970	0.0551
	合计	98.9285	4.2268	5.4776	0.3642	68.7320	3.2352	4.0534	0.3348
	均值	24.7321	1.0567	1.3694	0.0911	17.1830	0.8088	1.0134	0.0837
总计		691.4650	43.8944	47.8549	6.2494	323.18253	28.2842	22.4342	5.9564
总均值		22.0050	1.3343	1.4796	0.1828	10.3782	0.8745	0.7398	0.1736

测试结果（表2-2）显示，福建滨海地区厦门园博苑、莆田赤港和莆田湄洲岛竹类生长土壤3个取样地的氮（N）含量均值最大的为厦门园博苑，达0.3697mg/g，其次为莆田赤港0.2820mg/g，最小的为莆田湄洲岛0.1921mg/g；磷（P）含量均值最大的为莆田湄洲岛，达0.3926mg/g，其次为厦门园博苑0.3134mg/g，最小的为莆田赤港0.2152mg/g。

竹类生长土壤氮、磷含量　表2-2

取样地点	竹名	氮（N）		磷（P）	
		含量（mg/g）	标准差	含量（mg/g）	标准差
厦门园博苑	长叶苦竹	0.8174	0.6434	0.3347	0.2408
	孝顺竹	0.3910	0.3753	0.3242	0.1310
	绿竹	0.1816	0.0117	0.3398	0.1267
	鼓节竹	0.3115	0.3061	0.2663	0.0479
	金镶玉竹	0.3934	0.2764	0.3038	0.0202
	花吊丝竹	0.3153	0.2793	0.3024	0.0250
	小琴丝竹	0.1780	0.0192	0.3226	0.0209
	合计	2.5882	1.9114	2.1938	0.6125
	均值	0.3697	0.2731	0.3134	0.0875

续表

取样地点	竹名	氮（N）		磷（P）	
		含量（mg/g）	标准差	含量（mg/g）	标准差
莆田赤港	青丝黄竹	0.2805	0.0596	0.2204	0.0407
	紫竹	0.2181	0.0466	0.1714	0.0398
	泰竹	0.3616	0.0796	0.2498	0.0514
	美丽箬竹	0.2728	0.0588	0.2027	0.0466
	斑竹	0.2577	0.0534	0.2155	0.0587
	毛竹	0.3015	0.0621	0.2311	0.0622
	合计	1.6922	0.3601	1.2909	0.2994
	均值	0.2820	0.0600	0.2152	0.0499
莆田湄洲岛	淡竹	0.2222	0.0151	0.3527	0.0496
	吊罗坭竹	0.1410	0.0133	0.2885	0.0133
	青竿竹	0.2174	0.0339	0.5519	0.0772
	凤尾竹	0.1876	0.0076	0.3773	0.0139
	合计	0.7682	0.0699	1.5704	0.1540
	均值	0.1921	0.0175	0.3926	0.0385
总计		9.9808	4.9460	9.0684	2.1152
总均值		0.2970	0.1377	0.2974	0.0627

测试结果（表2-3）显示，福建滨海地区莆田赤港和莆田湄洲岛10种竹类成熟叶片叶绿素a含量（C_a）和叶绿素b含量（C_b）含量均值比达到2.17。对C_a和C_b间进行线性模型、对数模型、双曲线模型、二次多项式、三次多项式、复合模型、幂指数模型、S形曲线模型、生长模型、对数模型、逻辑模型等11种单因子模型拟合（苏金明等，2002）。结果表明，C_a和C_b的拟合模型以三次多项式模型最优，最优拟合的方程为：$Y_A=0.9699+3.7374B-0.7166B^2+0.0439B^3$（A代表$C_a$，B代表$C_b$），相关系数的平方为0.934，呈极显著相关关系。

竹类植物叶绿素含量 表2-3

取样地点	竹名	C_a		C_b		C_a+C_b
		含量（mg/g）	标准差	含量（mg/g）	标准差	
莆田赤港	青丝黄竹	7.0163	0.0965	3.1424	0.1465	10.1587
	紫竹	5.8798	1.1310	2.2110	0.7837	8.0908
	泰竹	7.1534	0.2949	3.6150	0.6529	10.7684
	美丽箬竹	7.1275	0.1201	3.5828	0.3262	10.7103
	斑竹	6.6030	0.3187	2.2360	0.3271	8.8390
	毛竹	5.3540	0.9507	1.6290	0.4419	6.9830
	合计	39.1340	2.9119	16.4162	2.6783	55.5502
	均值	6.5223	0.4853	2.7360	0.4464	9.2584

续表

取样地点	竹名	C_a		C_b		C_a+C_b
		含量（mg/g）	标准差	含量（mg/g）	标准差	
莆田湄洲岛	淡竹	6.3618	0.4808	2.4256	0.3679	8.7874
	吊罗坭竹	7.3079	0.0805	4.2993	0.4467	11.6072
	青竿竹	7.0774	0.1951	3.1422	0.4503	10.2196
	凤尾竹	7.2486	0.1743	4.7420	0.7959	11.9904
	合计	27.9957	0.9307	14.6091	2.0608	42.6046
	均值	6.9989	0.2327	3.6523	0.5152	10.65115
总计		67.1297	3.8426	31.0253	4.7391	98.1548
总均值		6.7606	0.3590	3.1942	0.4808	9.9548

据统计分析，福建滨海地区厦门园博苑竹类生长土壤的盐度均值为0.31%，pH均值为7.83；莆田赤港竹类生长土壤的盐度均值为0.34%，pH均值为7.48；莆田湄洲岛竹类生长土壤的盐度均值为0.49%，pH均值为7.45。调查竹类的盐害等级依王业遴等（1990）和陈松河，黄全能等（2013）的方法分成5级。结果显示，3个取样地竹类植物盐害等级为0级的有绿竹、美丽箬竹、吊罗坭竹、青竿竹、青丝黄竹；盐害等级为1级的有鼓节竹、花吊丝竹、长叶苦竹、紫竹、斑竹、孝顺竹、小琴丝竹、泰竹、淡竹、凤尾竹；盐害等级为2级的有金镶玉竹、毛竹；盐害等级为3级以上的未见。

研究选取福建省滨海地区具有代表性的3个地点厦门园博苑百竹园、莆田赤港华侨农场竹园和莆田湄洲岛上的竹类叶片和土壤进行养分分析研究。结果表明，3地17种竹类成熟叶片和衰老叶片氮（N）、磷（P）含量存在显著差异，且存在明显的地域性差异，3个取样地成熟叶片和衰老叶片氮（N）含量均值比达到2.12，其中厦门园博苑成熟叶片和衰老叶片氮（N）含量比值最大，达到3.52，远高于同一地区的莆田赤港（1.64）和莆田湄洲岛（1.44）；竹类生长土壤氮（N）含量均值大小依次为厦门园博苑0.3697mg/g，莆田赤港0.2820mg/g，莆田湄洲岛0.1921mg/g；磷（P）含量均值大小依次为莆田湄洲岛0.3926mg/g，厦门园博苑0.3134mg/g，莆田赤港0.2152mg/g；莆田赤港和莆田湄洲岛10种竹类成熟叶片C_a和C_b含量均值比达到2.17，C_a和C_b间经11种单因子模型拟合，最优拟合方程为：$Y_A=0.9699+3.7374B-0.7166B^2+0.0439B^3$（A代表$C_a$，B代表$C_b$），相关系数的平方为0.934，呈极显著相关关系；竹类植物盐害等级为0级的有5种，盐害等级为1级的有10种，盐害等级为2级的有2种，盐害等级为3级别以上的未见。

福建滨海地区海岸线长，土壤结构差，肥力低，含盐量高，并受海风影响，空气中有较高的盐分，一般植物难以生长，严重影响了园林绿化及农林业的生产与发展。木麻黄（*Casuarina equisetifolia*）一直是福建东南沿海营造防护林的首选树种。但长期以来，在沿海防护林建设中存在着树种单一，缺少伴生树种和林下植被，木麻黄人工林二代更新困难，防护效能逐年下降等问题。因此，增加沿海防护林树种多样性，实现可持续经营，已成为海岸带防护林体系建设中一项迫切任务（徐俊森，2005）。竹子具有生长迅速、自我繁殖能力强，用途广泛，经济价值高等特点，其地下茎相互盘结，是防风固沙的理想植被，也是滨海地区园林绿化的理想树种。

调查研究滨海地区竹类叶片和土壤养分现状及其动态变化规律具有重要的现实意义。中国学者对竹类叶片和土壤养分进行分析，如陈建华（2006）等对毛竹叶片的光合特性、叶绿素含量、游离氨基酸含量、胡萝卜素含量和硝酸还原酶活性等生理指标进行测定；高志勤（2010）运用定位研究方法，在相似经营条件下，采集高效经营的毛竹材用林、毛竹笋用林土壤样品，分析土壤速效磷、钾养分变化特征并揭示其与毛竹生长的相互关系；吕春艳等（2004）研究了海南麻竹林凋落物量及其养分动态，取得了一些研究成果。但这些研究成果大多是对单一竹种或在某一试验地进行的，针对福建滨海地区多竹种多试验点的研究未见文献报道。

笔者选取了福建滨海地区具有代表性的3个地点，厦门园博苑原属海湾滩涂清淤吹沙充填而来（张洪英，2008），莆田赤港华侨农场地处福建沿海中部兴化湾畔，莆田湄洲岛位于台湾海峡西岸中部，四面环海（蔡加洪，2009），就竹类叶片和土壤养分氮（N）、磷（P）、叶绿素含量等进行分析测试研究，对福建滨海典型地区竹类叶片和土壤养分及其动态变化规律有了初步的了解，为今后滨海地区更大范围竹类包括其他滨海植物及土壤养分动态变化规律的研究打下了坚实的基础。滨海地区竹类植物的生长与其本身的耐盐性、土壤的理化特性、栽培管理措施等密切相关，影响因素是多方面的、综合性的。笔者在本研究中对福建滨海三地的竹类植物耐盐机理、种类筛选、土壤优化改造等暂未涉及，有待于今后通过更广泛的调研和相关试验设计来进一步研究。

第3章

竹类植物耐盐机理研究

竹类植物不仅可为人们提供营养丰富的竹笋，还可以快速地绿化、美化环境。竹子生长很快，最快的竹子一个月可以长到10m、20m高。竹子利用太阳光能效率很高，其生物量、产量也很高。竹子栽培5年后就可以连年砍伐，并能长期永续利用。加上竹类植物四季常青、枝叶茂盛，竹叶覆盖地面，在水土保持、保护环境、发展旅游方面同样具有非常重要意义。因此就我国森林生态系统的重要组成部分——种质资源丰富、生态类型多、集经济、生态和社会效益于一体的竹子而言，是适应目前滨海地区园林绿化及防护林建设中所提出的既有经济效益又有生态效益的良好树种。我国竹子耐盐性研究与其他植物相比起步较晚，尤其是在耐盐机理、鉴定指标确定、耐盐竹种选育等方面几乎是空白。本章主要通过竹类植物盐度梯度试验，从形态（叶片、根系形态）适应性、生理生化指标〔叶片叶绿素（C_a、C_b）、丙二醛（MDA）、脯氨酸（Pro）、质膜透性（RPMP）、组织含水量（RWC）、水分饱和亏缺（WSD）、保水力；根系活力等〕、光合作用（叶片光合作用速率、气孔导度、蒸腾效率、胞间二氧化碳浓度、二氧化碳变化量等）；养分利用效率〔叶片钾（K^+）、钠（Na^+）、钙（Ca^{2+}）含量，可溶性蛋白，可溶性糖，超氧化物歧化酶（SOD），过氧化物酶（POD），过氧化氢酶（CAT）含量，叶片N、P、K含量，土壤N、P、K（K_2O）、有机质含量，pH值，电导率，速效钾、交换性钙含量〕等方面系统研究了竹类耐盐机理。

3.1 研究地（试验地）概况及研究竹种

3.1.1 研究地（试验地）概况

竹类植物耐盐机理田间试验研究（盐胁迫后竹类植物生理生化指标的变化情况）主要在厦门市园林植物园内进行。该园位于厦门市区东南部万石山风景名胜区内（最高海拔高度168.0m），年平均气温21.2℃；2月平均温度12.4℃，极端最低温度为－1.5℃；7月平均温度28.4℃，极端最高温38.2℃；年均降水量1149.9mm，多集中在4~9月，年平均相对湿度77%；土壤为沙壤土，土壤肥力中等。该地较适合于许多竹类植物的生长。

3.1.2 研究竹种

主要有5种，分别为花叶唐竹（*Sinobambusa tootsik* var. *luteolo-albo-striata*）（陈松河，2005）、小琴丝竹（*Bambusa multiplex* 'Alphonse-Karr'）、刺黑竹（*Chimonobambusa neopurpurea*）、毛凤凰竹（*Bambusa multiplex* var. *incana*）（注：毛凤凰竹为2年生实生苗）和匍匐镰序竹（*Drepanostachyum stoloniforme*）（陈松河，2009），主要是通过不同浓度盐（NaCl）胁迫，观察记录其不同浓度盐胁迫后的生长（盐害）情况，并定期取样进行相关生理生化指标、养分利用效率、光合作用等的测试和受盐胁迫后竹叶、根系切片电镜扫描观察其内部形态结构（颜色）的变化情况，并进行相关的统计分析。其他辅助观察研究的竹种还有：倭竹（*Shibataea kumasasa*）、菲白竹（*Sasa fortunei*）、菲黄竹（*Sasa auricoma*）、翠竹（*Sasa pygmaea*）、紫竹（*Phyllostachys nigra*）、斑竹（*Phyllostachys bambusoides* f. *tanakae*）、万石山思劳（即"箣竻"，下同）竹（*Schizostachyum wanshishanensis*）、中岩茶秆竹（*Pseudosasa zhongyanensis*）、长耳吊丝竹（*Dendrocalamcus longiauritus*）、大肚竹（*Bambusa vulgaris* 'Wamin'）、孝顺竹（*Bambusa multiplex*）瓜多竹（*Guadua amplexifoli*）等，主要观察记录其不同浓度盐胁迫后的生长（盐害）情况。

3.2 研究方法

目前，土壤盐渍化影响植物生长的机理存在两种观点，即原初盐害（渗透胁迫）和次生盐害（离子胁迫、营养胁迫、胞内pH值破坏）。本研究通过模拟盐害环境，通过分析测定其形态特征变化、生长活力、生理生态指标、光合作用、养分利用效率等，分析研究竹类植物的耐盐机理，为指导生产实践提供科学的理论依据。

3.2.1 试验材料处理方法

试验采用竹子盆栽试验（见附录3）。于2011年4月份在光照、水分等条件一致的苗圃地采用母竹（选用2年生健壮竹苗作为试验材料）移植方法装盆（试验用盆为330mm×270mm白色塑料花盆），塑料盆每盆装土4.5kg（所用土壤统一用自配营养土，pH值为7.0），统一用自来水浇灌，待竹子全部成活后，统一移至光照条件一致的玻璃大棚内。2012年4月11日进行第一次土壤盐化处理，试验设置6个盐度水平，3个重复，6个盐度水平分别为CK（自来水，0.0%NaCl），S1（0.1%NaCl水溶液），S2（0.3%），S3（0.5%），S4（0.7%），S5（1.0%）。试验过程中，视盆土干湿情况，每隔3~5d浇一次相应浓度的NaCl水溶液，保持每种处理的土壤盐分浓度。盐处理以一次浇透为准，观察5种试验竹种的盐害现象，至叶子出现大部分叶尖、叶缘变黄时停止盐处理。盐处理时间为2012年4月11日~2012年5月27日。盐处理期间每隔7d或10d取各处理植株中部成熟叶片和根系等分析测试相关生理生态指标及培养土实际含盐量。

3.2.2 试验指标的测试方法

（1）游离脯氨酸（Pro）含量的测定

采用磺基水杨酸浸提法（张殿忠等，1990）：取0.25g叶片，剪成约0.5mm宽的叶段，放入试管中，加5mL3%的磺基水杨酸溶液，于沸水浴中浸提10min，冷至室温。吸取提取液2mL于另一试管中，再加入2mL水、2mL冰乙酸和4mL 2.5%的酸性茚三酮溶液。置沸水浴中显色60min，冷却后，加入4mL甲苯萃取物质。静置后，吸取甲苯层于分光光度计520nm波长处比色。标准曲线制作：在1~10μg脯氨酸含量范围内制作标准曲线，取标准溶液各2mL，再加入2mL 3%磺基水杨酸，2mL冰乙酸和4mL 2.5%茚三酮溶液。置沸水浴中显色60min，冷却后，加入4mL甲苯萃取物质。静置后，取甲苯相测定520nm波长处的吸收值。依据脯氨酸含量和相应吸收值绘制标准曲线。根据标准曲线求出样品提取液中脯氨酸的含量，然后按以下公式算出样品中脯氨酸含量：

$$\text{脯氨酸含量（μg/g } FW\text{）} = \frac{\text{提取液中脯氨酸的浓度} \times \text{提取液体积}}{\text{样品鲜重}}$$

本文试验分别于4月20日（加盐后第10天）、4月28日（加盐后第18天）、5月4日（加盐后第24天）、5月11日（加盐后第31天）和5月17日（加盐后第37天）对各竹种叶片游离脯氨酸的含量进行了测定。

（2）丙二醛（MDA）含量的测定

丙二醛含量测定（赵世杰，1999）：称剪碎的叶片0.4g，加入10%三氯乙酸（TCA）2mL和少量石英砂，研磨至匀浆，再加入2mL三氯乙酸进一步研磨，匀浆以4000r/min离心15min，吸取离心的上清液2mL（对照加2mL蒸馏水），加入2mL 0.6%硫代巴比妥酸（TBA用10%三氯乙酸配制）溶液，混匀物于沸水浴上反应15min，迅速冷却后再离心。取上清液测定532nm和600nm波长下的消光度。根据以下公式计算。

$$MDA\ (\mu mol/g\ FW) = [(OD_{532} - OD_{600}) \times V \times S/A] / 155 \times W$$

式中 OD——消光度；

V——反应体系总量；

S——提取液总量；

A——测定时用提取液量；

W——样品总量。

本文试验分别于4月20日（加盐后第10天）、4月28日（加盐后第18天）、5月4日（加盐后第24天）、5月11日（加盐后第31天）和5月17日（加盐后第37天）对各竹种叶片丙二醛的含量进行测定。

（3）叶绿素（Chl.）含量的测定

按照植物生理学试验（北京大学出版社），用分光光度法来测定竹子叶绿素含量。具体方法如下：

从各种竹子分别选取叶片，洗净擦干，称取0.1g，置于研钵中，加少许石英砂和80%的丙酮溶液，充分研磨成匀浆，再加入少许丙酮溶液，将此匀浆避光静置15min左右，最后将匀浆用滤纸过滤后，用80%的丙酮溶液定容至25mL。将叶绿素提取液倒入10mm比色杯中，用722分光光度计分别测定在633nm和645nm波长下的吸光度值（A），以80%丙酮溶液为空白对照。

通过以下公式计算：

$$C_a = (12.7A_{663} - 2.69A_{645}) \times V/1000 \times W$$

$$C_b = (22.9A_{663} - 4.86A_{645}) \times V/1000 \times W$$

$$C_a + C_b = (8.02A_{663} + 20.2A_{645}) \times V/1000 \times W$$

其中 V——提取液的最终体积（mL）；

W——样品鲜重（g）；

C——浓度（mg/g FW）。

本文试验分别于4月20日（加盐后第10天）、4月28日（加盐后第18天）、5月4日（加盐后第24天）、5月11日（加盐后第31天）和5月17日（加盐后第37天）对各竹种叶片叶绿素含量进行测定。

（4）叶片光合作用的测定

使用美国Licor-6400光合作用测定系统，测定时采用透明叶室（贺安娜等，2008）。该系统能同时直接输出的数据有：测定时间（Time，h/min）、气温（T_A，℃）、叶温（T_L，℃）、光合有效辐射（PAR，μ mol photons·m^{-2}·s^{-1}）、空气相对湿度（RHr，%）、进气CO_2浓度（Ca，μmol·mol^{-1}）、样品室CO_2浓度（Cs，μmol·mol^{-1}）、胞间CO_2浓度（Ci，μmol·mol^{-1}）、净光合速率（Pn，μ mol·m^{-2}·s^{-1}）、蒸腾速率（Tr，m mol·m^{-2}·s^{-1}）、气孔导度（Cond，mol·m^{-2}·s^{-1}）、饱和蒸气压差（VPD，kPa）。

本文试验于2012年5月25日（加盐后第45天）测定了3种竹子的光合作用相关指标。

（5）钾（K^+）、钠（Na^+）、钙（Ca^{2+}）含量测定

采用高氯酸—硝酸消煮法（劳家柽，1988）进行测定（刘祖祺等，1994）。

1）样品的处理品

取不同NaCl浓度胁迫的竹子数株，于水中清洗干净，按根、茎、地下茎、叶部位分开，放置烘箱中进行烘干，直至重量不再减轻为止。然后进行粉碎处理。

2）待测液的制备

称取样品0.5g，放入50mL三角瓶中，瓶口加一小漏斗，加入10mL 5：1硝酸和高氯酸混合液，在低温加热过夜后，加大温度进行消煮，直至大量冒烟为止。然后加入2ml 1：1的浓硝酸和水进行加热溶解，再定容至50mL摇匀待测，同时做两份标样和空白对照试验。

3）测定Na^+、K^+和Ca^{2+}含量

在4300DV型ICP等离子发射光谱仪上测定，得出Na^+、K^+和Ca^{2+}含量，并计算Na^+/K^+比值。

本文试验分别于4月20日（加盐后第10天）、4月28日（加盐后第18天）、5月4日（加盐后第24天）、5月11日（加盐后第31天）和5月17日（加盐后第37天）测定了5种竹子叶、根和种子（小琴丝竹）的钾（K^+）、钠（Na^+）、和钙（Ca^{2+}）含量。

（6）质膜透性测定

按照刘宁等（2000）的方法加以改进用DDS-11A型电导仪测定，并用相对电导率（%）表示质膜透性。取1.0g叶片样品，依次用自来水、蒸馏水冲洗，吸干表面水分，放入具塞试管并加入50mL蒸馏水，在室温下保持30min，其间不时地摇匀，测定溶液的初始电导率E_1，电导率的单位为μΩ/cm，再将试管置于沸水浴中加热10min，自来水冷却到室温，测定其总电导率值E_2；同时测定蒸馏水为空白液的电导率E_0，按下式计算质膜相对透性P（%）：

$$P=(E_1-E_0)/(E_2-E_0)\times 100$$

（7）叶片组织含水量（RWC）和水分饱和亏缺（WSD）的测定

参照华东师范大学生物系植物生理教研室（1980）的方法，经盐分胁迫处理后的叶片用自来水冲洗3次，吸干表面的水分，称鲜重（FW）；将叶片浸入蒸馏水中8h，达完全饱和后称

饱和鲜重（TW）；置烘箱内105℃下烘至恒重，迅速称其干重（DW），按下式计算RWC（%）：

$$RWC=（FW-DW）/（TW-DW）\times 100$$

$$WSD=1-RWC$$

（8）叶保水力的测定

在室内自然干燥条件下，取鲜叶在24h内定时称重直至基本恒重，计算每一时期累计失水量占总水量的百分比（谢寅峰等，1998）。

本文试验分别于4月23日（加盐后第13天）、5月2日（加盐后第22天）、5月16日（加盐后第36天）对各竹种叶片质膜透性、叶片组织含水量（RWC）、水分饱和亏缺（WSD）和叶保水力进行测定。

（9）叶片中N、P、K含量的测定

取样：取竹叶洗净烘干后，粉碎备用（劳家柽，1988；华南热带作物研究院，1974；中国土壤学会农业化学专业委员会，1984）。

样品消煮：将样品移入消煮管，加入适量混合酸，静置一段时间放到远红外消煮炉上进行消化。消煮时的温度以硫酸烟雾在管上部1/3处冷凝为好，待消煮液中气泡消失时，全部变成无色透明，冷却过滤，定容备用。

全N含量的测定：扩散皿法。

全P含量的测定：吸取待测液置于容量瓶中，加2滴2，6-二硝基酚指示剂，用NaOH中和到黄色，加入10mL钒钼酸试剂，用水定容，摇匀。放置15min后用分光光度计比色测定，以空白溶液调节仪器零点，同时绘制标准曲线。

植物全K含量：用火焰光度计测定。

本文试验于6月4日（加盐后第55天）对各盐度处理土壤的N、P、K、有机质、pH值、电导率、速效钾、水解氮、有效磷、交换性钙等进行测定。

（10）种子成分的测定（李合生，2000；张志良，1990）

相关成分测定方法分别为：可溶性蛋白采用考马斯亮蓝G-250染色法，可溶性糖和丙二醛（MDA）采用三氯乙酸比色法，游离脯氨酸采用酸性茚三酮法，超氧化物歧化酶（SOD）采用氮蓝四唑法，过氧化物酶（POD）采用愈创木酚比色法，过氧化氢酶（CAT）采用高锰酸钾滴定法。

（11）种子特性的研究

1）形态特征（陈松河等，2007；陈松河，2009；董文渊等，2002）：取新鲜种子，观察记录其形态。用游标卡尺测量带稃片和去稃片种子长度和直径，每组测定30粒，共3组，取其平均值。将成熟种子上的外壳（内稃、外稃）、废种子、夹杂物去除后，测定其净度、含水量、千粒重（周陛勋等，1986；叶力勤等，2004；高润梅等，2005；陈叶，2005）。

2）发芽率试验（赵春章，2007）

A．实验室种子发芽试验：分3组处理，每组均用纯净水浸种保湿，每组试验种子数均为60粒，取平均值得出其发芽率。

B．不同盐度处理发芽率试验：分别用0.0%（CK）、0.1%、0.3%、0.5%、0.7%、1.0%NaCl溶液浓度作为发芽试验浸种保湿溶液，每个处理3个重复，每个重复试验种子数均为60粒（为采后第1天的种子），取平均值得出每种处理的平均发芽率。

（12）土壤盐度和 pH 测定（吕宏国，2005）

称取通过2mm筛孔的风干土样2g于试管中，加入10mL无二氧化碳水，用保鲜膜封口，在磁力搅拌器上搅拌1min，静置30min。揭开用pH计测量pH值，用盐度计测量盐度，均重复测3次，取平均值。试验前用与土壤浸提液pH值接近的缓冲液校正仪器，使标准缓冲液的pH值与仪器标度上的pH值相一致。每份样品测定后，即用水冲洗电极（或探头），并用干滤纸将水吸干。

（13）各盐度处理土壤成分分析

于6月4日（盐处理后第54天）取各盐度处理的土壤进行成分分析，检测的依据如下：

总氮：LY/T 1228—1999《森林土壤全氮的测定》；

全磷、全钾：GB 9836—88《土壤全钾测定法》；

有机质：NY/T 1121.6—2006《土壤检测　第6部分：土壤有机质的测定》；

pH值：NY/T 1121.2—2006《土壤检测　第2部分：土壤pH的测定》；

水解氮：LY/T 1229—1999《森林土壤水解性氮的测定》；

速效钾：NY/T 889—2004《土壤速效钾和缓效钾含量的测定》；

有效磷：NY/T 1121.7—2006《土壤检测　第7部分：土壤有效磷的测定》；

交换性钙：NY/T 1121.13—2006《土壤检测 第13部分：土壤交换性钙和镁的测定》

（14）竹类根系、叶片切片电镜扫描观测方法

1）叶横切面制片：取1/3竿高处健康叶，参照丁雨龙（1994）叶片的处理法，切片前用15%的HF去硅38h，水冲1d，后用石蜡切片法制片。

2）叶表皮制片：参照赵惠如（1995）和秦卫华（2003）的制片法，将FAA液固定的叶加5%NaOH数滴于沸水中煮约2h后刮片，取1／2中脉处表皮1cm×1cm于载玻片上用番红固绿对染。根切片参照叶切片的制作方法。

本文试验分别于4月22日（不同盐度处理后第12 天）、5月3日（不同盐度处理后第23 天）、5月13日（不同盐度处理后第33天）对各不同盐度处理竹种叶片（根系）可溶性蛋白、SOD、POD、MDA、CAT、Pro和可溶性糖等的形态变化特征、生理生化指标等进行了取样测定。于5月28日（不同盐度处理后第48天）取各处理竹种根系活力进行取样测定。

3.2.3 统计分析方法

每组处理均设置3个重复，用Excel对数据进行初步处理及图片制作（宇传华等，2002），再用SPSS17.0进行方差分析和多重比较（LSD法）：$P=0.05$，差异不显著；$P<0.05$，差异显著（苏金明等，2002）。综合评价方法采用模糊隶属函数法（徐健等，2002）测定不同盐胁迫处理时各竹种耐盐性相关生理指标。具体运算如下：

隶属函数值计算方法：

$$X_u=(X-X_{min})/(X_{max}-X_{min})$$

若某一指标与耐盐性呈负相关，则用反隶属函数进行定量转换计算，公式为：

$$X_{u反}=1-(X-X_{min})/(X_{max}-X_{min})$$

式中 X_u ——隶属函数值；

X ——各处理某指标测定值；

X_{max}、X_{min}——所有参试处理中某一指标内的最大值和最小值。

把各竹种每一盐浓度梯度的耐盐隶属值进行累加，并求平均值。平均值越大，耐盐性越强。

3.3 结果与分析

中国竹类植物分布在北纬10°～40°之间的27个省市区，面积约700万hm^2，其中人工种植400万hm^2，天然高山竹林300万hm^2（康喜信等，2011），长江以南地区栽培面积最大，竹种最多。然而，中国亚热带沿海地区土壤盐渍化现象严重，制约了竹类植物的推广和应用，因此研究竹类植物的耐盐机理，提高竹类耐盐能力在现实生产实践中显得格外重要。

植物的耐盐性是植物在遭受盐分胁迫时体内各生理生化性状的综合表现，不同植物由于其耐盐方式和耐盐机理不同，使得其生理代谢和生化变化也存在显著差异。本项目以竹类植物的耐盐性生理生化指标为基础，研究竹类植物耐盐机理和耐盐能力，评价竹类植物的耐盐性以及筛选优良的耐盐竹类植物种质资源。

3.3.1 各盐度处理土壤样本的成分分析

土壤是植物生存的基础，土壤养分供给能力的高低直接影响着植物的生长发育情况。在盐胁迫下，土壤养分的构成随之发生改变，本试验测定经不同盐度处理土壤的营养成分含量构成，结果见表3-1及图3-1~图3-9：

各盐度处理土壤的主要成分指标　表3-1

土壤类型 \ 测试指标	氮（g/kg）	磷（mg/kg）	钾（K_2O）（g/kg）	有机质（g/kg）	pH
A（0.1%）	7.60	2680.00	26.40	67.00	6.97
B（0.3%）	5.40	2378.00	30.00	63.10	6.73
C（0.5%）	7.80	2362.00	24.90	71.90	6.94
D（0.7%）	7.70	2567.00	27.40	77.40	7.10
E（1.0%）	6.60	2404.00	43.80	66.60	6.55
F（CK）	9.00	2824.00	26.50	72.20	6.49
平均值	7.35	2535.83	29.83	69.70	6.80

土壤类型 \ 测试指标	电导（μS/cm）	速效钾（g/kg）	水解氮（mg/kg）	有效磷（mg/kg）	交换性钙（cmol/kg）
A（0.1%）	254.70	0.10	118.00	468.00	8.30
B（0.3%）	460.00	0.08	111.00	393.00	5.40
C（0.5%）	1103.00	0.18	127.00	386.00	5.70
D（0.7%）	1323.00	0.09	122.00	452.00	5.90
E（1.0%）	1674.00	0.11	118.00	429.00	5.70
F（CK）	1973.40	0.14	120.00	500.00	9.40
平均值	1131.35	0.17	119.33	438.00	6.73

说明：表中土壤A、B、C、D、E、F分别为经盐度0.1%、0.3%、0.5%、0.7%、1.0%、CK（0.0%NaCl溶液处理）处理55d的土样。

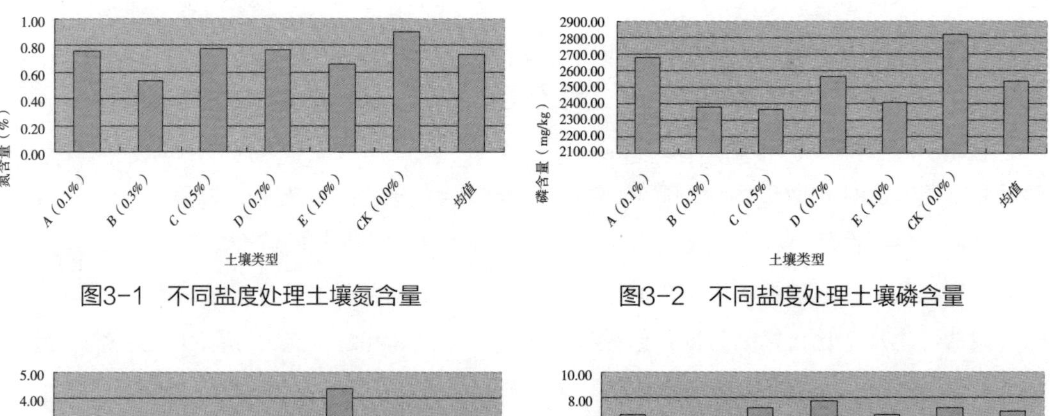

图3-1　不同盐度处理土壤氮含量

图3-2　不同盐度处理土壤磷含量

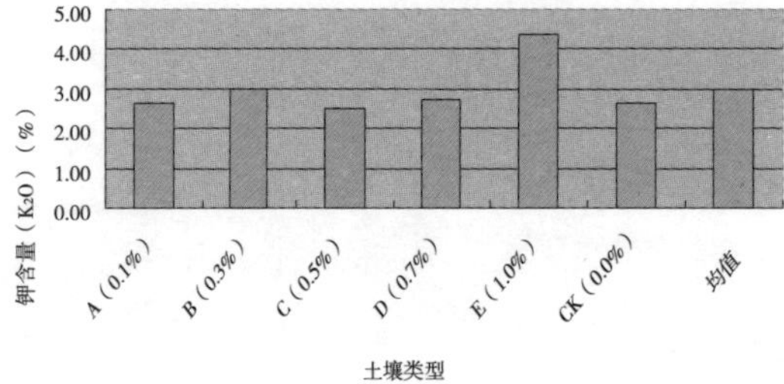

图3-3　不同盐度处理土壤钾含量

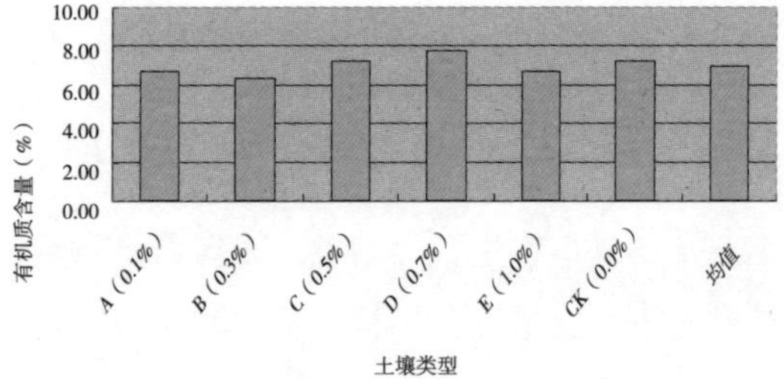

图3-4　不同盐度处理土壤有机质含量

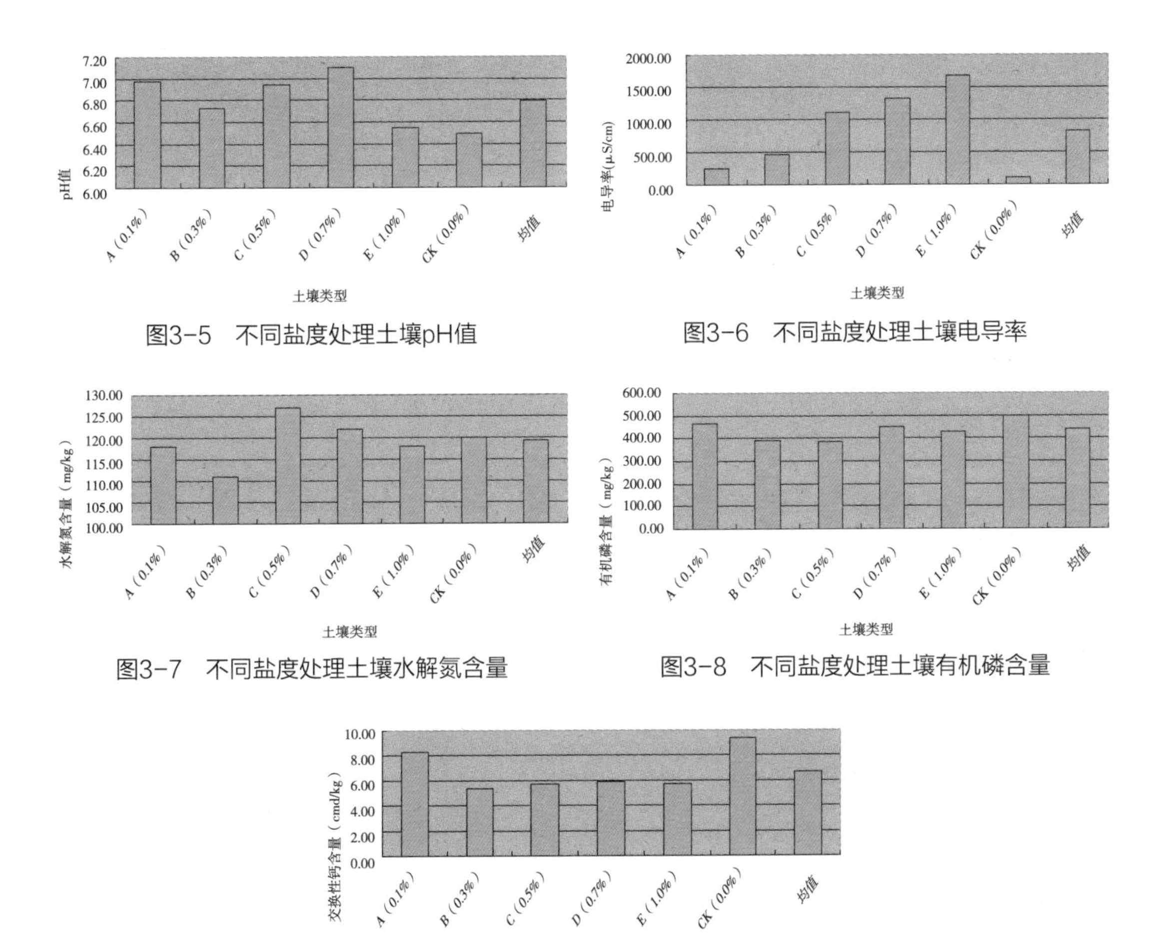

图3-5　不同盐度处理土壤pH值

图3-6　不同盐度处理土壤电导率

图3-7　不同盐度处理土壤水解氮含量

图3-8　不同盐度处理土壤有机磷含量

图3-9　不同盐度处理土壤交换性钙含量

（1）不同盐度处理对土壤氮、磷、钾含量的影响

试验表明（见图3-1~图3-3），土壤氮、磷随着盐度处理值的增加其含量先降低，后升高，再降低。当盐胁迫处理值从0.1% NaCl增加至1.0% NaCl时，二者含量均小于对照（CK），显示不同盐度处理均能降低二者含量。当盐胁迫处理值达0.3% NaCl时氮含量与对照（CK）相比降幅较大，而后再次升高。当盐胁迫处理值达0.5% NaCl时磷含量与对照（CK）相比降幅较大，而后再次升高。但是，土壤氮含量总体变化不大，而磷含量总体变化较大，且呈下降趋势，在盐胁迫处理值达0.1%时达最高值。土壤钾含量随盐胁迫处理浓度的增加表现出先升后降再升高，总体呈升高趋势，在盐胁迫处理值从0.1% NaCl增加至0.7% NaCl时土壤钾含量变化的幅度不大，但在盐胁迫处理值达1.0%时达最高值，且明显高于其下的其他盐度处理。

（2）不同盐度处理对土壤有机质含量的影响

由图3-4可知，随着盐度胁迫处理值的增加，土壤有机质含量呈现先升后降的过程，总体变化不明显，在盐度处理值达0.7%时，有机质含量最高，达77.40g/kg，高于对照（CK）的72.20g/kg，而在盐度处理值为0.1%、0.3%、0.5%和1.0%时，有机质含量均低于对照（CK），分别为67.00g/kg、63.10g/kg、71.90g/kg和66.60g/kg。

（3）不同盐度处理对土壤pH值的影响

试验研究表明（见图3-5），随着盐胁迫处理值的增加，pH值先降低后升高再降低，但不论何种盐度处理，pH值均高于对照（CK）的pH值6.49。0.1%、0.3%、0.5%、0.7% NaCl处理样本的pH值由6.97（接近于中性）逐渐升至最高的7.10（弱碱性），1.0% NaCl处理样本的pH值则降至6.55，但它们的pH值均高于对照（CK）的pH值6.49（弱酸性），试验显示不同盐度处理均能提高土壤的pH值。

（4）不同盐度处理对土壤电导率的影响

研究表明（见图3-6），在试验测定浓度范围内，盐度处理值从0.1%、0.3%、0.5%、0.7%至1.0%对应的土壤电导率分别为254.70、460.00、1103.00、1674.00 μS/cm，显示土壤电导率与盐胁迫的浓度呈正相关，即随着盐胁迫处理浓度的增加，土壤电导率呈线性增加，且均高于对照组（CK）土壤的电导率（110.4 μS/cm）。

（5）不同盐度处理对土壤水解氮、有机磷和交换性钙含量的影响

由图3-7可知，随着盐胁迫处理值的增加，水解氮含量呈现先降低后升高再降低的趋势，当盐胁迫处理值达0.3% NaCl时水解氮含量与对照（CK）相比降幅较大，在盐胁迫处理值达0.5% NaCl时水解氮含量明显高于对照（CK），此后逐渐下降，在盐度处理值为1.0%时低于对照。有机磷含量的变化趋势与水解氮含量的变化趋势相同，但其总体呈现下降趋势，且各盐胁迫处理值有机磷的含量均低于对照值。当盐胁迫处理值达0.5% NaCl时有效磷含量与对照（CK）相比降幅较大（见图3-8）。交换性钙含量总体表现为随盐度胁迫处理值的增加呈现下降趋势，与对照相比，在0.1%盐度处理时降幅较小，在0.3%盐度处理时降幅最大（见图3-9），试验同时显示不论何种盐度处理，土壤交换性钙含量均低于对照。

（6）结论与讨论

土壤是植物生存的基础，土壤养分供给能力的高低直接影响着植物的生长发育情况。本研究表明，不同盐度处理的土壤，其不同成分含量发生不同程度的变化。

氮、磷、钾是植物生长所需的大量营养元素，在植物生长的过程中，植株主要通过根系从土壤中吸收。不同盐度处理的土壤，其氮、磷、钾的含量变化不一，差异较大，随着盐度处理值的增加，氮含量总体变化不明显，但均低于对照；磷含量总体呈下降趋势，但在低盐度处理（0.1% NaCl）时，其值最高；钾含量总体呈升高趋势，在最高盐度处理（1.0% NaCl）时，其值最高。

土壤有机质（Soil Organic Matter，SOM）是土壤的重要组成部分，对改善土壤物理、化

学性质以及植被的生长起着重要作用，在环境保护、农业可持续发展等方面有着重要的意义（黄昌勇，2000）。土壤有机质含量是估算土壤碳储量、评价土壤肥力和质量的重要指标，精确估计土壤有机质含量具有重要意义（赵明松等，2013）。随着盐度处理值的增加，土壤有机质含量先升高后降低，总体变化也是不明显。

土壤pH值是表示土壤酸碱性的指标，也是影响土壤中微量元素有效性的指标之一。随着盐度处理值的增加，土壤pH值先降低后升高再降低，但均高于对照，显示不同浓度的盐胁迫可增加土壤pH值。

土壤中的水溶性盐是强电解质，具有导电作用，其导电能力的强弱可用电导率表示。因此，土壤浸出液的电导率的数值能反映土壤含盐量的高低（张建旗等，2009）。研究表明，随着盐处理浓度的增加土壤电导率呈直线上升的趋势，这与电导率的测试原理一致。

此外，随着盐处理浓度的增加，土壤水解氮表现为先下降后上升再下降的不规律变化趋势，而土壤有机磷和交换性钙含量总体呈下降趋势，且均低于对照，显示不同盐度处理均可降低土壤的有机磷和交换性钙。

需要指出的是，本试验设置的盐度梯度含对照只有6个，实践中土壤的盐度有可能高于本试验设置的盐度最高值，且土壤的成分含量与其上生长的植物种类等密切相关。因此，本研究结果只是土壤成分在特定NaCl胁迫下的反应，其动态变化规律等有待于今后增加或细化盐度处理梯度加以进一步研究。

3.3.2 盐胁迫对竹类植物叶片叶绿素含量的影响

植物叶片中的光合色素蛋白复合体的变化，直接影响着叶绿体对光能吸收、传递、分配和转化。在盐胁迫条件下，叶绿素的合成与分解之间的平衡受到影响，光合作用则受到影响。对一些耐盐植物，这并不影响其正常的光合作用，而且叶绿素含量还基本能维持在正常值，说明植物的结构与功能是相适应的。有报告指出（杨雷等，2005），NaCl能提高叶绿素酶的活性，促使其分解，降低叶绿素含量，从而影响植物的光合作用和干物质积累。也有学者认为，盐分胁迫可以显著增加植物的叶绿素含量，叶绿素a和叶绿素b的含量都比对照积累多。总之，叶绿素含量易受盐胁迫影响，可反映植物耐盐性（Lu C K，et al，1999）。

在本试验中，由图3-10，表3-2可见，总体而言，5种竹子的叶绿素a含量随着盐处理浓度的增加而呈下降的趋势。花叶唐竹、毛凤凰竹和匍匐镰序竹在低浓度盐胁迫下表现为叶绿素a含量略有降低，其中毛凤凰竹和匍匐镰序竹随着盐浓度增大，叶绿素a含量下降的趋势相近，即先缓慢下降，在0.7%NaCl浓度时分别下降到对照叶绿素a含量的78%，继而下降速率加大分别下降到对照叶绿素a含量的60%和55%，达最低值。花叶唐竹则随着盐浓度的增加，叶绿素a含量下降速率较大，当盐胁迫为0.7%时，叶绿素a含量达最低值，仅为对照值的49%，而当盐胁迫为1.0%时，叶绿素a含量转而上升到对照浓度的81%。随着盐胁迫的增强，小琴丝竹的叶绿素a含量表现为先下降，再升高，后下降的趋势；刺黑竹的叶绿素a含量表现为先上升，再下降的波动循环趋势，虽然两个竹种的叶绿素a含量变化均不显著，但高浓度盐胁迫下其含量均低于对照值。由表3-2可见，根据叶绿素a含量的隶属函数和综合评判结果，5种试验竹子耐盐性从大到小依次为：小琴丝竹>匍匐镰序竹>毛凤凰竹>刺黑竹>花叶唐竹。

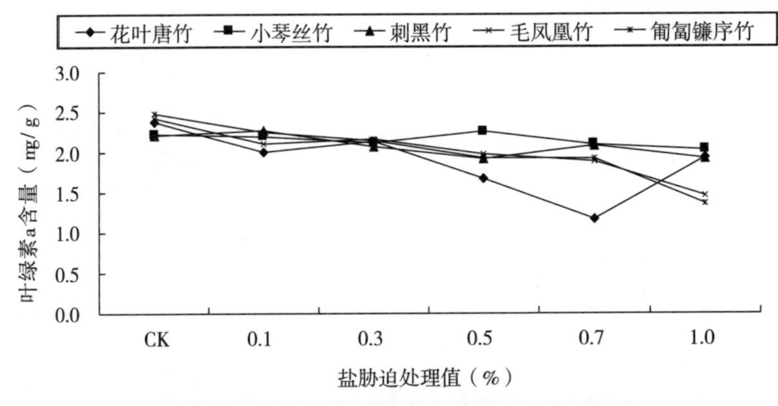

图3-10　盐胁迫对竹类植物叶绿素a含量的影响

盐胁迫下竹类植物叶绿素a含量的隶属函数值和综合评判结果　表3-2

竹种	盐胁迫处理值（%）						均值	排序
	CK	0.1	0.3	0.5	0.7	1.0		
花叶唐竹	0.6167	0.0000	0.7035	0.0000	0.0000	0.8608	0.3635	5
小琴丝竹	0.0540	0.7136	0.5203	1.0000	1.0000	1.0000	0.7146	1
刺黑竹	0.0000	1.0000	0.0000	0.4198	0.9872	0.8424	0.5416	4
毛凤凰竹	0.7923	0.3882	1.0000	0.5161	0.7762	0.1495	0.6037	3
匍匐镰序竹	1.0000	0.9241	0.7926	0.4351	0.8142	0.0000	0.6610	2

由图3-11可知，总体而言，5种竹子的叶绿素b含量随着盐处理浓度的增加而呈下降的趋势。花叶唐竹和匍匐镰序竹叶片中的叶绿素b含量在低盐浓度下即显著降低，其中花叶唐竹随着盐浓度增加，叶绿素b含量逐渐降低，当盐浓度为0.7%时，达最低值，仅为对照的31%，而后含量略有回升。匍匐镰序竹的叶绿素b含量最低值出现在盐浓度为0.3%时，含量较对照降低45%。毛凤凰竹在低浓度盐胁迫时，叶绿素b含量增加，但随着盐浓度的加大，叶绿素b含量逐步下降，在试验测定最大盐浓度下，其含量仅为对照的49%。小琴丝竹与刺黑竹在盐胁迫下，叶绿素b含量均呈波动趋势下降，在试验测定最大盐浓度时，分别降低至对照的84%和59%。由表3-3可见，根据叶绿素b含量的隶属函数和综合评判结果，5种试验竹子耐盐性从大到小依次为：小琴丝竹>刺黑竹>匍匐镰序竹>毛凤凰竹 >花叶唐竹。

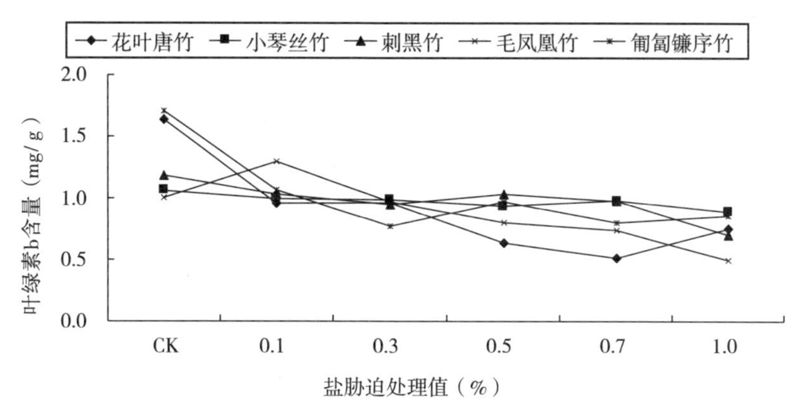

图3-11　盐胁迫对竹类植物叶绿素b含量的影响

盐胁迫下竹类植物叶绿素b含量的隶属函数和综合评判结果　表3-3

竹种	盐胁迫处理值（%）						均值	排序
	CK	0.1	0.3	0.5	0.7	1.0		
花叶唐竹	0.9005	0.0000	0.8847	0.0000	0.0000	0.6525	0.4063	5
小琴丝竹	0.0806	0.1085	1.0000	0.7601	1.0000	1.0000	0.6582	1
刺黑竹	0.2568	0.2166	0.8238	1.0000	0.9915	0.5226	0.6352	2
毛凤凰竹	0.0000	1.0000	0.9197	0.4154	0.4834	0.0000	0.4697	4
匍匐镰序竹	1.0000	0.3183	0.0000	0.8445	0.6143	0.9190	0.6160	3

由图3-12和表3-4可见，盐胁迫对竹类植物叶片叶绿素a+b含量总体表现为，在低浓度盐胁迫时，变化不显著，随着盐胁迫的加深，叶绿素a+b含量逐渐下降，当盐浓度达0.7%时，其含量下降速率加大。本试验中，花叶唐竹的叶绿素a+b含量在低盐胁迫时即显著下降，但随着盐浓度的加大，其含量变化表现为先略增，后下降，当达一定胁迫浓度时又升高的变化趋势。这可能说明，花叶唐竹对盐胁迫较敏感，另一方面，其对盐胁迫的调节能力也较强。由表3-4可见，根据叶绿素a+b含量的隶属函数和综合评判结果，5种试验竹子耐盐性从大到小依次为：小琴丝竹>刺黑竹>匍匐镰序竹>毛凤凰竹 >花叶唐竹。

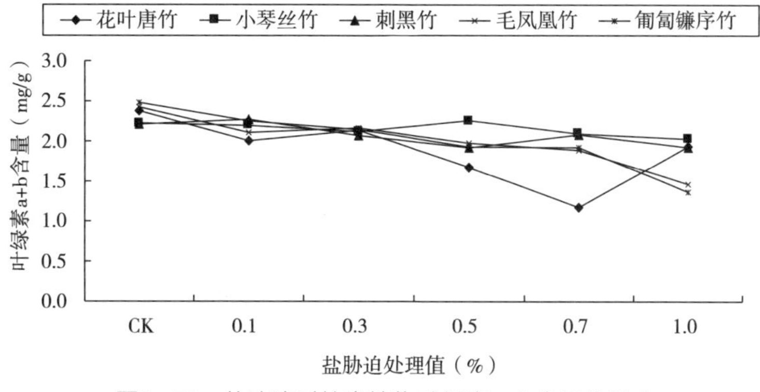

图3-12　盐胁迫对竹类植物叶绿素a+b含量的影响

盐胁迫下竹类植物叶绿素a+b含量的隶属函数和综合评判结果　表3-4

竹种	盐胁迫处理值（%）						均值	排序
	CK	0.1	0.3	0.5	0.7	1.0		
花叶唐竹	0.8216	0.0000	0.9720	0.0000	0.0000	0.7612	0.4258	5
小琴丝竹	0.0732	0.5147	1.0000	1.0000	1.0000	1.0000	0.7647	1
刺黑竹	0.1854	0.7707	0.6699	0.7243	0.9886	0.6953	0.6724	2
毛凤凰竹	0.2202	1.0000	1.1068	0.5264	0.6778	0.0000	0.5885	4
匍匐镰序竹	1.0000	0.8026	0.2844	0.6648	0.7470	0.2716	0.6284	3

一些研究表明，盐胁迫下植物叶片中叶绿素含量下降，主要原因是盐胁迫提高了叶绿素降解酶的活性，促进了叶绿素的降解，从而导致叶绿素含量降低（Yeo A，1998）。从叶绿素隶属函数的排序来看，花叶唐竹的耐盐性可能受到其他光合色素的影响，即花叶唐竹的生理特性决定其叶片的色素种类分布较多，测定叶绿素含量可能难以表明其耐盐能力。

不同取样时间叶片叶绿素a含量　表3-5

竹种名称	盐度处理	叶绿素a含量（mg/g）						
		4月20日	4月28日	5月4日	5月11日	5月17日	均值	标准偏差
花叶唐竹	CK1	1.8506	1.9072	2.0425	1.2847	1.2847	1.6740	0.3621
	A1（0.1%）	1.6629	0.7423	1.3129	1.0421	1.1051	1.1731	0.3416
	B1（0.3%）	2.1005	2.1574	2.3365	1.8473	1.7043	2.0292	0.2523
	C1（0.5%）	1.5200	1.7715	2.6560	1.9457	1.7065	1.9199	0.4387
	D1（0.7%）	2.2147	1.9493	1.9131	1.9293	1.4352	1.8883	0.2819
	E1（1.0%）	1.6549	1.1790	1.4505	1.6848	0.8579	1.3654	0.3483
	均值	1.8339	1.6178	1.9519	1.6223	1.3490	1.6750	0.3375
小琴丝竹	CK2	2.0968	2.3808	2.3886	1.8034	1.8034	2.0946	0.2907
	A2（0.1%）	2.0211	1.7679	2.2121	2.2034	1.8166	2.0042	0.2087
	B2（0.3%）	2.1585	2.2398	2.4587	2.1538	2.1190	2.2260	0.1374
	C2（0.5%）	2.3582	2.5726	2.2747	2.2518	0.9564	2.0827	0.6422
	D2（0.7%）	2.1102	2.0312	2.5145	2.1711	1.7124	2.1079	0.2879
	E2（1.0%）	2.1050	2.2385	2.1229	1.9968	2.2615	2.1450	0.1076
	均值	2.1416	2.2051	2.3286	2.0967	1.7782	2.1101	0.2791
刺黑竹	CK3	1.7443	1.7016	2.1365	2.3834	2.3834	2.0698	0.3327
	A3（0.1%）	2.1585	1.9984	2.3750	2.2483	1.9023	2.1365	0.1896
	B3（0.3%）	1.8911	2.0764	2.3813	2.2567	2.3682	2.1947	0.2091
	C3（0.5%）	2.1865	1.9568	2.5525	2.1249	2.2364	2.2114	0.2179
	D3（0.7%）	2.1219	2.3370	2.2923	2.3124	1.7594	2.1646	0.2418
	E3（1.0%）	2.1002	2.1260	1.2145	1.9598	2.2439	1.9289	0.4119
	均值	2.0338	2.0327	2.1587	2.2142	2.1489	2.1177	0.2672

不同取样时间叶片叶绿素b含量　表3-6

竹种名称	盐度处理	叶绿素b含量（mg/g）						
		4月20日	4月28日	5月4日	5月11日	5月17日	均值	标准偏差
花叶唐竹	CK1	0.6071	0.8374	0.8237	0.4531	0.4531	0.6349	0.1894
	A1（0.1%）	0.7030	0.2733	0.6097	0.4017	0.5754	0.5126	0.1726
	B1（0.3%）	0.7964	0.9589	1.0722	1.3768	0.7676	0.9944	0.2470
	C1（0.5%）	0.5035	0.6693	2.1604	0.7600	0.6475	0.9481	0.6839
	D1（0.7%）	0.8657	0.7750	0.6811	0.8662	0.5020	0.7380	0.1525
	E1（1.0%）	0.5579	1.3111	0.4993	1.2799	0.3471	0.7991	0.4598
	均值	0.6723	0.8042	0.9744	0.8563	0.5488	0.7712	0.3175
小琴丝竹	CK2	0.7442	1.2540	0.9777	0.7263	0.7263	0.8857	0.2318
	A2（0.1%）	0.7513	0.7896	1.5083	1.0773	0.6622	0.9577	0.3448
	B2（0.3%）	0.7554	1.0091	1.3473	1.2078	0.9803	1.0600	0.2270
	C2（0.5%）	0.8754	1.8928	0.8859	1.1739	0.3310	1.0318	0.5697
	D2（0.7%）	0.8126	0.7803	1.7726	0.9211	0.7306	1.0035	0.4356
	E2（1.0%）	0.7837	1.4268	0.8157	1.1185	1.1813	1.0652	0.2686
	均值	0.7871	1.1921	1.2179	1.0375	0.7686	1.0006	0.3463
刺黑竹	CK3	0.6679	0.7592	1.2029	1.2621	1.2621	1.0308	0.2925
	A3（0.1%）	1.3740	0.7563	0.9695	1.0108	0.6956	0.9612	0.2671
	B3（0.3%）	0.7337	0.8746	1.1123	1.0986	1.1108	0.9860	0.1734
	C3（0.5%）	0.8747	0.8034	1.3818	0.8281	0.9865	0.9749	0.2381
	D3（0.7%）	0.7410	1.2178	0.9361	1.1928	0.7559	0.9687	0.2294
	E3（1.0%）	0.8270	0.8641	0.3490	0.7655	1.0504	0.7712	0.2589
	均值	0.8697	0.8792	0.9919	1.0263	0.9769	0.9488	0.2432

不同取样时间叶片叶绿素a+b含量　表3-7

竹种名称	盐度处理	叶绿素a+b含量（mg/g）						
		4月20日	4月28日	5月4日	5月11日	5月17日	均值	标准偏差
花叶唐竹	CK1	2.4856	2.7736	2.8973	1.7572	2.0724	2.3972	0.4782
	A1（0.1%）	2.3911	1.0268	1.9426	1.4597	1.6974	1.7035	0.5117
	B1（0.3%）	2.9287	3.1491	3.4443	3.2529	2.4979	3.0546	0.3626
	C1（0.5%）	2.0464	2.4676	4.8581	2.7353	2.3799	2.8974	1.1233
	D1（0.7%）	3.1140	2.7539	2.6231	2.8249	1.9590	2.6550	0.4286
	E1（1.0%）	2.2378	2.5091	1.9717	2.9910	1.2180	2.1855	0.6592
	均值	2.5339	2.4467	2.9562	2.5035	1.9708	2.4822	0.5939

续表

竹种名称	盐度处理	叶绿素a+b含量（mg/g）						
		4月20日	4月28日	5月4日	5月11日	5月17日	均值	标准偏差
小琴丝竹	CK2	2.8727	3.6714	3.4026	2.5570	2.5570	3.0121	0.5052
	A2（0.1%）	2.8029	2.5845	3.7548	3.3144	2.5063	2.9926	0.5300
	B2（0.3%）	2.9465	3.2831	3.8437	3.3947	3.1317	3.3199	0.3377
	C2（0.5%）	3.2693	4.5055	3.1951	3.4602	1.3019	3.1464	1.1582
	D2（0.7%）	2.9548	2.8423	4.3263	3.1252	2.4691	3.1435	0.7036
	E2（1.0%）	2.9206	3.6999	2.9709	3.1461	3.4775	3.2430	0.3358
	均值	2.9612	3.4311	3.5822	3.1663	2.5739	3.1429	0.5951
刺黑竹	CK3	2.4386	2.4867	3.3723	3.6821	3.6821	3.1324	0.6245
	A3（0.1%）	3.5660	2.7850	3.3805	3.2933	2.6267	3.1303	0.4037
	B3（0.3%）	2.6535	2.9826	3.5299	3.3898	3.5151	3.2142	0.3838
	C3（0.5%）	3.0944	2.7899	3.9735	2.9853	3.2569	3.2200	0.4541
	D3（0.7%）	2.8950	3.5907	3.2633	3.5406	2.5421	3.1663	0.4452
	E3（1.0%）	2.9591	3.0224	1.5818	2.7550	3.3286	2.7294	0.6737
	均值	2.9344	2.9429	3.1835	3.2744	3.1586	3.0988	0.4975

由表3-5~表3-7以及图3-13~图3-21可见，花叶唐竹、小琴丝竹和刺黑竹叶绿素a、叶绿素b以及叶绿素a+b含量均值除刺黑竹表现为随取样时间阶段的增加而增加外（原因是刺黑竹受盐害枯焦严重，取样时无法选取枯焦的叶片送测，只好选择较少受害枯焦的叶片，使得后期选取叶片的叶绿素含量值比前期高），另两种均表现为先小幅上升后下降的趋势。

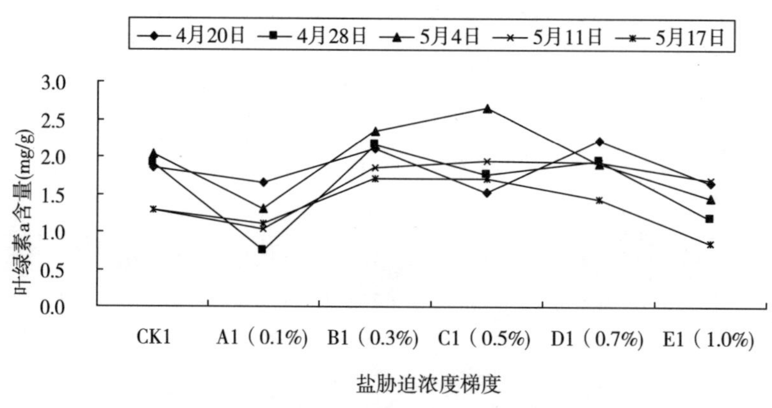

图3-13 盐胁迫下花叶唐竹叶绿素a变化量

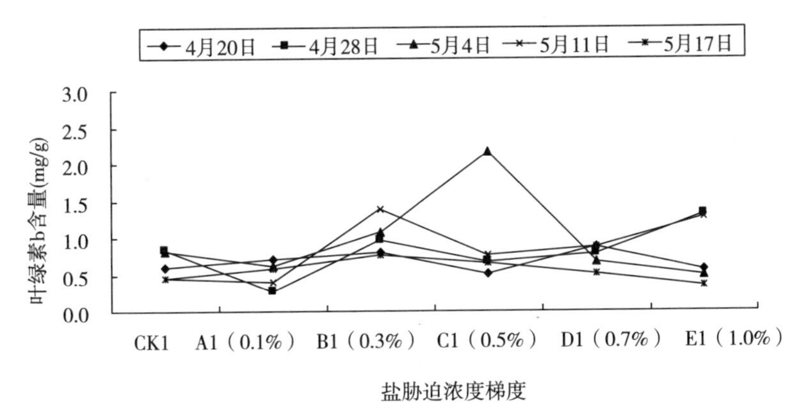

图3-14 盐胁迫下花叶唐竹叶绿素b变化量

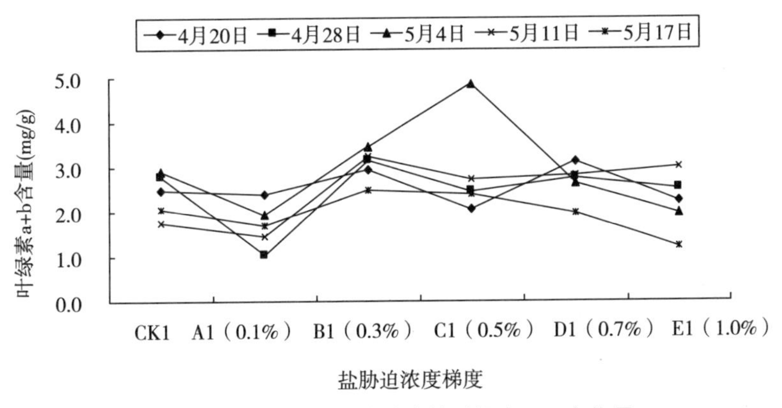

图3-15 盐胁迫下花叶唐竹叶绿素a+b变化量

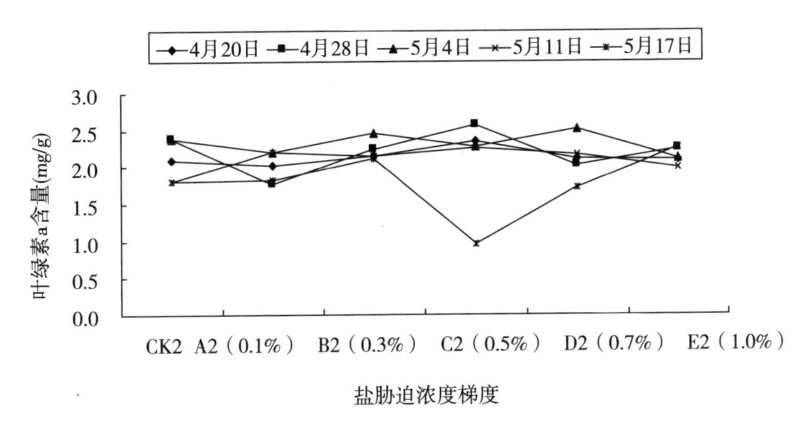

图3-16 盐胁迫下小琴丝竹叶绿素a变化量

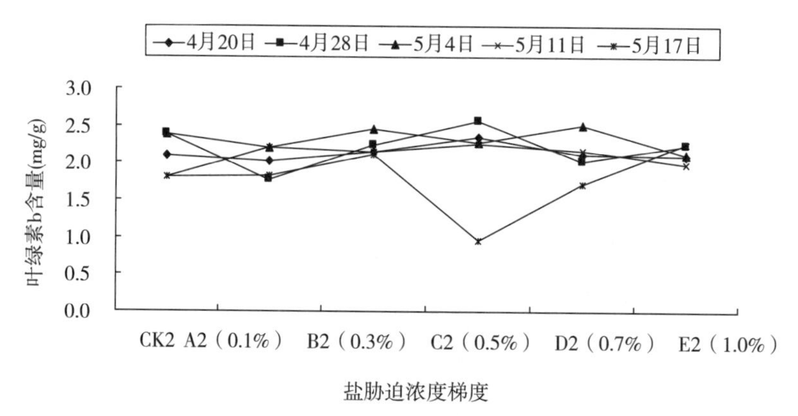

图3-17 盐胁迫下小琴丝竹叶绿素b变化量

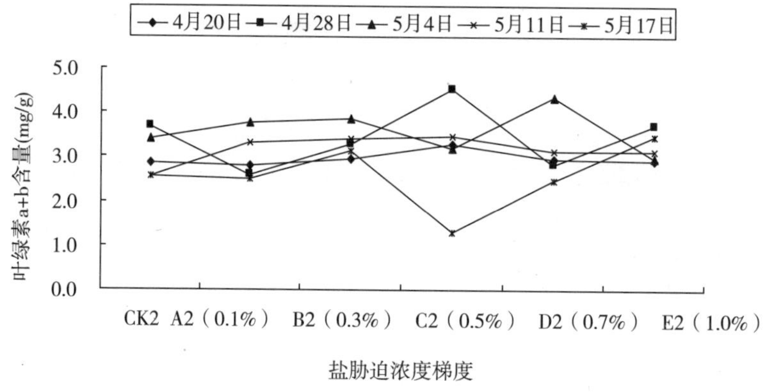

图3-18 盐胁迫下小琴丝竹叶绿素a+b变化量

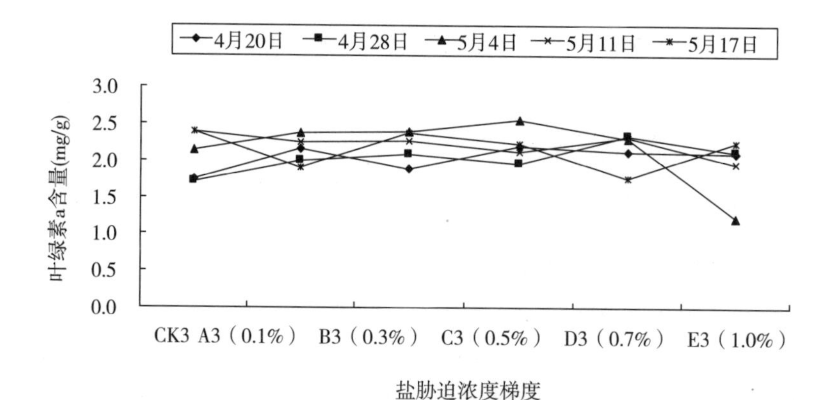

图3-19 盐胁迫下刺黑竹叶绿素a变化量

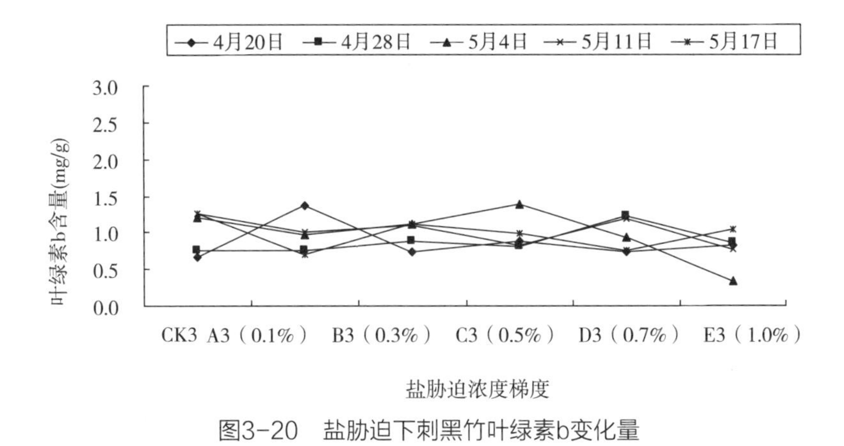

图3-20 盐胁迫下刺黑竹叶绿素b变化量

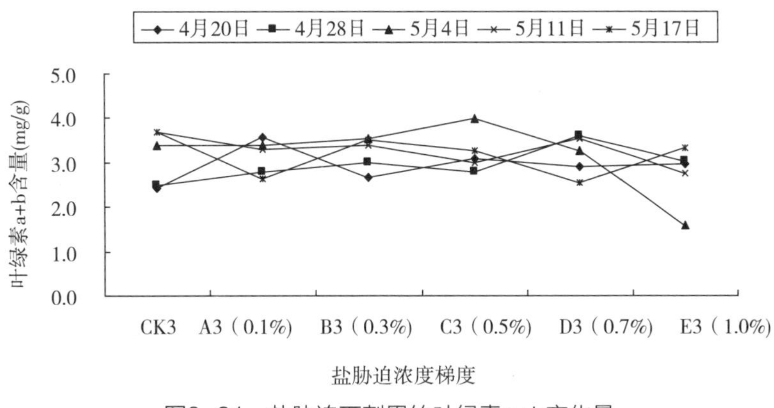

图3-21 盐胁迫下刺黑竹叶绿素a+b变化量

3.3.3 盐胁迫对竹类植物叶片丙二醛（MDA）含量的影响

丙二醛（MDA）是植物细胞膜上脂质过氧化反应的产物，在逆境下其累积量可反映膜脂过氧化的程度，从而了解细胞膜受破坏的程度。丙二醛也可以与细胞膜上的蛋白质、酶等结合，引起蛋白质分子内和分子间的交联，使之失活。丙二醛积累速率可代表组织中的清除自由基能力的大小。

由图3-22和表3-8可知，丙二醛在竹类植物的耐盐胁迫中处于逐渐累积的状态。花叶唐竹在盐胁迫下叶片中丙二醛含量随盐浓度的增加而上升，但增量不显著，在盐胁迫浓度达最大时，丙二醛积累量也最大，高于对照24.22%。小琴丝竹则在低盐胁迫时，丙二醛含量较对照降低14.49%，而后随盐胁迫加强而逐渐积累，并在0.7%NaCl时达最大值。变化趋势相近的竹种还有刺黑竹和毛凤凰竹，但两者在受盐胁迫时，丙二醛含量均呈阶段性上升，同样在0.7%NaCl时达最大值，三竹种此时的丙二醛含量分别高于对照42.18%、43.48%和79.73%，在浓度持续加大时，表现出丙二醛含量降低。匍匐镰序竹在盐胁迫时，叶片内的丙二醛含量变化不显著，但均高于对照值，当浓度达0.7%NaCl时，出现积累量骤增现象，较对照增加26.87%后，随着盐胁迫的增强，丙二醛含量变化值又趋于平稳。由表3-1可见，根据MDA含量的隶属函数和综合评判结果，5种试验竹子耐盐性从大到小依次为：花叶唐竹>匍匐镰序竹>小琴丝竹>毛凤凰竹>刺黑竹。

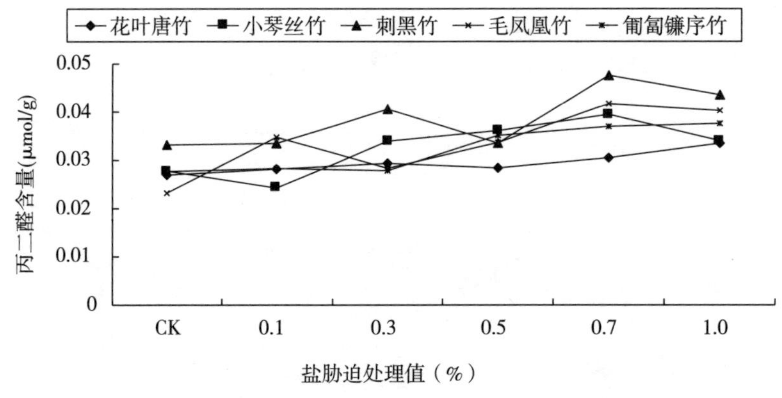

图3-22　盐胁迫对竹类植物丙二醛（MDA）含量的影响

盐胁迫下竹类植物丙二醛（MDA）含量的隶属函数和综合评判结果　表3-8

竹种	盐胁迫处理值（%）						均值	排序
	CK	0.1	0.3	0.5	0.7	1.0		
花叶唐竹	0.6240	0.6287	0.8819	1.0000	1.0000	1.0000	0.8558	1
小琴丝竹	0.5422	1.0000	0.5215	0.0000	0.4739	0.9468	0.5807	3
刺黑竹	0.0000	0.1222	0.0000	0.3338	0.0000	0.0000	0.0760	5
毛凤凰竹	1.0000	0.0000	0.9627	0.3183	0.3427	0.3195	0.4905	4
匍匐镰序竹	0.5516	0.6161	1.0000	0.1280	0.6220	0.5918	0.5849	2

由表3-9及图3-23~图3-25可见，花叶唐竹、小琴丝竹和刺黑竹丙二醛含量均值随取样时间阶段的增加而表现为先降后升再降的趋势，到5月17日（距离盐处理后38天），花叶唐竹、小琴丝竹和刺黑竹三种竹子丙二醛含量均值降至最低，分别仅为4月20日（距离盐处理后10天）丙二醛含量均值的24.1%、18.6%和19.5%。

不同取样时间叶片丙二醛含量　表3-9

竹种名称	盐度处理	丙二醛含量（μmol/g）						
		4月20日	4月28日	5月4日	5月11日	5月17日	均值	标准偏差
花叶唐竹	CK1	0.0272	0.0318	0.0290	0.0388	0.0081	0.0270	0.0114
	A1（0.1%）	0.0497	0.0186	0.0476	0.0256	0.0109	0.0305	0.0174
	B1（0.3%）	0.0434	0.0256	0.0402	0.0599	0.0114	0.0361	0.0184
	C1（0.5%）	0.0421	0.0370	0.0389	0.0423	0.0074	0.0335	0.0148
	D1（0.7%）	0.0515	0.0322	0.0385	0.0385	0.0076	0.0337	0.0162
	E1（1.0%）	0.0255	0.0245	0.0349	0.0440	0.0125	0.0283	0.0118
	均值	0.0399	0.0283	0.0382	0.0415	0.0096	0.0315	0.0150
小琴丝竹	CK2	0.0424	0.0380	0.0367	0.0401	0.0124	0.0339	0.0122
	A2（0.1%）	0.0526	0.0254	0.0491	0.0301	0.0103	0.0335	0.0175
	B2（0.3%）	0.0503	0.0384	0.0455	0.0538	0.0094	0.0395	0.0178
	C2（0.5%）	0.0607	0.0456	0.0709	0.0504	0.0104	0.0476	0.0230
	D2（0.7%）	0.0618	0.0450	0.0532	0.0410	0.0076	0.0417	0.0207
	E2（1.0%）	0.0579	0.0322	0.0377	0.0494	0.0108	0.0376	0.0180
	均值	0.0543	0.0375	0.0488	0.0442	0.0101	0.0390	0.0182
刺黑竹	CK3	0.0508	0.0638	0.0358	0.0405	0.0119	0.0406	0.0193
	A3（0.1%）	0.0353	0.0198	0.0436	0.0373	0.0047	0.0282	0.0157
	B3（0.3%）	0.0396	0.0315	0.0385	0.0496	0.0108	0.0340	0.0145
	C3（0.5%）	0.0572	0.0538	0.0390	0.0583	0.0095	0.0436	0.0205
	D3（0.7%）	0.0428	0.0327	0.0465	0.0449	0.0067	0.0347	0.0165
	E3（1.0%）	0.0489	0.0218	0.0518	0.0436	0.0096	0.0351	0.0185
	均值	0.0457	0.0372	0.0426	0.0457	0.0089	0.0360	0.0175

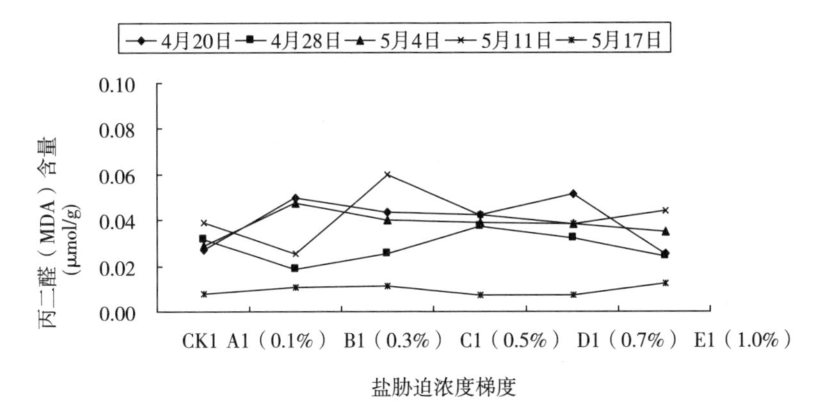

图3-23　盐胁迫下花叶唐竹在不同取样时间MDA含量

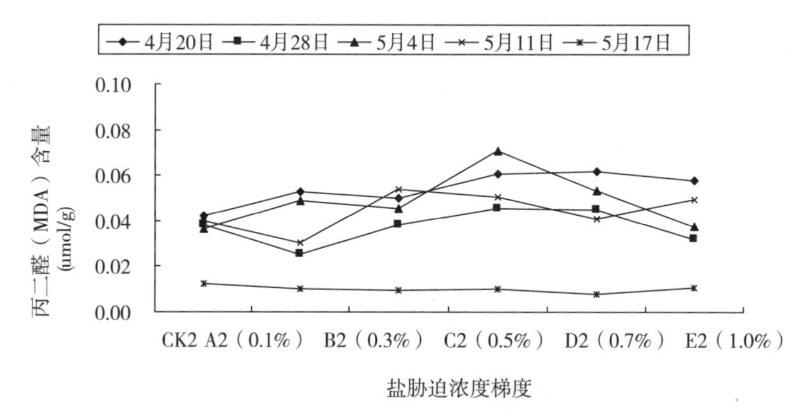

图3-24　盐胁迫下小琴丝竹在不同取样时间MDA含量

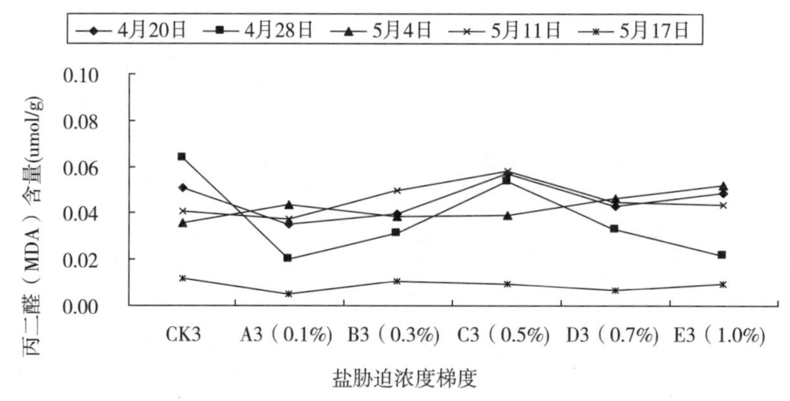

图3-25　盐胁迫下刺黑竹在不同取样时间MDA含量

3.3.4　盐胁迫对竹类植物叶片游离脯氨酸（Pro）含量的影响

植物在逆境下，游离脯氨酸含量的提高是植物的自卫反应之一。游离脯氨酸是调节细胞渗透功能的一种中性亲和物质，可中和逆境下产生的氨，保护酶和细胞膜系统免受毒害，同时细胞游离脯氨酸含量的增加，也维持了细胞的膨压。有报道认为，叶绿素合成需要脯氨酸，其还可作为细胞氮源和能量的代谢储存库。游离脯氨酸的积累与细胞膜透性的增加成正相关，与叶片盐害程度亦一致，但不宜单独用作耐盐性鉴定指标。

试验研究表明（图3-26和表3-10），应试竹种在盐胁迫下，叶片中脯氨酸含量均显著高于对照，除刺黑竹外，其余竹种脯氨酸含量最大值出现在盐胁迫浓度最高时。刺黑竹叶片中脯氨酸含量积累与盐胁迫浓度呈正相关，但当浓度为0.7% NaCl时达到极值，当浓度为1.0% NaCl时较前一处理浓度降低4.26%。花叶唐竹在低盐胁迫下，脯氨酸含量略有下降，而后随盐胁迫的加深而累积脯氨酸。小琴丝竹的脯氨酸含量在受到盐胁迫时其累积量变化不显著，但当处理达0.7% NaCl时，脯氨酸含量骤增，在浓度为1.0% NaCl时，脯氨酸含量增至对照的3.4倍。然而，脯氨酸在盐胁迫下增量最多的竹种当属匍匐镰序竹，其脯氨酸含量随胁迫的加深呈阶段性积累，当浓度达1.0% NaCl时，脯氨酸含量为对照的4.21倍。由表3-26可见，根据游离脯氨酸含量的隶属函数和综合评判结果，5种试验竹子耐盐性从大到小依次为：小琴丝竹>刺黑竹>毛凤凰竹> 花叶唐竹>匍匐镰序竹。

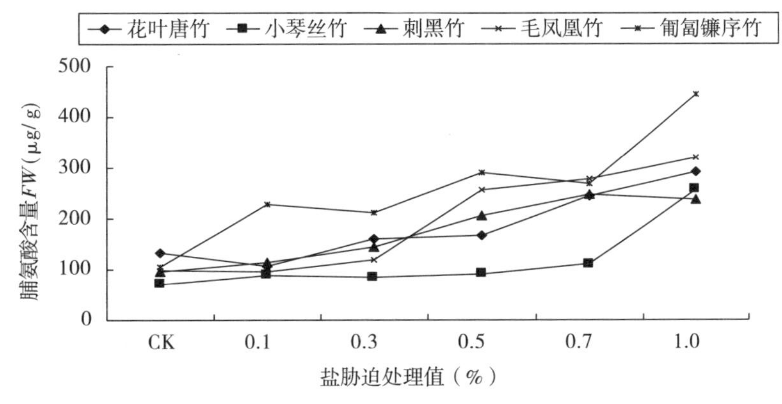

图3-26　盐胁迫对竹类植物游离脯氨酸含量的影响

盐胁迫下竹类植物游离脯氨酸含量的隶属函数和综合评判结果　表3-10

竹种	盐胁迫处理值（%）						均值	排序
	CK	0.1	0.3	0.5	0.7	1.0		
花叶唐竹	0.0000	0.8695	0.4043	0.6194	0.1995	0.7366	0.4715	4
小琴丝竹	1.0000	1.0000	1.0000	1.0000	1.0000	0.9065	0.9844	1
刺黑竹	0.5887	0.8173	0.5309	0.4236	0.1825	1.0000	0.5905	2
毛凤凰竹	0.5554	0.9478	0.7290	0.1700	0.0000	0.6010	0.5005	3
匍匐镰序竹	0.4404	0.0000	0.0000	0.0000	0.0556	0.0000	0.0827	5

由表3-11及图3-27~图3-29可见，花叶唐竹、小琴丝竹和刺黑竹3种竹子除个别取样时段外，游离脯氨酸含量均值随取样时间阶段的增加而表现为明显上升的趋势，到5月17日（距离盐处理后38d），花叶唐竹、刺黑竹2种竹子游离脯氨酸含量随处理浓度的增加达到最高值，小琴丝竹则在4月28日（距离盐处理后18d）达到最大值。

不同取样时间叶片游离脯氨酸含量　表3-11

竹种名称	盐度处理	脯氨酸含量（μg/g *FW*）						
		4月20日	4月28日	5月4日	5月11日	5月17日	均值	标准偏差
花叶唐竹	CK1	410.3774	57.2519	63.4766	95.4724	207.8313	166.8819	148.9779
	A1（0.1%）	544.3548	74.8069	76.8443	46.9388	58.4677	160.2825	215.0538
	B1（0.3%）	178.5714	77.8112	75.3012	142.0000	83.3333	111.4034	46.5495
	C1（0.5%）	298.2955	75.3012	134.0000	55.7769	6.9721	114.0691	112.5914
	D1（0.7%）	246.9758	9.8039	80.0395	247.0238	11.7647	119.1216	120.1134
	E1（1.0%）	140.0000	77.8210	98.0392	681.0000	60.7570	211.5234	264.1067
	均值	303.0958	62.1327	87.9501	211.3687	71.5210	147.2137	151.2321
小琴丝竹	CK2	873.4310	75.6836	68.3594	163.0000	103.0612	256.7070	346.7639
	A2（0.1%）	344.1296	41.9960	46.4876	73.4694	27.7778	106.7721	133.7141
	B2（0.3%）	14.7638	86.0324	73.4127	94.7581	83.6614	70.5257	32.0856
	C2（0.5%）	413.2653	107.8431	88.6454	92.3695	19.0000	144.2247	154.2447
	D2（0.7%）	131.0484	165.0000	80.7087	103.1746	11.2245	98.2312	57.9584
	E2（1.0%）	70.0000	234.6939	121.0938	90.4255	10.7843	105.3995	82.7537
	均值	307.7730	118.5415	79.7846	102.8662	42.5849	130.3100	134.5867
刺黑竹	CK3	884.7737	150.0000	71.0227	69.7674	61.7530	247.4634	358.0709
	A3（0.1%）	426.4706	32.3705	73.0453	65.1341	67.1937	132.8428	164.9106
	B3（0.3%）	115.4618	68.0934	215.6863	34.5850	8.8583	88.5370	81.5005
	C3（0.5%）	81.1069	116.3968	691.9291	127.0000	12.9482	205.8762	275.3471
	D3（0.7%）	142.7165	283.2031	526.6798	184.0551	145.2569	256.3823	161.4621
	E3（1.0%）	122.5490	332.5000	792.4528	961.6935	11.8577	444.2106	415.9134
	均值	295.5131	163.7606	395.1360	240.3725	51.3113	229.2187	242.8674

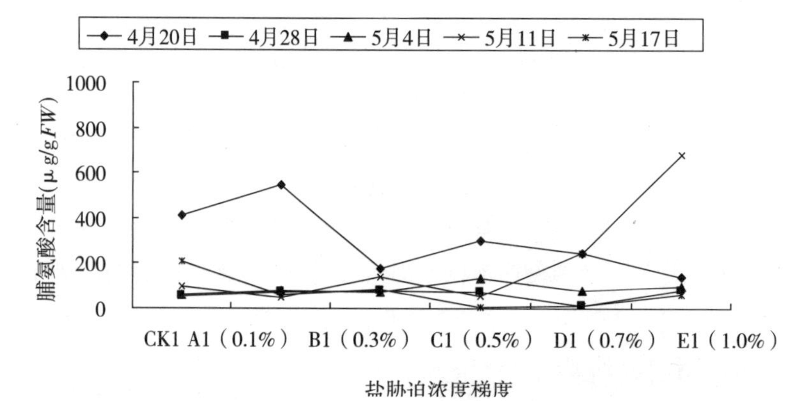

图3-27　不同取样时间花叶唐竹叶片游离脯氨酸含量

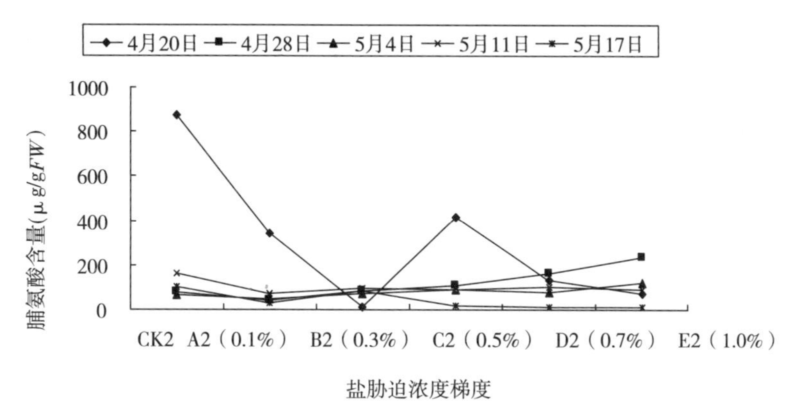

图3-28 不同取样时间小琴丝竹叶片游离脯氨酸含量

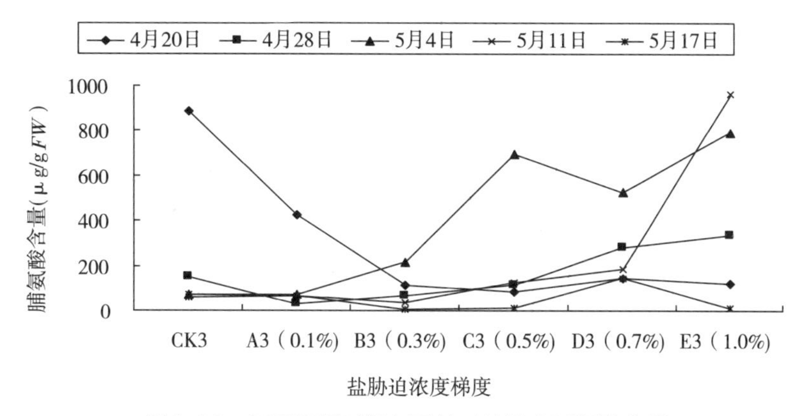

图3-29 不同取样时间刺黑竹叶片游离脯氨酸含量

3.3.5 盐胁迫对竹类植物叶片质膜相对透性（RPMP）的影响

在植物细胞膜系统中，各细胞器的膜结构由脂类、蛋白质等物质构成，起着分隔作用，即细胞的分室化作用，以保证生化反应在不同的细胞器内进行，另一方面也使膜内物质相对浓缩，保证反应在高浓度中进行。在逆境条件下，植物膜系统平衡被打破，质膜相对透性增强，质膜透性差别大小表示细胞质膜受破坏的程度，因而其可作为鉴定植物耐盐性能的指标之一。

由图3-30可知，本项目测试的5种竹类植物在盐胁迫下，叶片质膜相对透性均随盐浓度的增加而增强。其中花叶唐竹、小琴丝竹和毛凤凰竹叶片细胞的质膜相对透性与盐胁迫呈正相关性，即随着盐处理浓度的加大，细胞质膜的相对透性增大，在浓度为1.0% NaCl时，较对照分别高出5.07、3.26和4.7倍。刺黑竹的质膜透性表现为在低盐胁迫时缓慢增加，达到1.0% NaCl时增效显著加强，为对照的4.23倍。匍匐镰序竹在低盐胁迫下，其质膜相对透性稍有波动，但在盐胁迫浓度加大时，则呈直线上升趋势，当盐浓度达1.0% NaCl时，质膜透性达最大值，此时已高出对照5.24倍。这可能说明，铺匐镰序竹在低盐胁迫时，其细胞膜有较强的耐盐能力，但当盐浓度大于0.3% NaCl时，其调节能力达到饱和，质膜相对透性加大，并与盐胁迫强度正相关。由表3-12可见，根据*RPMP*的隶属函数和综合评判结果，5种试验竹子耐盐性从大到小依次为：花叶唐竹>毛凤凰竹>小琴丝竹>刺黑竹>铺匐镰序竹。

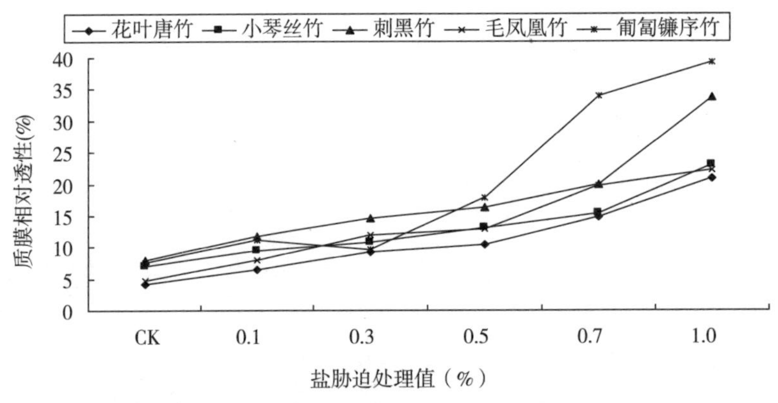

图3-30　盐胁迫对竹类植物叶片质膜相对透性的影响

盐胁迫下竹类植物质膜相对透性的隶属函数和综合评判结果　表3-12

竹种	盐胁迫处理值（%）						均值	排序
	CK	0.1	0.3	0.5	0.7	1.0		
花叶唐竹	1.0000	1.0000	1.0000	1.0000	1.0000	1.0000	1.0000	1
小琴丝竹	0.2436	0.4210	0.6813	0.6485	0.9661	0.8811	0.6403	3
刺黑竹	0.0000	0.0000	0.0000	0.2143	0.7240	0.2973	0.2059	4
毛凤凰竹	0.8462	0.7075	0.5031	0.6803	0.7370	0.9297	0.7340	2
铺匐镰序竹	0.1282	0.1226	0.9063	0.0000	0.0000	0.0000	0.1928	5

不同取样时间叶片质膜透性、组织含水量和水分饱和亏缺　表3-13

测试	盐度	质膜	相对	透性		叶片	组织	含水量		水分	饱和	亏缺	
时间	处理	4月23日	5月4日	5月18日	均值	4月23日	5月4日	5月18日	均值	4月23日	5月4日	5月18日	均值
花叶唐竹	CK1	23.7	16.7	9.7	16.7	88.0	89.5	91.0	89.5	12.0	10.5	9.0	10.5
	A1（0.1%）	4.8	9.8	8.6	7.7	97.9	94.3	94.5	95.6	2.1	33.3	5.5	13.6
	B1（0.3%）	9.8	18.0	16.7	14.8	93.8	92.8	93.0	93.2	6.2	35.2	9.7	17.0
	C1（0.5%）	18.4	18.8	19.4	18.9	88.4	86.4	88.3	87.7	11.6	13.6	11.7	12.3
	D1（0.7%）	11.0	11.5	14.1	12.2	91.3	83.6	88.6	87.8	8.7	16.4	11.4	12.2
	E1（1.0%）	13.4	17.7	40.1	23.7	79.8	90.1	78.4	82.8	20.2	9.9	21.6	17.2
	均值	13.5	15.4	18.1	15.7	89.9	89.5	89.0	89.4	10.1	19.8	11.5	13.8

续表

测试时间	盐度处理	质膜相对透性 4月23日	质膜相对透性 5月4日	质膜相对透性 5月18日	质膜相对透性 均值	叶片组织含水量 4月23日	叶片组织含水量 5月4日	叶片组织含水量 5月18日	叶片组织含水量 均值	水分饱和亏缺 4月23日	水分饱和亏缺 5月4日	水分饱和亏缺 5月18日	水分饱和亏缺 均值
小琴丝竹	CK2	11.2	8.9	6.5	8.9	90.2	93.1	96.0	93.1	9.8	6.9	4.0	6.9
	A2（0.1%）	3.4	5.6	11.2	6.7	95.7	94.6	85.2	91.8	4.3	5.7	14.8	8.3
	B2（0.3%）	14.1	13.0	7.6	11.6	85.2	78.8	85.9	83.3	14.8	21.2	14.1	16.7
	C2（0.5%）	12.3	12.5	8.5	11.1	76.4	85.6	93.5	85.2	23.6	14.4	6.5	14.8
	D2（0.7%）	9.6	12.7	20.2	14.2	81.6	80.7	83.3	81.9	18.4	19.3	16.7	18.1
	E2（1.0%）	9.4	10.0	8.9	9.4	82.1	80.1	91.2	84.5	17.9	19.9	8.8	15.5
	均值	10.0	10.4	10.5	10.3	85.2	85.5	89.2	86.6	14.8	14.6	10.8	13.4
刺黑竹	CK3	20.6	14.1	7.5	14.1	91.5	92.1	92.7	92.1	8.5	7.9	7.3	7.9
	A3（0.1%）	7.4	12.7	17.9	12.7	94.5	83.7	95.0	91.1	5.5	5.4	5.0	5.3
	B3（0.3%）	12.0	15.3	23.0	16.8	92.7	92.6	94.2	93.2	7.3	7.4	5.8	6.8
	C3（0.5%）	12.1	11.5	33.8	19.1	87.9	95.4	81.4	88.2	12.1	4.6	18.6	11.8
	D3（0.7%）	22.0	19.3	22.2	21.2	93.1	91.6	91.1	91.9	6.9	8.4	8.9	8.1
	E3（1.0%）	33.9	17.9	38.5	30.1	89.8	89.4	84.8	88.0	10.2	10.6	15.2	12.0
	均值	18.0	15.1	23.8	19.0	91.6	90.8	89.9	90.8	8.4	7.4	10.1	8.6

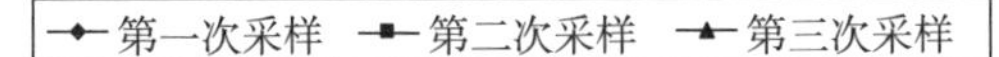

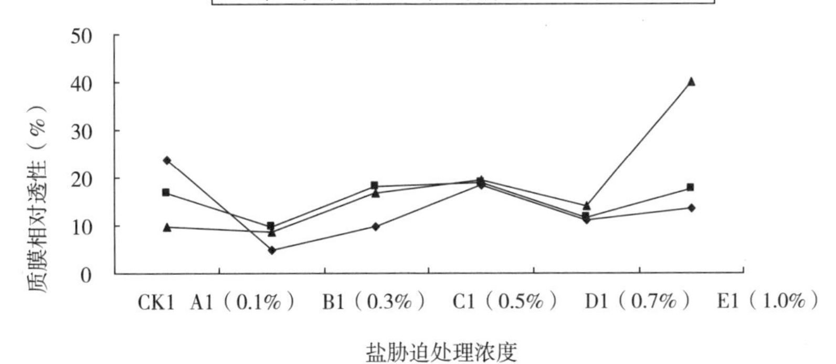

图3-31　盐胁迫下花叶唐竹质膜相对透性的变化

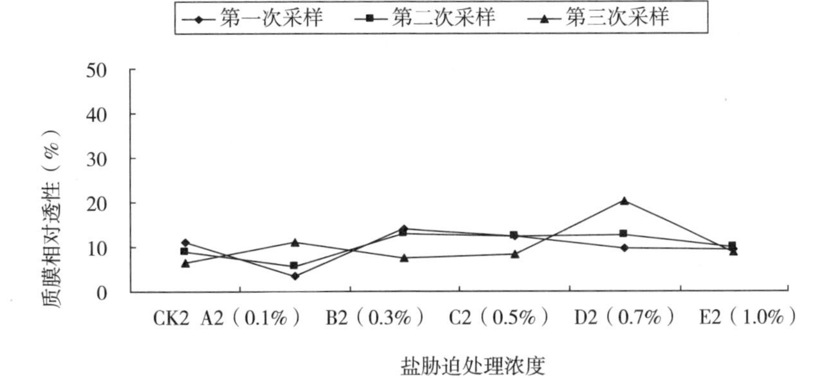

图3-32　盐胁迫下小琴丝竹质膜相对透性的变化

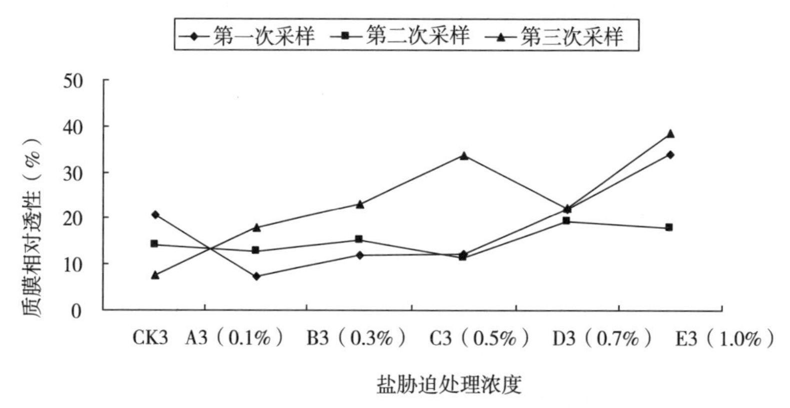

图3-33 盐胁迫下刺黑竹质膜相对透性的变化

由表3-13以及图3-31~图3-33可见，花叶唐竹、小琴丝竹和刺黑竹叶片质膜透性均值均随取样时间阶段的增加而增加，小琴丝竹增加最不明显，其次是花叶唐竹，变化最明显的趋势是刺黑竹，到5月18日（距离盐处理后38d），其质膜透性均值是4月23日（距离盐处理后13d）的1.32倍。从3种竹子盐处理不同时间段取样测试的质膜透性值大小可见，其耐盐性由大到小分别是小琴丝竹＞花叶唐竹＞刺黑竹，这与实际观测的盐胁迫下竹子形态特征结果是一致的（陈松河，2012）。

3.3.6 盐胁迫对竹类植物叶片组织含水量（相对含水量RWC）的影响

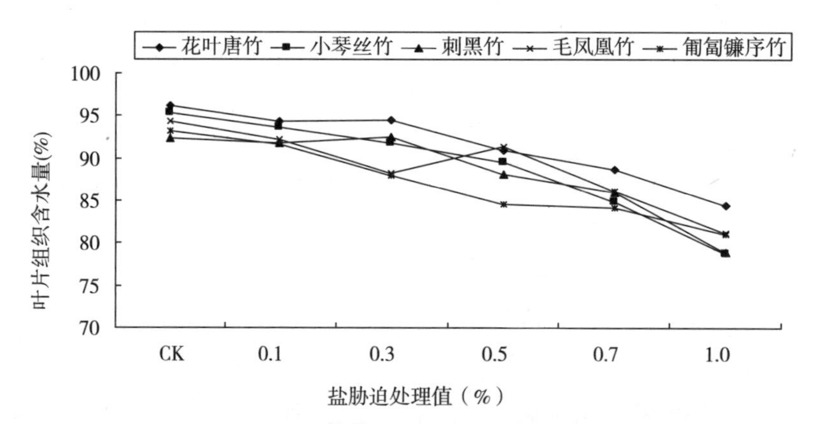

图3-34 盐胁迫对竹类植物叶片组织含水量（RWC）的影响

从图3-34可以看出，随着盐处理浓度的增大，5种试验竹子的RWC均呈明显下降的趋势。刺黑竹和毛凤凰竹RWC分别在盐浓度0.3%和0.5%时，较前一胁迫浓度上升0.71%和3.56%，而后随浓度加大，叶片相对含水量下降，其他竹种的叶片组织含水量均与盐胁迫呈负相关。当盐胁迫浓度为1.0%时，5种竹类植物的叶片相对含水量分别下降到对照的87.79%、82.69%、

85.39%、85.96%和86.97%。由表3-14可见，根据RWC的隶属函数和综合评判结果，5种试验竹子耐盐性从大到小依次为：花叶唐竹>小琴丝竹>毛凤凰竹>刺黑竹>匍匐镰序竹。

盐胁迫下竹类植物叶片组织含水量（RWC）的隶属函数和综合评判结果　表3-14

竹种	盐胁迫处理值（%）						均值	排序
	CK	0.1	0.3	0.5	0.7	1.0		
花叶唐竹	1.0000	1.0000	1.0000	0.9481	1.0000	1.0000	0.9914	1
小琴丝竹	0.7632	0.7248	0.5852	0.7259	0.1505	0.0000	0.4916	2
刺黑竹	0.0000	0.0642	0.6870	0.5259	0.4086	0.0177	0.2839	4
毛凤凰竹	0.5263	0.2110	0.0305	1.0000	0.4301	0.4159	0.4356	3
匍匐镰序竹	0.2237	0.0000	0.0000	0.0000	0.0000	0.4071	0.1051	5

由图3-35~图3-37可知，3种竹子不同取样时间测试的叶片组织含水量，花叶唐竹呈下降趋势，小琴丝竹呈升高趋势，刺黑竹呈先升后降的趋势，但变化的幅度均不明显。

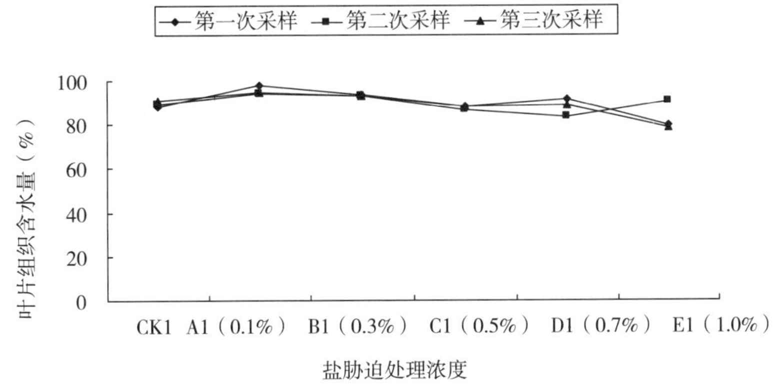

图3-35　盐胁迫下花叶唐竹叶片组织含水量的变化

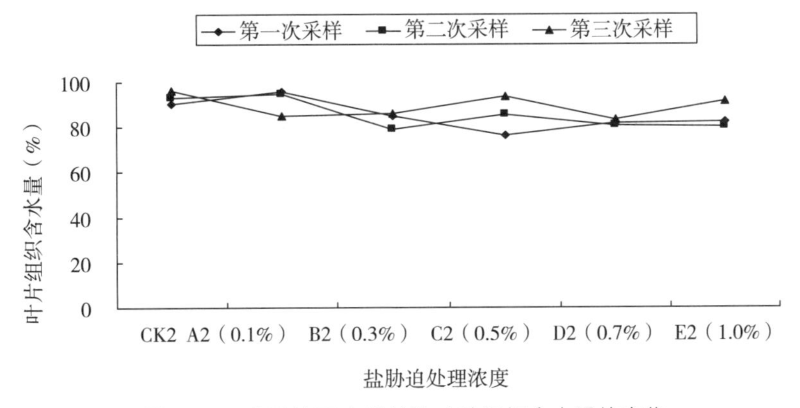

图3-36　盐胁迫下小琴丝竹叶片组织含水量的变化

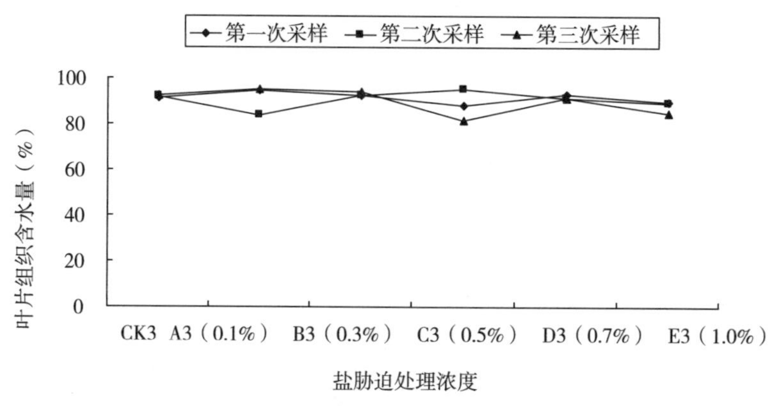

图3-37　盐胁迫下刺黑竹叶片组织含水量的变化

3.3.7　盐胁迫对竹类植物叶片水分饱和亏缺（WSD）的影响

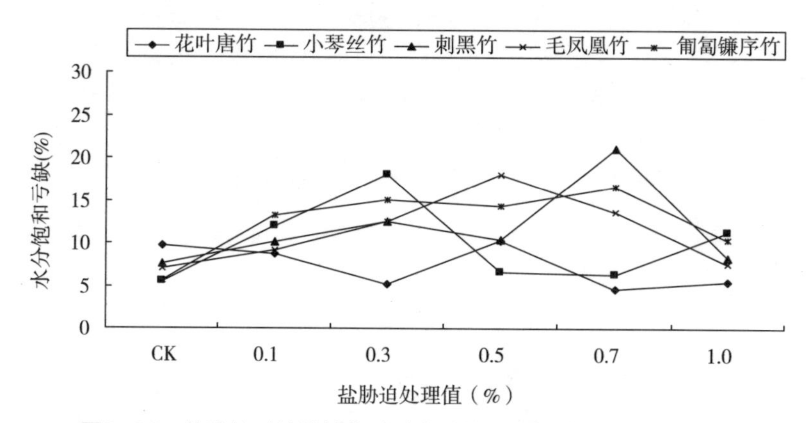

图3-38　盐胁迫对竹类植物叶片水分饱和亏缺（WSD）的影响

盐胁迫下竹类植物叶片水分饱和亏缺（WSD）的隶属函数和综合评判结果　表3-15

竹种	盐胁迫处理值（%）						均值	排序
	CK	0.1	0.3	0.5	0.7	1.0		
花叶唐竹	0.0000	1.0000	1.0000	0.6798	1.0000	1.0000	0.7800	1
小琴丝竹	1.0000	0.2967	0.0000	1.0000	0.8967	0.0000	0.5322	2
刺黑竹	0.5000	0.7033	0.4219	0.6623	0.0000	0.5000	0.4646	4
毛凤凰竹	0.6163	0.9231	0.4258	0.0000	0.4529	0.6207	0.5065	3
匍匐镰序竹	0.9651	0.0000	0.2305	0.3202	0.2766	0.1466	0.3232	5

叶片组织相对含水量和水分饱和亏缺是植物体内水分状况的重要生理指标。从图3-38可知，在盐胁迫下，供试竹种叶片的水分饱和亏缺随盐浓度的升高而升高，当盐浓度达到一定

处理值时，水分饱和亏缺总体上呈下降趋势，但也有例外现象，如小琴丝竹在低浓度盐胁迫时，水分饱和亏缺比值正比例升高，当盐浓度达0.5%时下降至对照水平，继而随盐浓度的升高略有回升，但仍低于高峰值的60%。花叶唐竹的水分饱和亏缺随盐胁迫先升高，再降低，低于其对照水平。由表3-15可见，根据WSD的隶属函数和综合评判结果，5种试验竹子耐盐性从大到小依次为：花叶唐竹>小琴丝竹>毛凤凰竹>刺黑竹>匍匐镰序竹。

由图3-39~图3-41可见，随盐处理浓度的增加和处理时间的延长，花叶唐竹的WSD除第二次采样变化较大外，第三次采样比第一次采样的WSD大；小琴丝竹在低浓度（0.1%NaCl）盐时，第三次采样的WSD大于第一、第二次，而在较高浓度（0.5%NaCl）胁迫时，随采样时间的推移，WSD呈下降的趋势；而刺黑竹则随采样时间的推移，WSD呈上升的趋势。可见不同竹种的WSD随盐胁迫时间的推移略有区别，但总体表现一定程度的上升趋势。

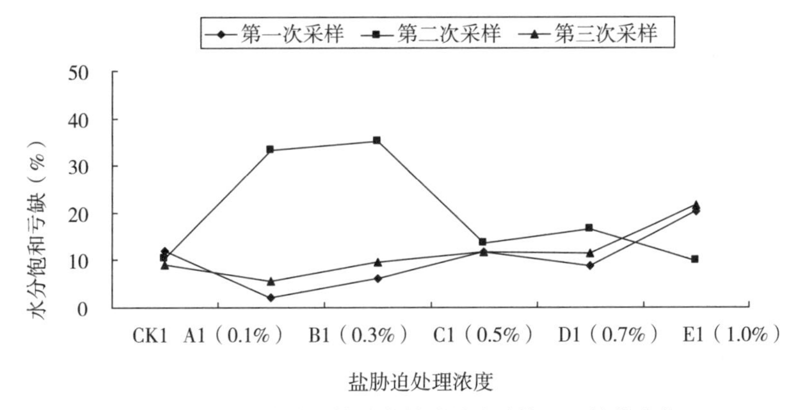

图3-39 盐胁迫下花叶唐竹叶片水分饱和亏缺的变化

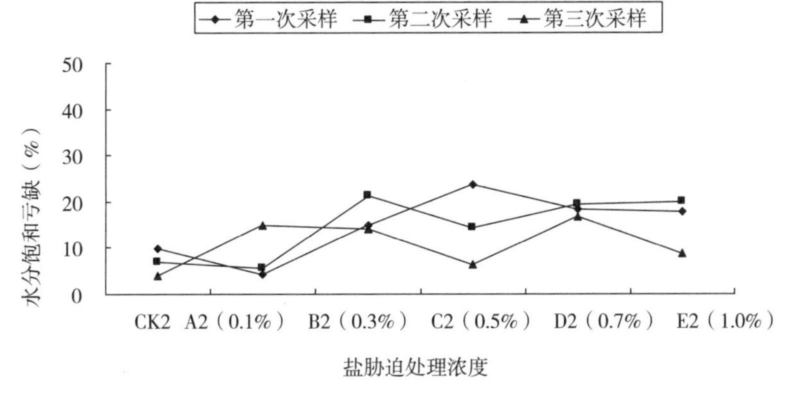

图3-40 盐胁迫下小琴丝竹叶片水分饱和亏缺的变化

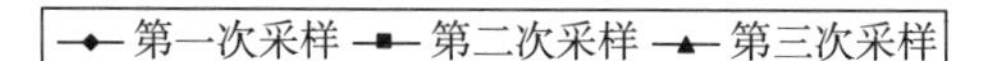

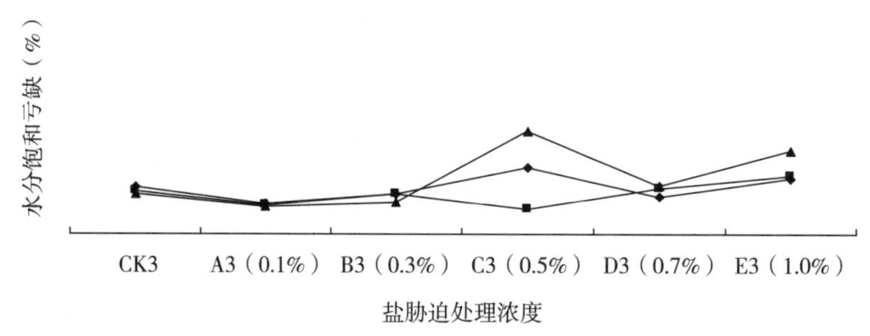

图3-41　盐胁迫下刺黑竹叶片水分饱和亏缺的变化

3.3.8　盐胁迫对竹类植物叶片保水力的影响

叶保水力反映了植物离体叶片的保水能力，通常用来表示植物组织抗脱水能力，单位时间内失水量越多，则保水力越差；反之，则越强。离体叶片占自然鲜重的含水量下降幅度愈大，其叶片的保水能力愈差（张建国等，1993；Mukherjee SP，et al，1983）。一般来说，叶片失水速度越慢，达到恒重的时间越长，遗留水分越多，则植物抗性越强。

不同盐度胁迫下竹类植物叶片保水力比较　表3-16

竹种名称	取样时间	盐度值	叶保水力（失水率）随时间变化情况（%）							
			2.5h	4.5h	6.5h	8.5h	10.5h	12.5h	14.5h	24h
花叶唐竹		CK1-1	20.00	43.70	54.10	88.60	97.90	99.90	100.00	
		CK1-2	32.30	62.80	86.20	92.50	96.30	100.00		
		CK1 平均	26.15	53.25	70.15	90.55	97.10	99.95	100.00	
	4月23日	A1（0.1）-	12.50	27.60	35.30	63.70	77.90	93.00	97.10	100.00
	5月4日	A1（0.1）	33.60	41.90	56.60	69.60	79.90	87.70	96.70	100.00
	5月18日	A1（0.1）	23.90	43.40	59.20	65.10	78.20	86.20	91.20	100.00
		平均	23.33	37.63	50.37	66.13	78.67	88.97	95.00	100.00
	4月23日	B1（0.3）	13.20	32.80	42.00	71.20	82.40	94.80	98.40	100.00
	5月4日	B1（0.3）	15.00	31.30	43.60	55.20	65.10	79.00	87.00	100.00
	5月18日	B1（0.3）	23.30	45.80	64.20	70.60	81.10	89.20	93.80	100.00
		平均	17.17	36.63	49.93	65.67	76.20	87.67	93.07	100.00
	4月23日	C1（0.5）	12.90	29.80	40.20	76.30	91.00	98.90	99.90	100.00
	5月4日	C1（0.5）	16.90	34.00	47.40	59.70	69.70	81.20	91.30	100.00
	5月18日	C1（0.5）	26.30	47.50	65.20	72.00	82.20	90.10	99.30	100.00

续表

竹种名称	取样时间	盐度值	叶保水力（失水率）随时间变化情况（%）							
			2.5h	4.5h	6.5h	8.5h	10.5h	12.5h	14.5h	24h
花叶唐竹		平均	18.70	37.10	50.93	69.33	80.97	90.07	96.83	100.00
	4月23日	D1（0.7）	13.50	33.30	44.10	81.60	93.20	99.10	99.80	100.00
	5月4日	D1（0.7）	17.40	34.90	47.20	58.30	67.70	78.90	86.00	100.00
	5月18日	D1（0.7）	20.80	39.40	55.10	60.90	67.50	80.80	89.00	100.00
		平均	17.23	35.87	48.80	66.93	76.13	86.27	91.60	100.00
	4月23日	E1（1.0）	16.00	39.20	50.90	87.40	96.40	99.90	100.00	
	5月4日	E1（1.0）	18.80	35.90	48.40	59.50	68.80	78.30	85.30	100.00
	5月18日	E1（1.0）	27.70	49.20	65.50	71.30	80.00	89.80	93.10	100.00
			20.83	41.43	54.93	72.73	81.73	89.33	92.80	100.00
小琴丝竹		CK2	16.80	37.10	47.10	76.90	87.20	95.80	98.30	100.00
		CK2	26.70	47.80	62.80	68.30	79.30	87.30	91.90	100.00
		CK2 平均	21.75	42.45	54.95	72.60	83.25	91.55	95.10	100.00
	4月23日	A2（0.1）	14.80	28.50	35.50	61.40	74.50	89.00	94.30	100.00
	5月4日	A2（0.1）	23.40	38.00	51.00	62.70	72.30	82.10	90.20	100.00
	5月18日	A2（0.1）	25.40	45.40	62.20	69.00	80.20	88.30	92.00	100.00
		平均	21.20	37.30	49.57	64.37	75.67	86.47	92.17	100.00
	4月23日	B2（0.3）	12.20	33.40	44.90	80.50	90.50	96.90	98.20	100.00
	5月4日	B2（0.3）	15.60	30.60	41.90	53.00	62.90	79.40	86.90	100.00
	5月18日	B2（0.3）	23.00	42.90	58.30	64.40	76.90	85.30	90.00	100.00
		平均	16.93	35.63	48.37	65.97	76.77	87.20	91.70	100.00
	4月23日	C2（0.5）	15.70	33.80	44.90	76.30	86.40	95.50	98.00	100.00
	5月4日	C2（0.5）	17.70	36.00	49.10	61.20	72.30	82.90	90.10	100.00
	5月18日	C2（0.5）	23.00	40.60	54.50	59.90	66.10	79.20	87.20	100.00
		平均	18.80	36.80	49.50	65.80	74.93	85.87	91.77	100.00
	4月23日	D2（0.7）	12.50	28.20	36.80	66.60	80.80	94.30	97.90	100.00
	5月4日	D2（0.7）	17.90	36.70	49.10	61.60	71.20	82.50	92.80	100.00
	5月18日	D2（0.7）	26.10	47.60	67.90	75.90	84.90	92.00	100.00	100.00
		平均	18.83	37.50	51.27	68.03	78.97	89.60	96.90	
	4月23日	E2（1.0）	11.80	31.20	41.60	73.80	85.20	95.60	98.00	100.00
	5月4日	E2（1.0）	15.90	31.30	42.60	54.50	64.60	72.60	80.80	100.00
	5月18日	E2（1.0）	21.30	41.90	58.90	64.60	77.10	85.60	90.70	100.00
		平均	16.33	34.80	47.70	64.30	75.63	84.60	89.83	100.00
刺黑竹		CK3	16.70	37.40	46.90	78.60	90.40	98.20	99.70	100.00
		CK3	17.00	35.40	51.70	58.70	65.20	78.40	86.10	100.00
		CK3平均	16.85	36.40	49.30	68.65	77.80	88.30	92.90	100.00
	4月23日	A3（0.1）	10.80	26.10	33.60	64.70	81.70	95.00	98.40	100.00
	5月4日	A3（0.1）	18.90	38.00	54.00	67.60	78.00	84.20	93.70	100.00

续表

竹种名称	取样时间	盐度值	叶保水力（失水率）随时间变化情况（%）							
			2.5h	4.5h	6.5h	8.5h	10.5h	12.5h	14.5h	24h
刺黑竹	5月18日	A3（0.1）	28.30	52.00	73.00	82.40	90.20	97.00	100.00	
		平均	19.33	38.70	53.53	71.57	83.30	92.07	97.37	100.00
	4月23日	B3（0.3）	8.20	25.80	34.00	64.40	81.70	97.00	99.20	100.00
	5月4日	B3（0.3）	15.70	31.50	43.30	54.90	65.60	80.30	89.30	100.00
	5月18日	B3（0.3）	25.70	48.10	66.30	72.90	83.10	90.70	99.40	100.00
		平均	16.53	35.13	47.87	64.07	76.80	89.33	95.97	100.00
	4月23日	C3（0.5）	16.90	27.50	36.70	68.40	81.80	94.50	97.90	100.00
	5月4日	C3（0.5）	13.80	27.80	39.00	50.50	60.70	72.30	79.80	100.00
	5月18日	C3（0.5）	29.50	51.10	66.50	71.80	81.90	89.60	94.20	100.00
		平均	20.07	35.47	47.40	63.57	74.80	85.47	90.63	100.00
	4月23日	D3（0.7）	18.60	46.70	61.80	97.10	100.00			
	5月4日	D3（0.7）	22.50	45.20	60.30	74.30	83.60	93.00	100.00	
	5月18日	D3（0.7）	30.20	53.20	70.40	76.20	82.80	91.30	100.00	
		平均	23.77	48.37	64.17	82.53	88.80	92.15	100.00	
	4月23日	E3（1.0）	24.10	56.50	71.80	99.40	100.00			
	5月4日	E3（1.0）	16.50	34.10	47.20	59.70	69.90	80.00	90.10	100.00
	5月18日	E3（1.0）	26.80	47.60	61.50	66.30	78.90	86.70	91.70	100.00
		平均	22.47	46.07	60.17	75.13	82.93	83.35	90.90	100.00

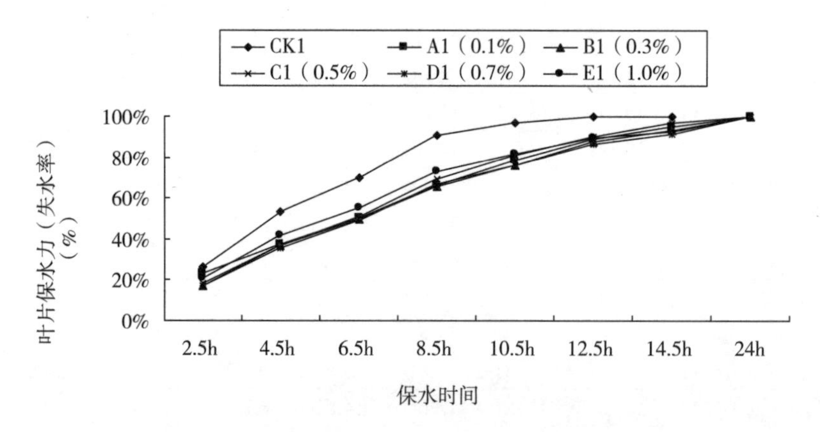

图3-42　不同盐胁迫处理下花叶唐竹保水力变化图

由表3-16和图3-42~图3-44可知，随着叶片离体时间的增加，同一取样测试时间（如4月23日取样测试），花叶唐竹、小琴丝竹和刺黑竹三种竹子叶片失水量随着盐处理浓度的增加而呈逐渐增加的趋势；不同取样测试时间（4月23日、5月4日和5月18日），随时间推移，即使同一盐度处理的同一种竹子，其失水量也是呈逐渐增加趋势的。这说明随着盐处理浓度的增加和处理时间的增长，竹子叶片的保水力是逐渐下降的，其下降的速度（失水达到100%的时间）由快到慢是：刺黑竹＞花叶唐竹＞小琴丝竹，而它们的耐盐性大小刚好与之相反，即耐盐性由大到小分别是：小琴丝竹＞花叶唐竹＞刺黑竹，与相关研究结果（陈松河，2012）也是一致的。

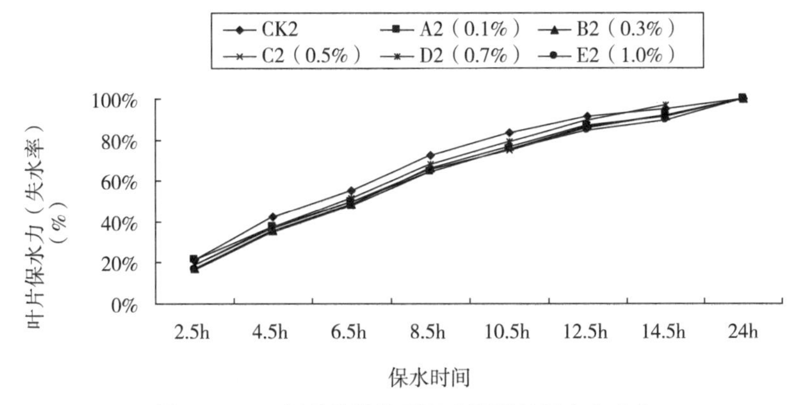

图3-43 不同盐胁迫处理下小琴丝竹保水力变化

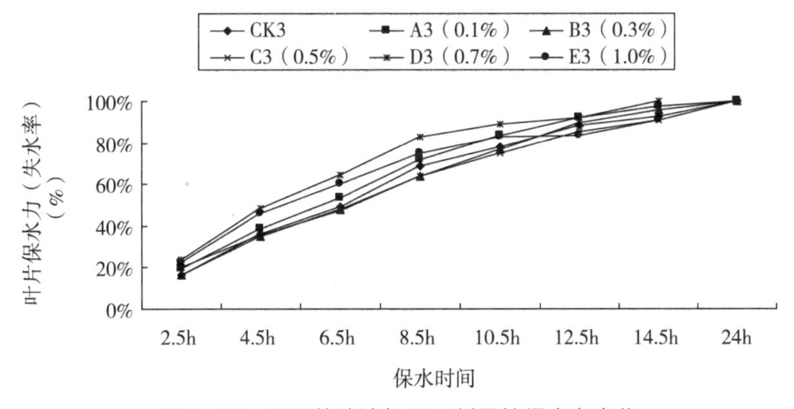

图3-44 不同盐胁迫处理下刺黑竹保水力变化

3.3.9 盐胁迫对竹类植物叶片光合作用的影响

光合作用是植物重要的生理活动指标，在一定程度上决定着植物的生长速度。对植物进行光合作用的研究，有助于了解其生长规律，为科学栽培和管理提供依据。测定植物光合作用及其生理生态研究过程中，大多数的研究工作都在叶片不离体条件下进行（葛滢等，1999；孙书存等，2000；常杰等，1999；王邦锡等，1997；胡新生等，1996），以最大限度地体现叶片的自然生长状况。盐胁迫既可以直接影响植物的生长，也可以通过抑制光合作用而间接地影响植物的生长，且浓度越高，时间越长，其影响越明显（Bethke P C，et al，1992；Munns R.，1993；Sultana N，et al，1999）。以前在对盐胁迫条件下光合作用的研究大多数集中在农作物或草本植物上而对木本植物的研究相对较少（李善春，2005）。本研究以不同浓度NaCl溶液处理花叶唐竹、小琴丝竹和刺黑竹，探究其叶片光合作用相关指标的变化情况，以期对滨海地区竹类植物的耐盐机理研究和推广应用提供科学的理论依据。

（1）盆土实际含盐量

由表3-17可见，不同盐度（NaCl水溶液）处理值（CK、0.1%、0.3%、0.5%、0.7%、1.0%）所对应的土壤实际含盐量从低到高依次为0.003%、0.052%、0.173%、0.266%、0.382%和0.575%，即随着处理盐度的提高，土壤实际含盐量成直线上升的趋势。将土壤实际盐度（Y）和不同盐度处理值（X）进行回归分析，两者回归方程为：$Y=-0.003+0.566X$，其相关系数的平方值达到极显著水平（$R^2=0.998$）。花叶唐竹、小琴丝竹和刺黑竹达到2级盐害时盆土实际含盐量分别为0.266%、0.575%和0.173%。盆土含盐量在0.575%时小琴丝竹只达到2级盐害，而花叶唐竹则达到3级盐害，刺黑竹甚至达到4级盐害（即死亡）。可见3种竹子的耐盐性为：小琴丝竹>花叶唐竹>刺黑竹。

不同盐度处理土壤实际含盐量　表3-17

NaCl浓度（%）	盆土实际含盐量（%）	盐害等级		
		花叶唐竹	小琴丝竹	刺黑竹
0.0	0.003±0.000	0	0	0
0.1	0.052±0.001	0	0	1
0.3	0.173±0.003	1	0	2
0.5	0.266±0.000	2	1	3
0.7	0.382±0.002	3	1	3
1.0	0.575±0.003	3	2	4

说明：表中数据为3个重复的平均值。

（2）NaCl胁迫对三种竹类植物叶片净光合速率的影响

从图3-45可知，花叶唐竹在盐胁迫下，净光合速率显著降低，其降低值呈阶梯形分布，即在0.1%盐浓度时降低到对照净光合速率的50%，而后下降平缓，浓度为0.7%时，净光合速率再次显著下降，当盐胁迫浓度达1.0%时，花叶唐竹的净光合速率仅为对照的3.86%；小琴丝竹的净光合速率在盐胁迫浓度为0.1%时呈上升趋势，盐胁迫浓度在0.3%~0.5%之间变化不明显，说明小琴丝竹对盐分有一定的耐受能力，当盐胁迫浓度达0.7%和1.0%时下降显著；刺黑竹在盐胁迫浓度为0.1%时净光合速率亦呈上升趋势，之后随盐胁迫浓度的增加其净光合速率亦呈下降趋势。研究表明在一定程度上低盐胁迫可促进某些竹类植物的净光合速率，但随着盐胁迫浓度的进一步提高，竹类植物的净光合速率均呈下降的趋势。

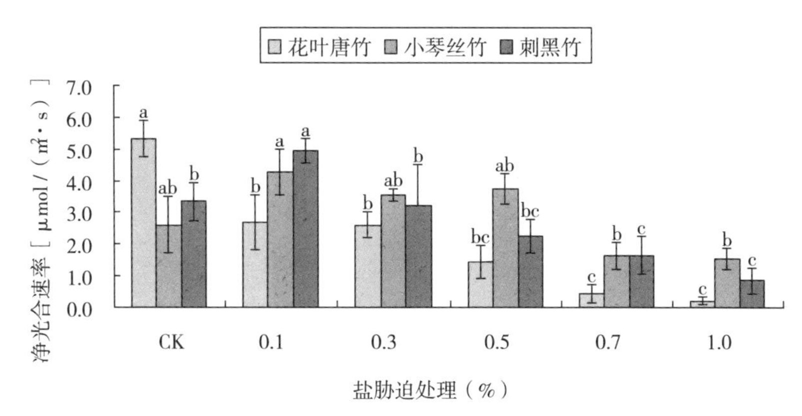

图中相同字母表示差异不显著，不同字母表示差异显著（$p<0.05$），下同。

图3-45　盐胁迫对三种竹类植物叶片净光合速率的影响

（3）NaCl胁迫对三种竹类植物叶片气孔导度的影响

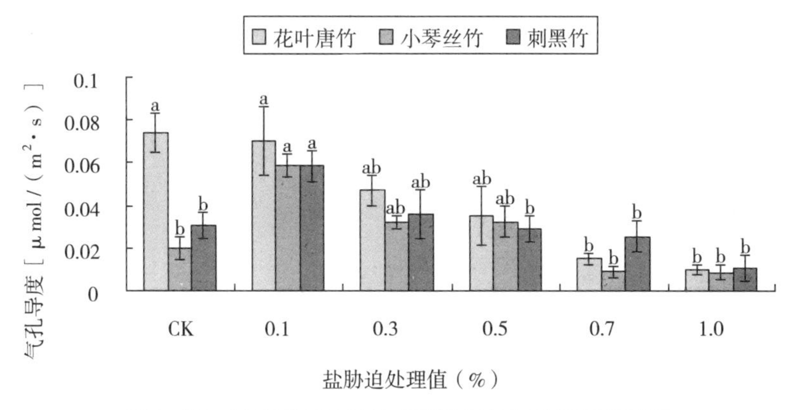

图3-46　盐胁迫对三种竹类植物叶片气孔导度的影响

由图3-46可见，三种竹类植物在不同浓度盐胁迫下气孔导度的变化趋势，与其净光合速率的变化趋势相近。花叶唐竹在盐胁迫浓度为0.1%时变化不明显，之后随盐胁迫浓度的增大，气孔导度逐渐下降；小琴丝竹和刺黑竹的气孔导度，均在低盐度（0.1%NaCl）胁迫时先升高，后逐渐降低，二者气孔导度显著降低分别出现在0.7% NaCl和1.0% NaCl浓度处理。研究结果也表明在一定程度上低盐胁迫可提高某些竹类植物（如小琴丝竹和刺黑竹）的气孔导度，或对某些竹类植物（如花叶唐竹）的气孔导度影响不明显，但随着盐胁迫浓度的进一步提高，竹类植物的气孔导度均呈下降的趋势。

（4）NaCl 胁迫对三种竹类植物叶片蒸腾速率的影响

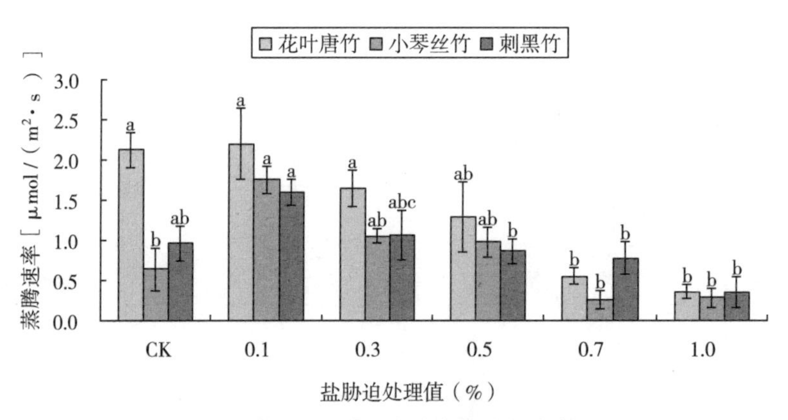

图3-47　盐胁迫对三种竹类植物叶片蒸腾速率的影响

由图3-47可知，盐胁迫下三种竹类植物叶片蒸腾速率的变化情况亦与净光合速率和气孔导度的变化趋势相近。花叶唐竹在低盐度胁迫（0.1%NaCl处理）时其蒸腾速率变化不明显，而后随盐胁迫浓度的逐渐加大，叶片蒸腾速率逐级下降；小琴丝竹和刺黑竹亦均在低浓度（0.1%NaCl）盐胁迫时，蒸腾速率急剧增大，此后随浓度的增高，蒸腾速率逐渐下降，二者分别在0.7%和1.0% NaCl处理时下降幅度最显著，说明高盐度胁迫严重影响到了其蒸腾速率。

（5）NaCl 胁迫对三种竹类植物叶片胞间二氧化碳浓度的影响

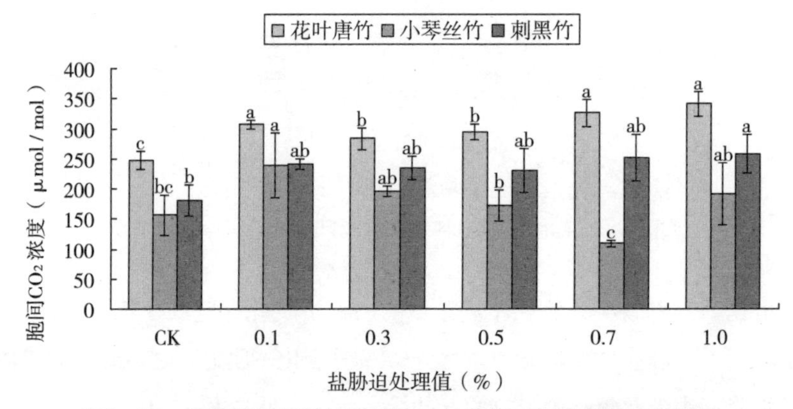

图3-48　盐胁迫对三种竹类植物叶片胞间二氧化碳浓度的影响

从图3-48可知，三种竹子胞间二氧化碳浓度随盐处理浓度的增加变化规律不明显。花叶唐竹在盐胁迫逐渐增加的情况下，其胞间二氧化碳浓度呈波动升高趋势，且各盐胁迫梯度的对应胞间二氧化碳浓度值均高于对照；小琴丝竹在盐胁迫下胞间二氧化碳浓度先升高后降低，在盐胁迫浓度为0.7%时，胞间二氧化碳浓度降低至对照的69.8%，但当盐胁迫浓度为1.0%时，胞间二氧化碳浓度又显著增大，甚至高出对照1.22倍；刺黑竹在盐胁迫下胞间二氧化碳浓度的变化在低盐浓度（0.1%NaCl处理）时增高，之后随盐胁迫浓度加大，其胞间二氧化碳浓度无显著变化，在盐胁迫浓度达1.0%时，刺黑竹的胞间二氧化碳浓度增高。

总之，盐胁迫既可以直接影响植物的生长，也可以通过抑制光合作用而间接地影响植物的生长，且浓度越高、时间越长，其影响越明显（Bethke P C，etc.，1992；Munns R，1993；Sultana N，etc.，1999）。目前国内有关竹子耐盐性的研究绝大部分集中于盐胁迫下竹子生理生化指标变化等方面的分析测定，对在盐胁迫下竹子光合作用的影响研究并不多，本文对光合作用四个最为主要的指标净光合速率、气孔导度、胞间二氧化碳浓度和蒸腾速率进行了较为深入的分析研究。从本研究结果可见，盐胁迫对三种竹子叶片的净光合速率、气孔导度、胞间二氧化碳浓度和蒸腾速率的影响是非常明显的，除低盐胁迫（0.1%NaCl处理）外，盐胁迫浓度与这些指标（除胞间二氧化碳浓度外）均呈负相关关系。

竹类为非盐生植物，易受盐分影响，在土壤盐分较高的滨海（沿海）地区，竹类的受害情况严重。但本研究结果也显示，低浓度盐胁迫（如0.1%NaCl处理）对小琴丝竹和刺黑竹两种竹子的净光合速率（P_n）、气孔导度（G_s）、胞间二氧化碳浓度（C_i）有一定的促进作用，对花叶唐竹影响也不大，这与其他研究有些差异，如李善春（2005）认为随着盐胁迫浓度的增加（0.1%、0.3%、0.5%、0.7%），各竹种的净光合速率、气孔导度、胞间二氧化碳浓度和蒸腾速率均呈下降的趋势；洪有为（2005）认为在低盐分胁迫下，各竹种的净光合速率值差别不大，但随着盐分胁迫浓度增加，净光合速率均表现下降趋势。

净光合速率反映了植物利用光的能力，是衡量光合能力的重要指标（洪有为，2005）。相关研究认为，导致光合速率降低的因素包括气孔限制和非气孔限制（林植芳等，1988），只有当胞间二氧化碳浓度降低和气孔导度减小时，才可以得出光合速率降低是由于气孔限制所引起的结论。相反，如果光合速率的降低伴随着胞间二氧化碳浓度的提高，那么光合作用的主要限制因素肯定是非气孔因素，即叶肉细胞的光合活性降低所引起的（王以柔等，1990）。研究表明，本试验三种竹类植物光合作用的主要限制因素是非气孔因素，即叶肉细胞的光合活性降低所引起的。

3.3.10 盐胁迫对竹类植物叶片和根系钾（K^+）、钠（Na^+）、钙（Ca^{2+}）含量的影响

植物所需的营养元素中，N素是限制植物生长和形成产量的首要因素。它是构成蛋白质和叶绿素的重要元素。P是植物生长发育不可缺少的元素之一，它是植物体内许多重要有机化合物的组分，同时，又以多种方式参与植物体内各种代谢过程。P对植物的重要性仅次于N。K

是植物生长必需元素中含量仅次于N的元素，能提高林木的生产力和林产品的品质（陆景陵，1994；NE. Marcar and A. Termeat，1990；程瑞平等，1992）。因此，研究在逆境胁迫条件下植株叶片的N^+、P^+、K^+、Na^+含量的变化具有十分重要的意义。

（1）盐胁迫对竹类植物叶片钾（K^+）、钠（Na^+）、钙（Ca^{2+}）含量的影响

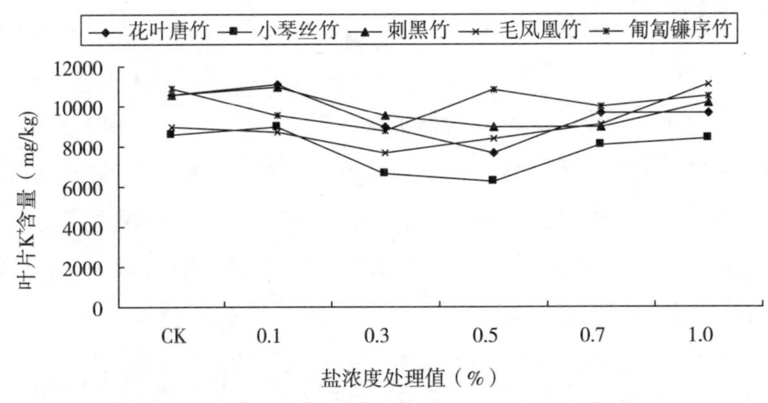

图3-49　盐胁迫对竹类植物叶片钾（K^+）含量的影响

K是植物生长必需元素中含量仅次于N的元素。有研究表明，K^+能调节气孔开闭，从而影响植物的光合作用，高浓度K^+使气孔保持一定的开张度，维持细胞膨压。植物在盐胁迫时，细胞膨压增大，最终导致气孔扩张而大量失水，甚至造成植物死亡。

在研究中（图3-49），K^+含量随盐胁迫的加强，花叶唐竹、刺黑竹、小琴丝竹和毛凤凰竹均表现出先升高，再下降，后升高的波动性。匍匐镰序竹叶片中K+含量则随盐胁迫浓度先下降后升高，再下降的趋势，在盐度处理值为0.5%时最大。

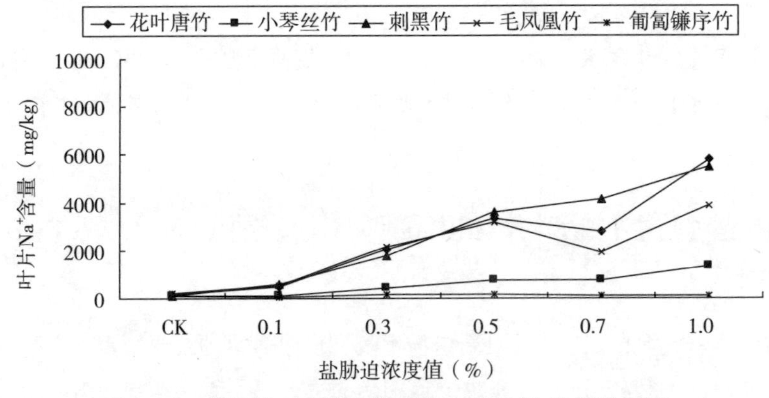

图3-50　盐胁迫对竹类植物叶片钠（Na^+）含量的影响

植物在盐（NaCl）胁迫下Na^+含量增多，当超过植物有效吸收利用的范围后，将使植株内部Na^+含量增加，限制了其他营养元素的吸收，从而造成单盐毒害。从图3-50可知，低浓度盐胁迫下，各竹种叶片中Na^+含量无显著变化，当盐浓度增至0.3%时出现Na^+累积量的差异，随盐浓度的升高各竹种叶片Na^+含量激增，并在浓度为0.5%时表现出显著的差异性。而后随盐浓度的增加花叶唐竹、小琴丝竹和刺黑竹叶片内Na^+含量变化不显著，但毛凤凰竹和匍匐镰序竹则出现先下降，再升高的变化趋势。

总之，叶片钠Na^+的含量均随盐胁迫的加强而增加，且其增量，在一定程度上与前期模糊隶属函数所总结的竹种耐盐能力呈正相关。在盐胁迫0.5%水平上，依照叶片钠Na^+含量排序耐盐能力大小为：花叶唐竹>小琴丝竹>刺黑竹>毛凤凰竹>匍匐镰序竹。在盐胁迫0.7%水平上，依照叶片钠Na^+含量排序耐盐能力大小为：花叶唐竹>毛凤凰竹>小琴丝竹>刺黑竹>匍匐镰序竹。在盐胁迫1.0%水平上，依照叶片钠Na^+含量排序耐盐能力大小为：花叶唐竹>小琴丝竹>毛凤凰竹>刺黑竹 >匍匐镰序竹。

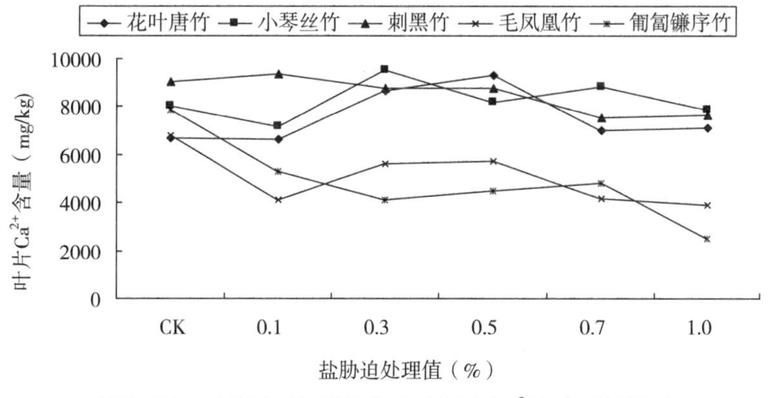

图3-51　盐胁迫对竹类植物叶片钙（Ca^{2+}）含量的影响

限制Na^+吸收及积累是植物耐盐性的一个重要机制，植物细胞里的Na^+浓度过高时，细胞膜上原有的Ca^{2+}就会被钠离子Na^+所取代，使细胞膜出现微小的漏洞，细胞膜产生渗漏现象，导致细胞内的离子种类和浓度发生变化，核酸与蛋白质的合成和分解的平衡受到破坏，从而严重影响植物的生长发育。本试验中（图3-51），各供试竹种随盐胁迫浓度的升高Ca^{2+}含量呈下降的趋势。在低盐胁迫（0.1%NaCl）时，叶片钙（Ca^{2+}）除花叶唐竹和刺黑竹外小幅度上升外，其余三种均呈下降趋势，当盐浓度为0.5%和0.3%时，花叶唐竹和小琴丝竹叶片钙（Ca^{2+}）分别达最大值，此后下降。刺黑竹在盐浓度为0.1%时，叶片钙（Ca^{2+}）浓度达最大值，此后呈逐渐下降趋势，匍匐廉序竹随盐处理浓度的增加呈下降趋势，毛凤凰竹随盐处理浓度的增加总体亦呈下降趋势。

（2）盐胁迫对竹类植物根系钾（K^+）、钠（Na^+）、钙（Ca^{2+}）含量的影响

由表3-18和图3-52~图3-58可知，随着盐胁迫浓度的增加，花叶唐竹、小琴丝竹和刺黑竹根系Na^+含量逐渐增加，与对照相比增加十分显著；K^+含量除刺黑竹外总的趋势是先降后升，但除刺黑竹外在盐度处理值达1.0%时均比对照低；Ca^{2+}含量毛凤凰竹和匍匐廉序竹呈先降后升的趋势，在盐度处理值达1.0%时低于对照；花叶唐竹、小琴丝竹和刺黑竹则呈升后降，之后升降交替，在盐度处理值达1.0%时均高于对照。

盐胁迫下三种竹类根系Na^+、K^+、Ca^{2+}的含量　表3-18

盐度处理值（%）	花叶唐竹（mg/g）			小琴丝竹（mg/g）			刺黑竹（mg/g）		
	Na	K	Ca	Na	K	Ca	Na	K	Ca
CK	0.4625	6.6613	2.7530	0.3545	9.7780	1.7089	0.2984	3.5733	3.0351
0.10	0.7773	4.9368	4.4048	0.6997	2.2039	4.8806	1.2302	9.5210	6.0372
0.30	1.5375	5.9108	3.8959	1.5288	2.9930	2.7743	5.0599	8.5009	2.0576
0.50	2.6178	5.1940	3.9545	3.0534	2.3263	3.5959	4.8443	8.4141	3.7393
0.70	5.4837	7.2395	7.9982	4.7950	3.4816	2.3160	4.9324	6.2044	3.0503
1.00	5.8750	7.3313	3.6146	5.4550	2.5406	5.3365	8.7578	5.2982	5.3314

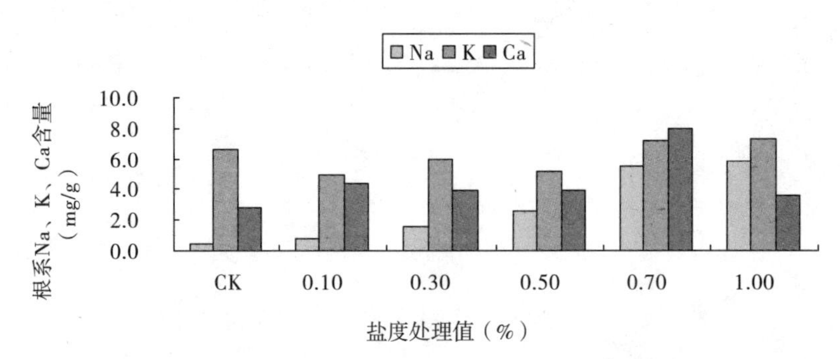

图3-52　盐胁迫对花叶唐竹根系Na^+、K^+、Ca^{2+}含量的影响

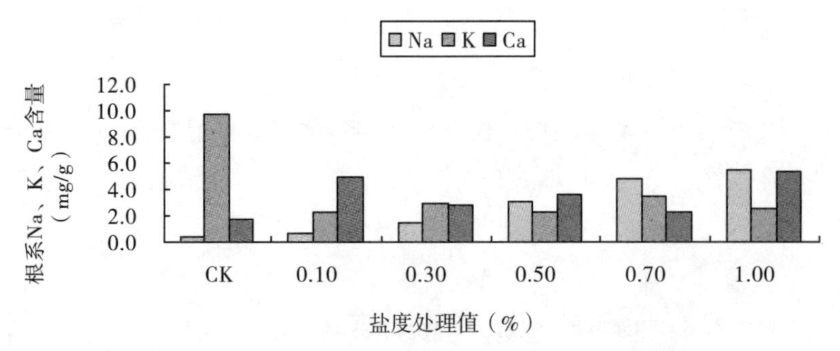

图3-53　盐胁迫对小琴丝竹根系Na^+、K^+、Ca^{2+}含量的影响

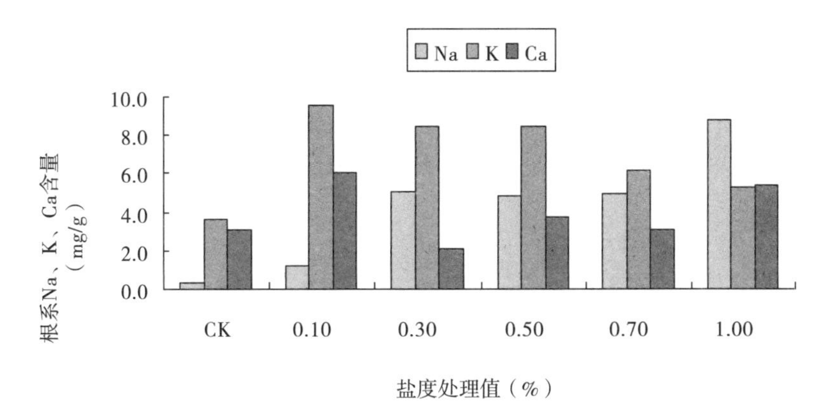

图3-54　盐胁迫对刺黑竹根系Na^+、K^+、Ca^{2+}含量的影响

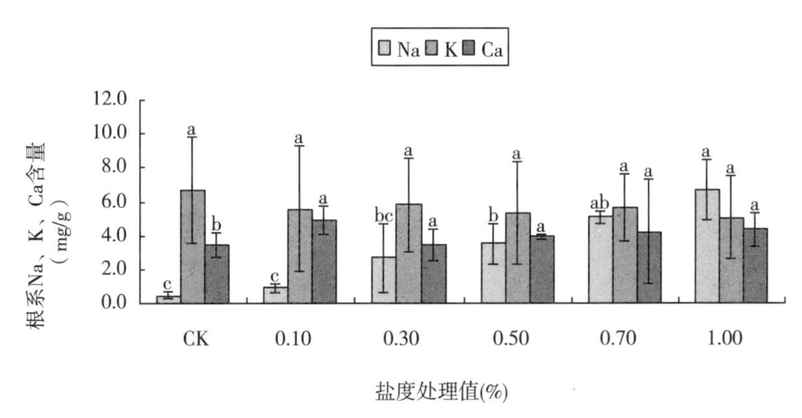

图3-55　盐胁迫对三种竹子根系Na^+、K^+、Ca^{2+}含量的影响

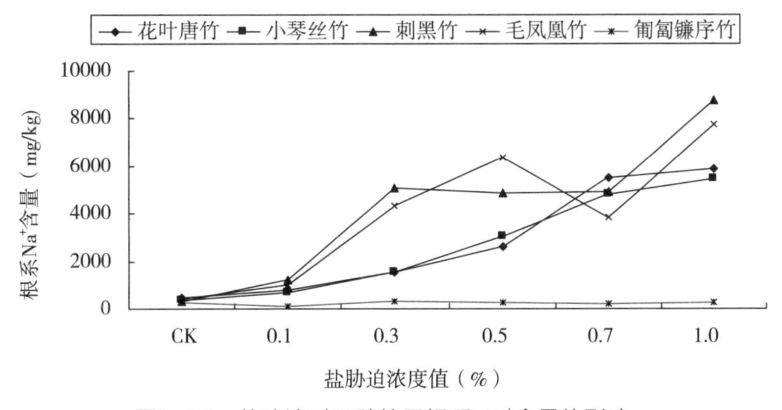

图3-56　盐胁迫对五种竹子根系Na^+含量的影响

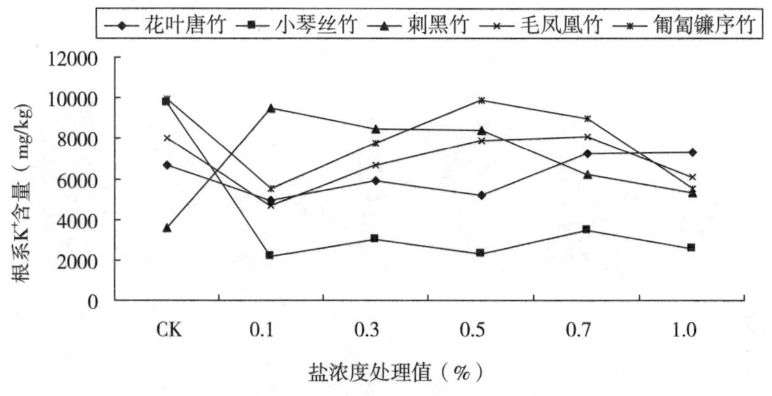

图3-57　盐胁迫对五种竹子根系K^+含量的影响

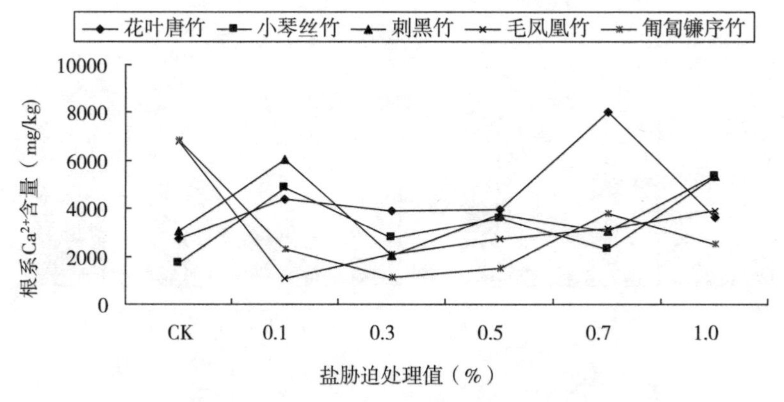

图3-58　盐胁迫对五种竹子根系Ca^{2+}含量的影响

3.3.11　盐胁迫对竹类植物叶片可溶性蛋白、可溶性糖、超氧化物歧化酶（SOD）、过氧化物酶（POD）、过氧化氢酶（CAT）和游离脯氨酸（Pro）含量的影响

生物机体的代谢是内外双重作用的结果，当有一方条件改变时，机体将调节相关的一系列生理变化来建立新的代谢平衡，以适应变化了的环境。在机体进行代谢过程的调节控制中，最原始也是最基本的代谢调节就是酶含量和酶活性的调节。酶含量的调节是通过基因表达调控来完成的，真核细胞基因表达存在两种类型的调节和控制机制，一种称为短期或可逆的调控，另一种为长期的不可逆的调控。前者主要是细胞对环境变动，特别是对代谢作用或激素水平升降做出反应，表现出细胞内酶或某些特殊蛋白质合成的变化。植物耐盐是受多基因控制的，因此盐对蛋白质合成的诱导和调控非常复杂。盐能够调节蛋白质量的表达，盐胁迫下

大多数蛋白质合成受阻，但有些蛋白质合成不受影响，而另一些蛋白质合成被促进。

（1）盐胁迫对竹类植物叶片可溶性蛋白含量的影响

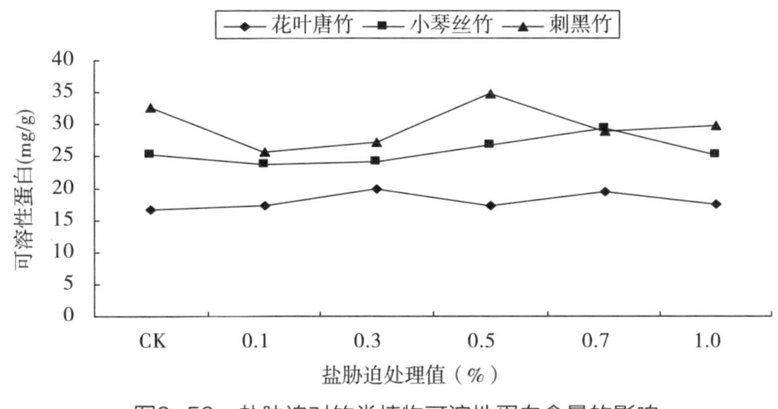

图3-59　盐胁迫对竹类植物可溶性蛋白含量的影响

盐胁迫对竹类植物可溶性蛋白含量变化的方差分析　表3-19

竹种	因子	平方和	自由度	均方	*F*值	显著性
花叶唐竹	组间	26.6800	5	5.3360	0.9352	0.4923
	组内	68.4684	12	5.7057		
	总数	95.1485	17			
小琴丝竹	组间	63.4393	5	12.6878	0.2767	0.9171
	组内	550.2464	12	45.8538		
	总数	613.6857	17			
刺黑竹	组间	174.9339	5	34.9867	0.3521	0.8712
	组内	1192.3879	12	99.3656		
	总数	1367.3219	17			

有研究表明，植物在遇到逆境胁迫时，可溶性蛋白会大量积累，且积累指数与植物抗逆性有关（Salah I B，et al，2011；田晓艳等，2009）。在本项目试验中（图3-59），小琴丝竹叶片中的可溶性蛋白含量随盐胁迫浓度增加而增加，在0.7% NaCl时，可溶性蛋白含量急剧下降，可能说明在此胁迫浓度，盐分抑制了植物蛋白质的合成，加速可溶性蛋白分解。花叶唐竹叶片中的可溶性蛋白含量则随着盐胁迫浓度的升高，呈波动趋势，但其含量均高于对照。值得一提的是刺黑竹，在盐胁迫下，刺黑竹叶片中的可溶性蛋白在低浓度下降低，当浓度达0.5% NaCl时，含量迅速升高达最大值，且高于对照6.74%，而后随盐胁迫浓度增高而逐渐降低（表3-19）。

不同测试时间竹子叶片可溶性蛋白含量　表3-20

测试时间	盐度梯度	可溶性蛋白（mg/g）			
		花叶唐竹	小琴丝竹	刺黑竹	均值
4月22日（第一次采样，下同）	CK	15.9317	24.4836	30.0055	23.4736
	A（0.1%）	20.1120	18.8279	29.5137	22.8179
	B（0.3%）	22.0519	17.6530	29.3497	23.0182
	C（0.5%）	20.0027	22.0792	41.5902	27.8907
	D（0.7%）	23.1995	29.4290	29.2404	27.2896
	E（1.0%）	18.8552	23.7459	25.8525	22.8179
	均值	20.0255	22.7031	30.9253	24.5513
5月3日（第二次采样，下同）	CK	16.2313	33.0255	48.4900	32.5823
	A（0.1%）	14.5619	28.4353	26.8142	23.2705
	B（0.3%）	18.6539	28.4900	31.8415	26.3285
	C（0.5%）	14.3005	32.7887	38.3078	28.4657
	D（0.7%）	16.1038	37.0874	39.5282	30.9065
	E（1.0%）	17.2878	34.6102	42.5519	31.4833
	均值	16.1899	32.4062	37.9223	28.8395
5月13日（第三次采样，下同）	CK	17.6415	18.2973	19.4339	18.4576
	A（0.1%）	17.0951	24.2645	20.5705	20.6434
	B（0.3%）	18.8874	26.3191	20.3738	21.8601
	C（0.5%）	17.2918	25.7290	24.6361	22.5523
	D（0.7%）	19.0623	21.6634	18.2973	19.6743
	E（1.0%）	16.7016	17.4667	20.8765	18.3483
	均值	17.7800	22.2900	20.6980	20.2560

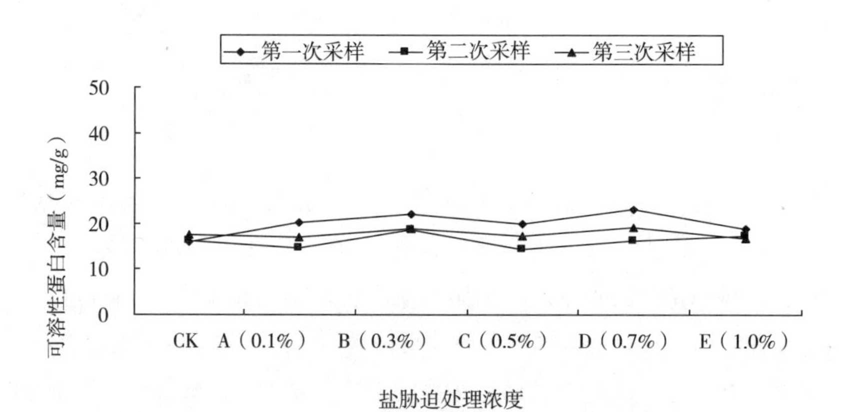

图3-60　不同测试时间花叶唐竹叶片可溶性蛋白含量变化

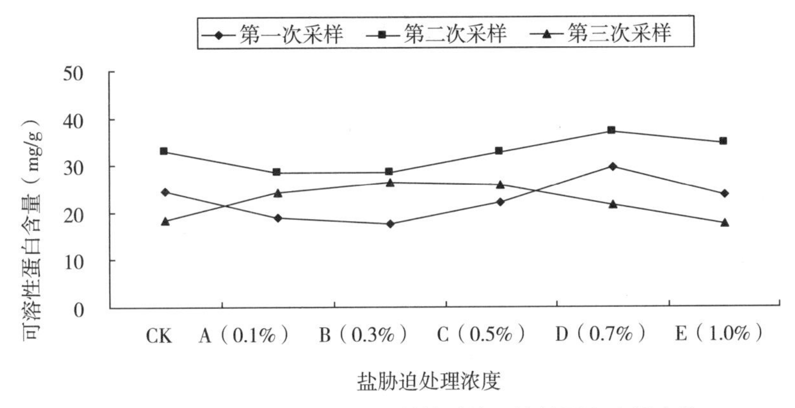

图3-61 不同测试时间小琴丝竹叶片可溶性蛋白含量变化

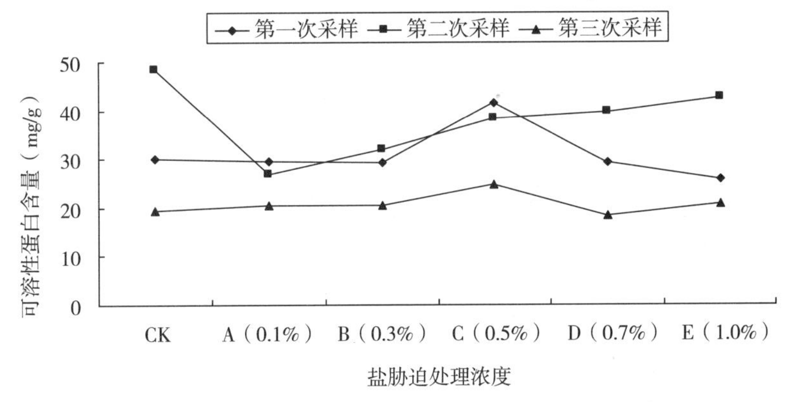

图3-62 不同测试时间刺黑竹叶片可溶性蛋白含量变化

由表3-20以及图3-60~图3-62可知，盐胁迫处理下，花叶唐竹、小琴丝竹和刺黑竹三种竹子在不同取样时间测试的可溶性蛋白含量均值在0.1%NaCl ~0.7%NaCl处理时呈上升趋势。除花叶唐竹先降后升外，其余两种竹子可溶性蛋白含量均值均表现为先升后降的趋势。但是不论何种竹子，它们的可溶性蛋白含量均值在5月13日（距离盐处理后第33天）取样测试值均低于4月22日（距离盐处理后第12 天）第一次测试值。

（2）盐胁迫对竹类植物叶片可溶性糖含量的影响

由表3-21、图3-63可见，随着盐处理浓度的增加，花叶唐竹可溶性糖含量表现为先升后降，在盐度处理值为0.5%时达到最高值；小琴丝竹可溶性糖含量则表现为先降后升，在盐度处理值为1.0%时达最高值；而刺黑竹可溶性糖含量表现相对平稳，但也随盐度处理值的增加呈缓慢上升，在盐度处理值为1.0%时达最高值。总之，三种竹子可溶性糖含量随盐度处理值的增加，均呈上升的趋势（与对照相比）。

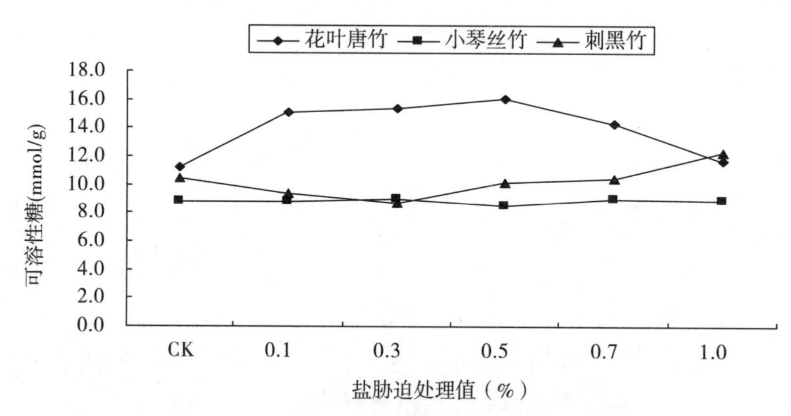

图3-63　盐胁迫对竹类植物可溶性糖含量的影响

盐胁迫对竹类植物可溶性糖含量变化的方差分析　表3-21

竹种	因子	平方和	自由度	均方	*F*值	显著性
花叶唐竹	处理	61.2103	5	12.2420	0.4803	0.7844
	组内	305.8324	12	25.4860		
	总数	367.0428	17			
小琴丝竹	组间	0.6139	5	0.1227	0.0067	0.9999
	组内	217.2682	12	18.1056		
	总数	217.8821	17			
刺黑竹	组间	21.1541	5	4.2308	0.5064	0.7662
	组内	100.2465	12	8.3538		
	总数	121.4006	17			

不同测试时间竹子叶片可溶性糖含量　表3-22

测试时间	盐度梯度	可溶性糖（mmol/g）			
		花叶唐竹	小琴丝竹	刺黑竹	均值
4月22日	CK	13.3499	4.8030	9.2069	9.1199
	A（0.1%）	20.1035	6.9633	6.1084	11.0584
	B（0.3%）	22.7672	4.9289	6.9304	11.5422
	C（0.5%）	23.4279	4.4360	7.8284	11.8974
	D（0.7%）	17.5237	4.6247	5.8491	9.3325
	E（1.0%）	10.7911	4.4255	8.3975	7.8713
	均值	17.9939	5.0302	7.3868	10.1370
5月3日	CK	10.4210	12.9946	12.2927	11.9027
	A（0.1%）	16.2069	11.0154	10.7435	12.6552
	B（0.3%）	14.7525	14.5754	8.5113	12.6131
	C（0.5%）	15.7073	12.5393	11.2304	13.1590

续表

测试时间	盐度梯度	可溶性糖（mmol/g）			
		花叶唐竹	小琴丝竹	刺黑竹	均值
5月3日	D（0.7%）	15.0940	14.7398	12.6342	14.1560
	E（1.0%）	13.3424	13.2475	16.1942	14.2614
	均值	14.2540	13.1853	11.9344	13.1246
5月13日	CK	9.8032	8.5471	9.7611	9.3705
	A（0.1%）	9.0383	8.4699	11.4172	9.6418
	B（0.3%）	8.5611	7.5226	10.7716	8.9518
	C（0.5%）	9.0173	8.4980	11.4172	9.6441
	D（0.7%）	10.3927	7.7682	12.9329	10.3646
	E（1.0%）	11.0874	9.1295	12.1540	10.7903
	均值	9.6500	8.3225	11.4090	9.7938

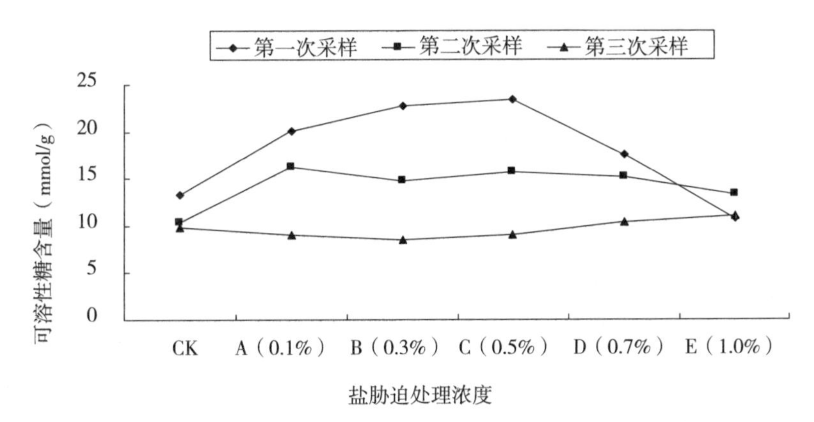

图3-64　不同测试时间花叶唐竹叶片可溶性糖含量变化

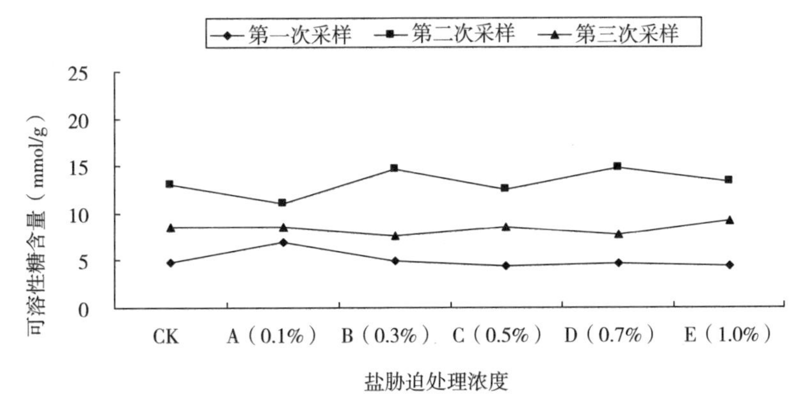

图3-65　不同测试时间小琴丝竹叶片可溶性糖含量变化

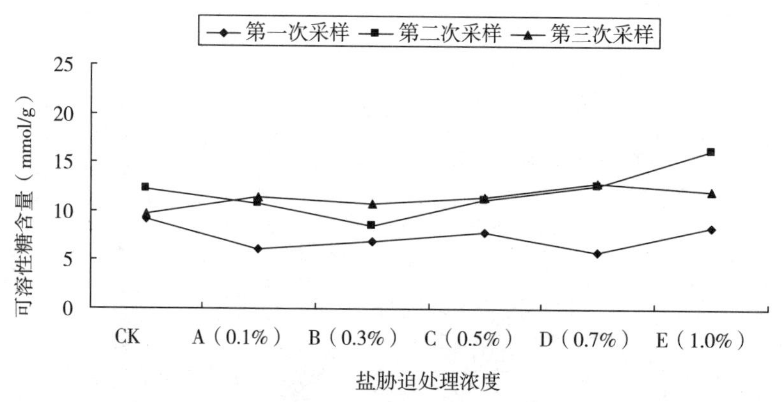

图3-66 不同测试时间刺黑竹叶片可溶性糖含量变化

由表3-22以及图3-64~图3-66可知，盐胁迫处理下，花叶唐竹、小琴丝竹和刺黑竹三种竹子在不同取样时间测试的可溶性糖含量均值，除花叶唐竹呈连续逐渐下降的趋势外，小琴丝竹和刺黑竹均呈先升后降的趋势，且这两种竹子可溶性糖含量均值在5月3日（距离盐处理后23天）和5月13日（距离盐处理后第33天）取样测试值均显著高于4月22日（距离盐处理后第12天）第一次测试均值。

（3）盐胁迫对竹类植物叶片超氧化物歧化酶（SOD）含量的影响

由表3-23、图3-67可见，随着盐处理浓度的增加，花叶唐竹SOD含量在盐度处理值为0.5%时达到最高值，此浓度前后SOD值均与对照组相差不大；小琴丝竹则表现为先降后升再降的趋势，在盐度处理值为1.0%时则与对照相比相差也不大；而刺黑竹SOD含量在盐度处理值为0.5%前总体变现为上升趋势，此后下降，在盐度处理值为1.0%时SOD值比对照组略高。

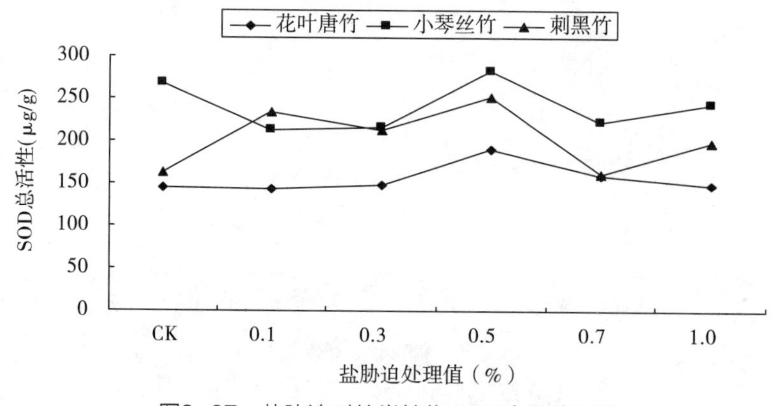

图3-67 盐胁迫对竹类植物SOD含量的影响

盐胁迫对竹类植物SOD含量变化的方差分析 表3-23

竹种	因子	平方和	自由度	均方	*F*值	显著性
花叶唐竹	处理	4814.61	5	962.922	0.2986	0.9043
	组内	38692.57	12	3224.381		
	总数	43507.18	17			
小琴丝竹	组间	14044.96	5	2808.993	0.4279	0.8206
	组内	78765.78	12	6563.815		
	总数	92810.74	17			
刺黑竹	组间	25624.39	5	5124.878	1.3835	0.2975
	组内	44449.93	12	3704.161		
	总数	70074.32	17			

不同测试时间竹子叶片SOD总活性含量（μg/g） 表3-24

测试时间	盐度梯度	SOD总活性			
		花叶唐竹	小琴丝竹	刺黑竹	均值
4月22日	C	146.3877	192.0981	163.5862	167.3574
	A（0.1%）	242.8924	272.7581	327.4970	281.0492
	B（0.3%）	166.3410	238.4422	241.1598	215.3143
	C（0.5%）	261.1189	190.5061	204.1582	218.5944
	D（0.7%）	155.5969	247.8172	238.2386	213.8842
	E（1.0%）	194.5441	102.5938	231.0980	176.0786
	均值	194.4802	207.3693	234.2896	212.0464
5月3日	CK	149.5741	313.8364	175.7037	213.0381
	A（0.1%）	75.8464	127.7972	128.1838	110.6091
	B（0.3%）	131.7778	263.9746	172.5091	189.4205
	C（0.5%）	127.5406	332.6918	305.4848	255.2390
	D（0.7%）	112.7103	336.8818	150.1468	199.9130
	E（1.0%）	72.8803	321.7976	195.6700	196.7826
	均值	111.7216	282.8299	187.9497	194.1671
5月13日	CK	139.0988	299.0830	92.3716	176.8511
	A（0.1%）	109.8148	214.2522	245.3355	189.8008
	B（0.3%）	145.2638	144.6474	224.1493	171.3535
	C（0.5%）	181.8687	321.9221	242.7931	248.8613
	D（0.7%）	210.3821	204.8265	94.9139	170.0408
	E（1.0%）	176.4743	305.2459	166.5230	216.0811
	均值	160.4838	248.3295	177.6811	195.4981

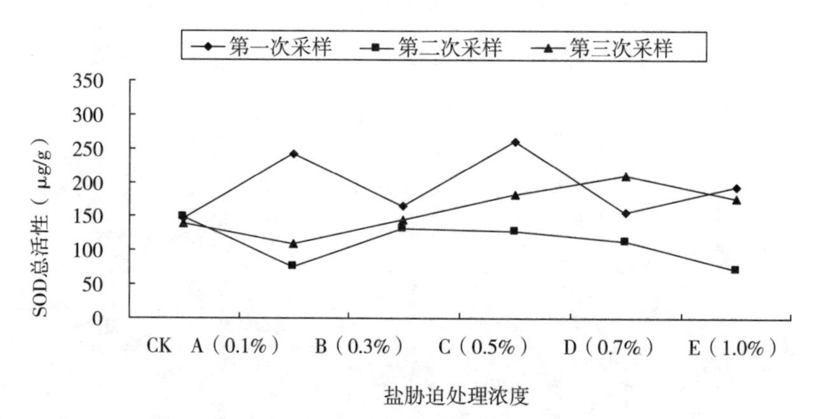

图3-68　不同测试时间花叶唐竹叶片SOD含量变化

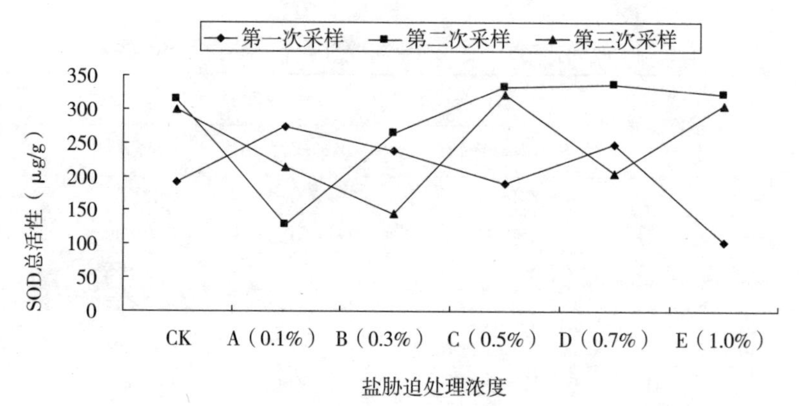

图3-69　不同测试时间小琴丝竹叶片SOD含量变化

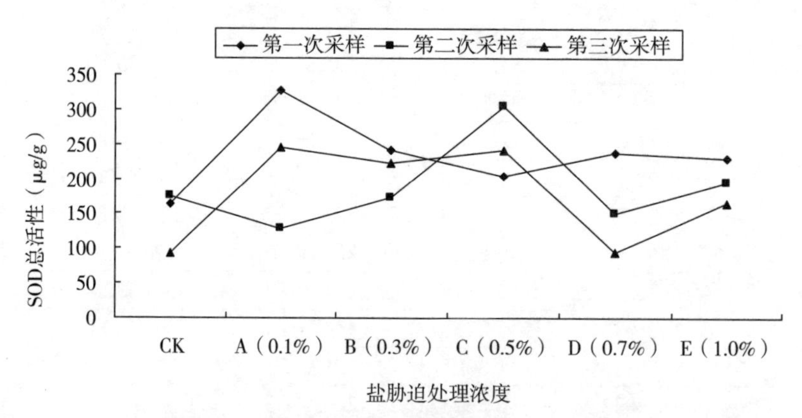

图3-70　不同测试时间刺黑竹叶片SOD含量变化

由表3-24以及图3-68~图3-70可知，盐胁迫处理下，花叶唐竹、小琴丝竹和刺黑竹三种竹子在不同取样时间测试的SOD均值，花叶唐竹呈先降后升趋势，但5月3日和5月13日取样测试均值均显著小于4月22日的测试值；小琴丝竹则呈先升后降的趋势，但5月3日和5月13日取样测试均值均显著高于4月22日的测试值；而刺黑竹呈连续下降的趋势。显示出三种竹子在盐胁迫下SOD值不同的变化趋势，表现出迥然不同的耐盐性特征，与实际观察到的现象相吻合。

（4）盐胁迫对竹类植物叶片过氧化物酶（POD）含量的影响

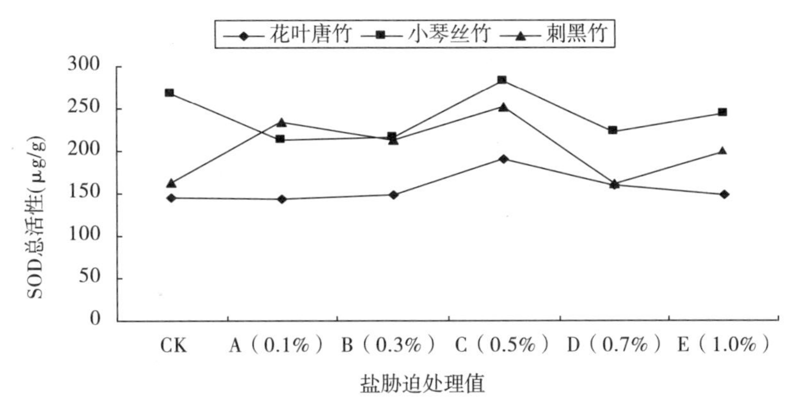

图3-71　盐胁迫对竹类植物POD含量的影响

盐胁迫对竹类植物POD含量变化的方差分析　表3-25

竹种	因子	平方和	自由度	均方	*F*值	显著性
花叶唐竹	处理	80208.79	5	16041.76	0.1166	0.9862
	组内	1649650	12	137470.8		
	总数	1729858.8	17			
小琴丝竹	组间	24171.12	5	4834.22	0.1513	0.9756
	组内	383339.81	12	31944.98		
	总数	407510.94	17			

由表3-25、图3-71可见，随着盐处理浓度的增加，花叶唐竹和小琴丝竹POD含量总体呈上升趋势，花叶唐竹在盐度处理值为0.5%时达到最高值，小琴丝竹则在盐度处理值为0.3%时达最大值；而刺黑竹POD含量随盐度处理值增加表现为“升—降—升—降—升”，总体变现呈下降趋势，在盐度处理值为0.1%时POD值最高，可见与其他两种竹子相比刺黑竹对盐胁迫是最敏感的。

不同测试时间竹子叶片POD含量　表3-26

测试时间	盐度梯度	POD［μg/（g·min）］			
		花叶唐竹	小琴丝竹	刺黑竹	均值
4月22日	CK	362.22	215.56	1472.22	683.33
	A（0.1%）	680.00	137.78	1664.44	827.41
	B（0.3%）	908.89	304.44	1453.33	888.89
	C（0.5%）	997.78	111.11	1894.44	1001.11
	D（0.7%）	615.56	208.89	952.78	592.41
	E（1.0%）	875.56	293.33	1327.78	832.22
	均值	740.00	211.85	1460.83	804.23
5月3日	CK	69.44	183.33	1061.11	437.96
	A（0.1%）	277.78	86.11	677.78	347.22
	B（0.3%）	163.89	136.11	377.78	225.93
	C（0.5%）	227.78	58.33	469.44	251.85
	D（0.7%）	91.67	56.94	298.61	149.07
	E（1.0%）	116.67	98.61	518.06	244.44
	均值	157.87	103.24	567.13	276.08
5月13日	CK	293.33	333.33	106.67	244.44
	A（0.1%）	146.67	477.78	444.44	356.30
	B（0.3%）	93.33	502.22	177.78	257.78
	C（0.5%）	75.56	402.22	357.78	278.52
	D（0.7%）	117.78	502.22	162.22	260.74
	E（1.0%）	131.11	382.22	53.33	188.89
	均值	142.96	433.33	217.04	264.44

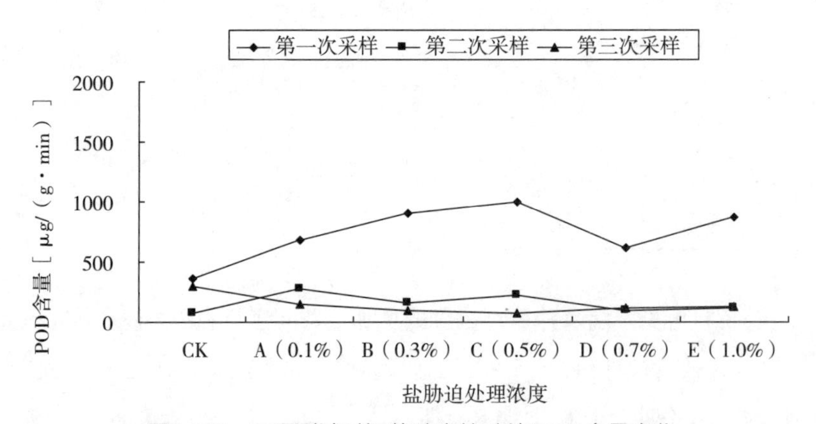

图3-72　不同测试时间花叶唐竹叶片POD含量变化

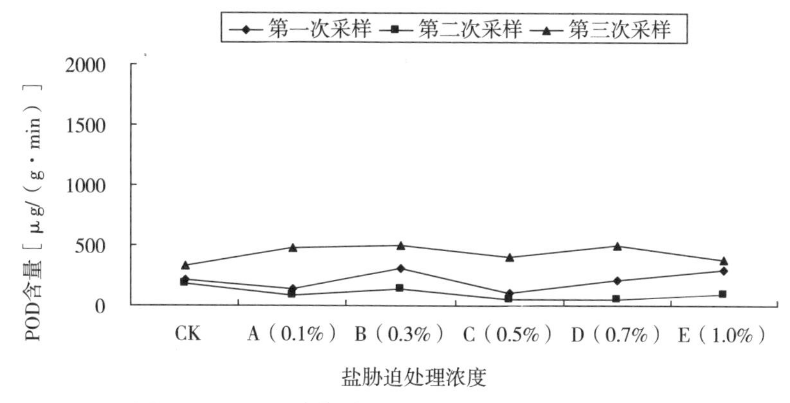

图3-73 不同测试时间小琴丝竹叶片POD含量变化

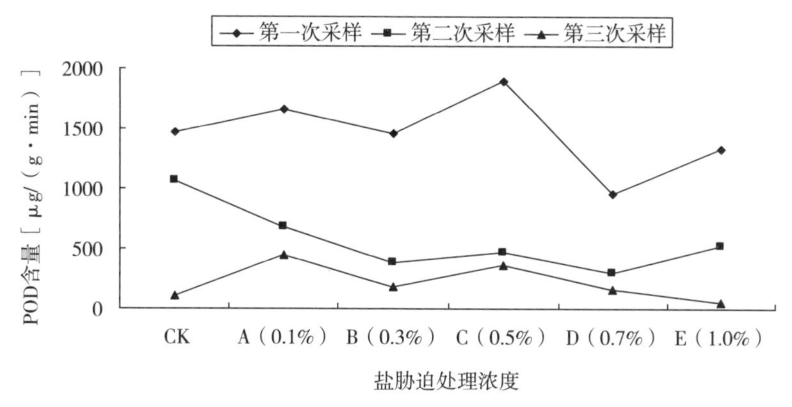

图3-74 不同测试时间刺黑竹叶片POD含量变化

由表3-26以及图3-72~图3-74可知，盐胁迫处理下，花叶唐竹、小琴丝竹和刺黑竹三种竹子在不同取样时间测试的POD均值，花叶唐竹和刺黑竹均呈连续显著下降的趋势，花叶唐竹5月3日和5月13日取样测试的POD均值仅为4月22日测试值的21.3%和19.3%，刺黑竹5月3日和5月13日取样测试的POD均值仅为4月22日测试值的38.8%和14.9%。而小琴丝竹则呈明显的先降后升的趋势，其5月3日和5月13日取样测试均值分别为4月22日测试值的48.7%和204.5%，显示出小琴丝竹在盐胁迫下POD值与其他两种竹子的明显区别。

（5）盐胁迫对竹类植物叶片过氧化氢酶（CAT）含量的影响

由表3-27、图3-75可见，随着盐处理浓度的增加，小琴丝竹和刺黑竹CAT含量在0.1%和0.3%时呈上升趋势，此后先降再升；而花叶唐竹则是升降交替，但在1.0%时三种竹子的CAT值均比对照高。

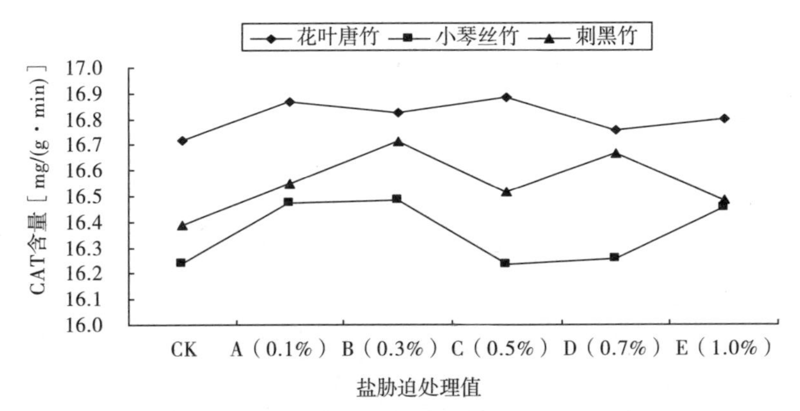

图3-75　盐胁迫对竹类植物CAT含量的影响

盐胁迫对竹类植物CAT含量变化的方差分析　表3-27

竹种	因子	平方和	自由度	均方	*F*值	显著性
花叶唐竹	处理	0.0610508	5	0.01221	0.007273	0.999983
	组内	20.145084	12	1.678757		
	总数	20.206135	17			
小琴丝竹	组间	0.2337372	5	0.046747	0.024527	0.999651
	组内	22.871198	12	1.905933		
	总数	23.104936	17			
刺黑竹	组间	0.5639663	5	0.112793	0.058356	0.997194
	组内	23.193975	12	1.932831		
	总数	23.757941	17			

不同测试时间竹子叶片CAT含量　表3-28

测试时间	盐度梯度	CAT［mg/（g·min）］			
		花叶唐竹	小琴丝竹	刺黑竹	均值
4月22日	CK	17.4344	17.0756	17.0000	17.1700
	A（0.1%）	17.5667	16.7167	17.1322	17.1385
	B（0.3%）	17.5100	17.0567	17.3589	17.3085
	C（0.5%）	17.6611	17.2456	16.5844	17.1637
	D（0.7%）	17.4722	16.8489	17.3022	17.2078
	E（1.0%）	17.6044	17.4344	17.1700	17.4030
	均值	17.5415	17.0630	17.0913	17.2319
5月3日	CK	17.5478	17.1889	17.2833	17.3400
	A（0.1%）	17.6800	17.5289	17.6044	17.6044
	B（0.3%）	17.5289	17.3211	17.5478	17.4659

续表

测试时间	盐度梯度	CAT［mg/（g·min）］			
		花叶唐竹	小琴丝竹	刺黑竹	均值
5月3日	C（0.5%）	17.5667	17.0000	17.3022	17.2896
	D（0.7%）	17.5289	17.0756	17.6233	17.4093
	E（1.0%）	17.5478	17.1700	17.5478	17.4219
	均值	17.5667	17.2141	17.4848	17.4219
5月13日	CK	15.1678	14.4500	14.8844	14.8341
	A（0.1%）	15.3567	15.1678	14.9033	15.1426
	B（0.3%）	15.4322	15.0733	15.2244	15.2433
	C（0.5%）	15.4133	14.4500	14.6578	14.8404
	D（0.7%）	15.2622	14.8467	15.0733	15.0607
	E（1.0%）	15.2433	14.7522	14.7333	14.9096
	均值	15.3126	14.7900	14.9128	15.0051

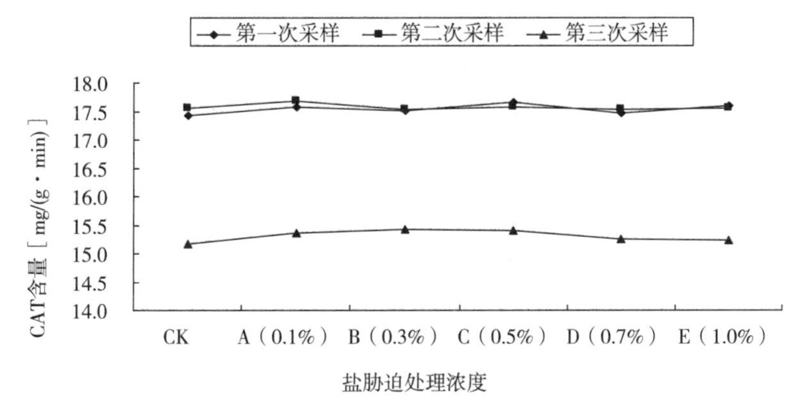

图3-76　不同测试时间花叶唐竹叶片CAT含量变化

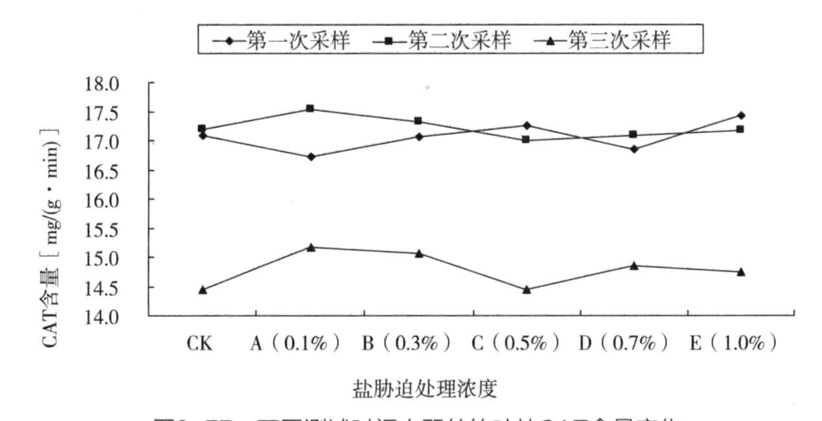

图3-77　不同测试时间小琴丝竹叶片CAT含量变化

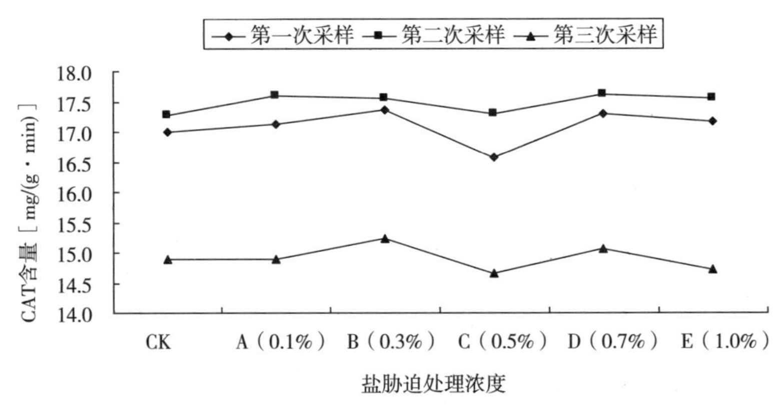

图3-78　不同测试时间刺黑竹叶片CAT含量变化

由表3-28以及图3-76~图3-78可知，盐胁迫处理下，花叶唐竹、小琴丝竹和刺黑竹三种竹子在不同取样时间测试的CAT均值均先呈小幅上升后下降的趋势。花叶唐竹、小琴丝竹和刺黑竹5月3日测试的CAT均值分别为4月22日测试值的100.1%、100.9%和102.3%，而5月13日测试的CAT均值分别为4月22日测试值的87.3%、86.7%和87.3%。

（6）盐胁迫对竹类植物叶片脯氨酸（Pro）含量的影响

为进一步验证、摸清盐胁迫对竹类植物脯氨酸含量的影响，课题组再次分别于4月22日（盐处理后第12天）、5月3日（盐处理后第22天）和5月13日（盐处理后第32天）取样送不同的实验室分析花叶唐竹、小琴丝竹和刺黑竹脯氨酸含量。

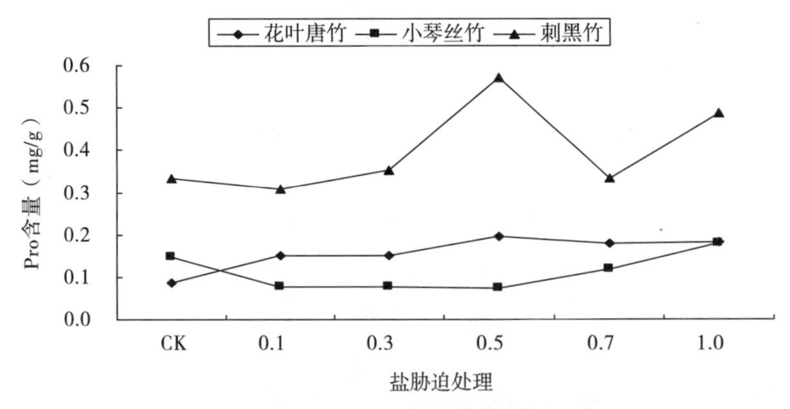

图3-79　盐胁迫对竹类植物脯氨酸含量的影响

由表3-29、图3-79可见，随着盐处理浓度的增加，花叶唐竹、刺黑竹和小琴丝竹Pro含量总体呈上升趋势，即随着盐胁迫浓度的提高，三种竹子的Pro含量也跟着增加，与本文3.3.4节的研究结果基本一致。花叶唐竹、刺黑竹和小琴丝竹三种竹子Pro达到最大值的盐处理浓度分别为：1.0%、0.5%和1.0%，可见刺黑竹对盐胁迫在三种竹子中是最敏感的，亦即最不耐盐的，这与陈松河等（2012）对5种竹子在NaCl胁迫下形态与生长活力的影响的研究结论是相符的。

盐胁迫对竹类植物脯氨酸含量变化的方差分析 表3-29

竹种	因子	平方和	自由度	均方	*F*值	显著性
花叶唐竹	处理	0.0228	5	0.0045	0.3022	0.9022
	组内	0.1815	12	0.0151		
	总数	0.2044	17			
小琴丝竹	组间	0.0301	5	0.0060	2.3578	0.1037
	组内	0.0307	12	0.0025		
	总数	0.0608	17			
刺黑竹	组间	0.1693	5	0.0338	0.2880	0.9105
	组内	1.4111	12	0.1175		
	总数	1.5805	17			

不同测试时间竹子叶片Pro含量 表3-30

测试时间	盐度梯度	Pro（mg/g）			
		花叶唐竹	小琴丝竹	刺黑竹	均值
4月22日	CK	0.0637	0.2479	0.0398	0.1171
	A（0.1%）	0.0755	0.0321	0.0995	0.0691
	B（0.3%）	0.1099	0.0380	0.1126	0.0868
	C（0.5%）	0.1234	0.0551	0.1155	0.0980
	D（0.7%）	0.1150	0.1136	0.1906	0.1397
	E（1.0%）	0.0721	0.1863	0.2839	0.1808
	均值	0.0933	0.1122	0.1403	0.1153
5月3日	CK	0.0557	0.0874	0.1312	0.0914
	A（0.1%）	0.1705	0.1034	0.2325	0.1688
	B（0.3%）	0.1489	0.0940	0.1955	0.1461
	C（0.5%）	0.0825	0.0641	0.6700	0.2722
	D（0.7%）	0.0771	0.0761	0.2579	0.1370
	E（1.0%）	0.0740	0.1308	0.2751	0.1600
	均值	0.1015	0.0926	0.2937	0.1626
5月13日	CK	0.1383	0.1039	0.8297	0.3573
	A（0.1%）	0.2091	0.0918	0.5875	0.2961
	B（0.3%）	0.1968	0.1007	0.7465	0.3480
	C（0.5%）	0.3778	0.0984	0.9233	0.4665
	D（0.7%）	0.3429	0.1675	0.5479	0.3528
	E（1.0%）	0.4009	0.2260	0.9035	0.5101
	均值	0.2776	0.1314	0.7564	0.3885

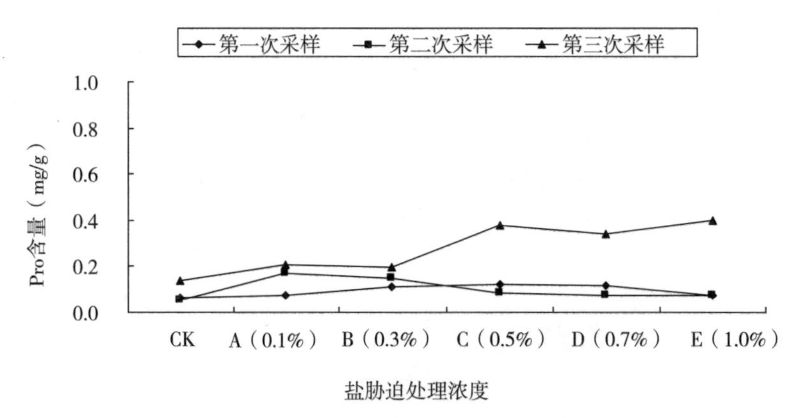

图3-80　不同测试时间花叶唐竹叶片Pro含量变化

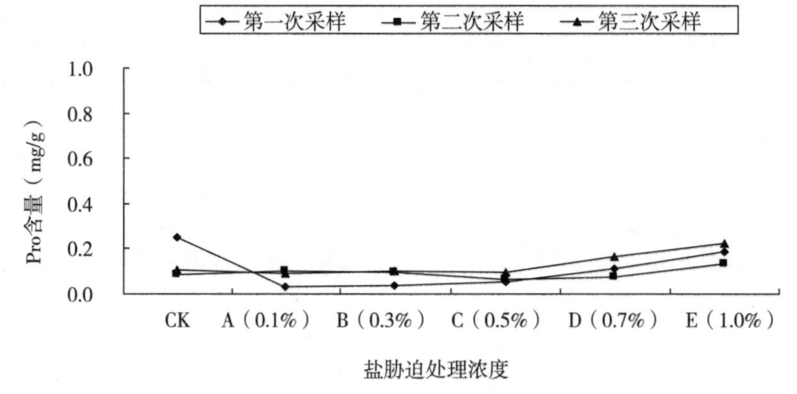

图3-81　不同测试时间小琴丝竹叶片Pro含量变化

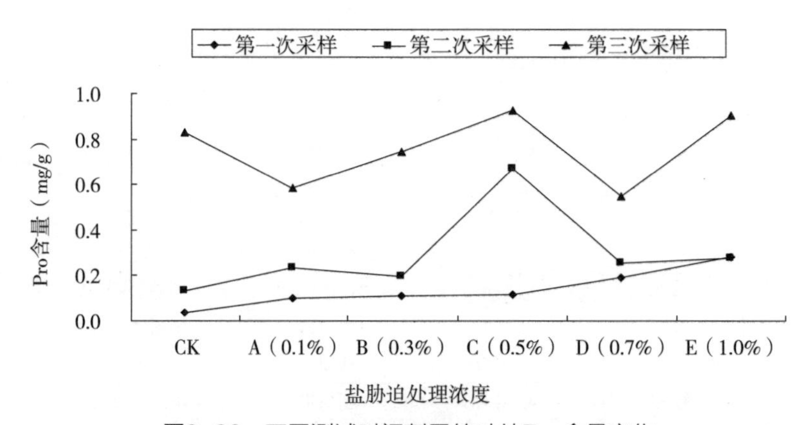

图3-82　不同测试时间刺黑竹叶片Pro含量变化

由表3-30以及图3-80~图3-82可知，盐胁迫处理下，花叶唐竹、小琴丝竹和刺黑竹三种竹子在不同取样时间测试的Pro均值均呈上升的趋势。尤其以刺黑竹变化最为明显，其5月3日和5月13测试的Pro均值分别为4月22日测试值的209.3%和539.1%。

3.3.12 8项指标对5种竹子耐盐能力大小的综合评价

将3.3.2~3.3.7节盐胁迫分别对5种竹子叶片叶绿素a（C_a）、叶绿素b（C_b）、叶绿素a+b（C_a+C_b）、丙二醛（*MDA*）、游离脯氨酸（*Pro*）、质膜透性（*RPMP*）、组织含水量（*RWC*）和水分饱和亏缺（WSD）等8项指标的影响进行汇总（表3-31），以这8项指标综合评价花叶唐竹、小琴丝竹、刺黑竹、毛凤凰竹和匍匐镰序竹这5种竹子耐盐能力大小。

8项指标对5种竹子耐盐性大小的综合评价 表3-31

竹种名称	C_a	排序	C_b	排序	C_a+C_b	排序	*MDA*	排序	*Pro*	排序	*RPMP*	排序	*RWC*	排序	*WSD*	排序	总均值	总排序
花叶唐竹	0.3635	5	0.4063	5	0.4258	5	0.8558	1	0.4715	4	1.0000	1	0.9914	1	0.7800	1	1.7684	2
小琴丝竹	0.7146	1	0.6582	1	0.7647	1	0.5807	3	0.9844	1	0.6403	3	0.4916	2	0.5322	2	1.2104	1
刺黑竹	0.5416	4	0.6352	2	0.6724	2	0.0760	5	0.5905	2	0.2059	4	0.2839	4	0.4646	4	1.9044	4
毛凤凰竹	0.6037	3	0.4697	4	0.5885	4	0.4905	4	0.5005	3	0.7340	2	0.4356	3	0.5065	3	1.8956	3
匍匐廉序竹	0.6610	2	0.6160	3	0.6284	3	0.5849	2	0.0827	5	0.1924	5	0.1051	5	0.3232	5	2.0746	5

由表3-31可见，用单一指标来衡量5种竹子的耐盐能力大小，结果（排序）不尽相同，综合8项测试指标对5种竹子耐盐能力大小的评价结果（总排序），5种竹子的耐盐能力大小为：小琴丝竹>花叶唐竹>毛凤凰竹>刺黑竹>匍匐镰序竹。

3.3.13 小琴丝竹种子成分和特性的研究（种子盐度处理发芽试验）

小琴丝竹（*Bambusa multiplex* ‘Alphonse-Karr’），别名花孝顺竹。属于禾本科竹亚科簕竹属植物，是园林景观绿化中非常重要的观赏竹类，观赏价值极高，在我国园林中应用非常广泛。笔者于2012年1~4月在开展承担的相关课题工作时，对厦门地区竹类植物进行实地调查研究，于厦门市思明区前埔北区汉伟英语幼儿园内采集制作了该竹的具花标本，并收集到了其种子。该竹子栽植于该园内东侧围墙边，共有3丛，其中1丛竹子开花，竹子生长的地势平坦，土壤为沙壤土，土壤的盐度为0.33%，水肥条件一般。繁殖器官是植物分类鉴定的一个重要依据，笔者查阅了《中国植物志》第九卷第一分册（耿伯介等，1996）、《中国植物志》（Flora of China）（Wu Zhengyi and Peter H. Raven，2007）及其他相关文献资料（梁天干等，1987；陈守良等1988；朱石麟等，1994；易同培等，2008；陈松河，2009，；史军义等，2012），发现均无关于该竹种子的描述、记录和研究，本文首次对其种子的成分和特性进行研究，旨在为今后进一步开发利用和相关研究提供科学依据。

（1）研究方法

1）形态特征（陈松河等，2007；陈松河，2009；董文渊等，2002）：取新鲜种子，观察记录其形态。用游标卡尺测量带稃片和去稃片种子长度和直径，每组测定30粒，共3组，取其平均值。

2）将成熟种子上的外壳（内稃、外稃）、废种子、夹杂物去除后，测定其净度、含水量、千粒重（周陛勋等，1986；叶力勤等，2004；高润梅等，2005；陈叶，2005）。

3）发芽率试验（赵春章等，2007）：

A．实验室种子发芽试验：分3组处理，每组均用纯净水浸种保湿，每组试验种子数均为60粒，取平均值得出其发芽率。

B．不同盐度处理发芽率试验：分别用0.1%、0.3%、0.5%、0.7%、1.0%、0.0%（CK）NaCl溶液浓度作为发芽试验浸种保湿溶液，每个处理3个重复，每个重复试验种子数均为60粒（为采后第1天的种子），取平均值得出每种处理的平均发芽率。试验地位于厦门市园林植物园。

（2）小琴丝竹种子的主要成分

小琴丝竹去稃片种子可溶性蛋白、可溶性糖、游离脯氨酸、超氧化物歧化酶（SOD）、过氧化物酶（POD）、过氧化氢酶（CAT）、丙二醛（MDA）含量测定结果见表3-32。

小琴丝竹种子的主要成分　表3-32

测定项目	可溶性蛋白（mg/g）	可溶性糖（mmol/g）	游离脯氨酸（mg/g）	SOD（μg/g）	POD［μg/（g·min）］	CAT（mg/g）	MDA（μmol/g）
测定结果	40.694	14.670	0.292	164.522	51.389	19.947	0.064

注：每个项目指标的*V/FW*均是10。

（3）小琴丝竹种子的特性

小琴丝竹种子于2012年4~5月种子成熟期采收，随即进行相关特性的分析测定。

1）种子形态特征（图3-83）：小琴丝竹的果实为颖果。带稃片果实细狭长圆形，长1.5~2.2cm，直径2.0~3.0mm，灰白色；去稃片果实为细长椭圆形，长0.9~1.3cm，直径1.6~2.8mm，棕褐色，种皮较薄、无毛，腹沟明显，基部尖，顶端残存有花柱基部形成的喙，胚乳丰富、乳白色。

图3-83　小琴丝竹种子形态　图内左侧为带稃片种子；右侧为去稃片种子

2）种子的净度：经净度测定，小琴丝竹种子的净度为90.07%，净度较高。

3）种子的含水量：称取经净度测定后留下的纯净种子3份，重量各为10g，放入105℃烘箱内，将种子烘至恒重后，测定其种子平均含水量为16.7%。小琴丝竹种子含水量较高，且富含碳水化合物，储藏过程中很容易发生霉变，而丧失生活力，不耐久藏。故应随采随播，尽快育苗。

4）种子千粒重：小琴丝竹种子带壳（内稃、外稃）千粒重为50.186g，去壳千粒重为46.000g。

5）种子发芽率：

A．实验室种子发芽试验结果表明（图3-84），小琴丝竹种子在采后第1天、第5天、第10

天、第15天、第20天的平均发芽率分别为89.6%、75.5%、56.7%、43.1%、15.7%，可见随着播种时间的推移，种子发芽率急剧下降。故应随采随播，尽快育苗。

B．不同盐度处理发芽率试验结果表明，小琴丝竹种子在0.1%、0.3%、0.5%、0.7%、1.0%、0.0%（CK）NaCl溶液浓度下种子平均发芽率分别为43.7%、22.9%、14.9%、10.1%、4.9%、89.6%，可见随着NaCl溶液浓度的提高，小琴丝竹种子平均发芽率成倍急剧下降。

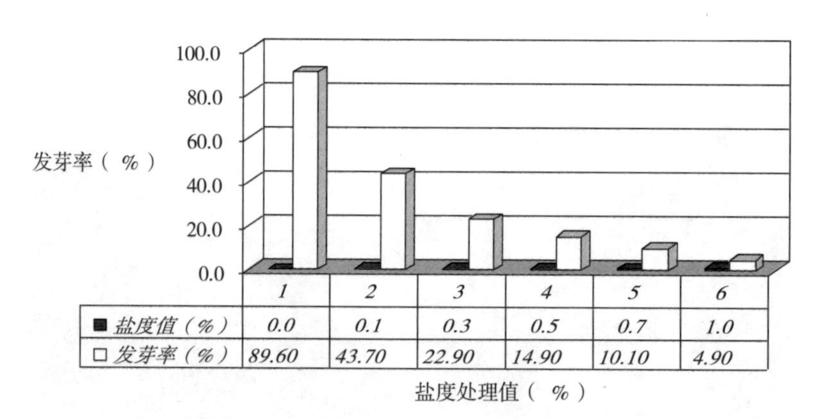

	1	2	3	4	5	6
■ 盐度值（%）	0.0	0.1	0.3	0.5	0.7	1.0
□ 发芽率（%）	89.60	43.70	22.90	14.90	10.10	4.90

图3-84　不同盐度处理小琴丝竹种子的发芽率

（4）结论与讨论

1）小琴丝竹种子成分含量分别为可溶性蛋白40.694mg/g，可溶性糖14.670mmol/g，游离脯氨酸0.292mg/g，超氧化物歧化酶（SOD）164.522 μg/g，酶（POD）51.389 μg/（g•min），氧化氢酶（CAT）19.947mg/g，丙二醛（MDA）0.064 umol/g。

2）小琴丝竹的果实为颖果。带稃片果实细狭长圆形，长1.5~2.2cm，直径2.0~3.0mm，灰白色；去稃片果实为细长椭圆形，长0.9~1.3cm，直径1.6~2.8mm，棕褐色，种皮较薄、无毛，腹沟明显，基部尖，顶端残存有花柱基部形成的喙，胚乳丰富、乳白色。

3）小琴丝竹种子的净度为90.07%、千粒重46.000g，含水量达16.7%。发芽率试验表明：随着播种时间的推移，种子发芽率急剧下降；随着NaCl溶液处理浓度的提高，小琴丝竹种子平均发芽率成倍急剧下降。

4）该竹种虽分布极广，但其开花结果非常罕见，仅见一丛开花，其结实率非常低（仅8%~10%），种子数量有限，且由于其不耐储存，还有不少成分和特性因此无法更进一步进行分析测定。

3.3.14　盐胁迫对竹类植物形态和生长活力的影响

土壤盐渍化是威胁生态安全和人类生存的重要环境问题之一（教忠意等，2008），是影响农林业生产和生态环境的严重问题（赵可夫等，1999）。我国现有盐渍土面积约为$2.7\times10^{7}hm^{2}$，几乎占全国陆地面积的1/3，在东部沿海一带、东北和西北内陆等地域均有分布（谢安德等，2012；林栖凤等，2000）。开发和利用如此大面积的盐碱地，不仅有助于增加我国农业可利用土地资源，缓解我国农业用地短缺矛盾，也可以极大地改善生态环境，增加绿色植被，提高森林覆盖率。

竹类植物是我国森林生态系统的重要组成部分，具有重要的经济和观赏价值（张梅等，2007）。竹类植物具有生长迅速、自我繁殖能力强、用途广泛、经济价值高等特点，其地下茎相互盘结，是防风固沙的理想植被，也是滨海地区园林绿化的理想树种（荣俊冬等，2007）。

我国东南沿海地区的气候适合竹子的生长。然而，该地区受海洋的持续影响比较大，海岸线长，土壤多为风积沙土与潮积沙土，结构差，保水性差，肥力低，含盐量高，并受海风影响，空气中有较高的盐分，对植物的生长影响较大，严重影响了园林绿化及农林业的生产与发展（张梅等，2007）。竹类为非盐生植物，对土壤盐分敏感，在土壤盐分较高的地区，竹类的受害情况首先表现在叶片形态的变化上，再者因为根系是植物与环境接触的重要界面，土壤环境对植物的影响首先作用于根，根系感受逆境信号后产生相应的生理变化。盐胁迫会抑制根系生长，引起植物体内离子失衡（Cramer GR，et a1，1986）。本试验以竹类叶片、根系形态变化和根系活力为指标，比较不同竹种的耐盐性，以期对滨海地区耐盐竹类的推广应用提供科学的参考依据。

（1）材料与方法

1）试验材料

试验材料均取自厦门市园林植物园竹类植物区。选用2年生健壮竹鞭繁殖的盆栽竹子为试验材料，5种竹子分别为花叶唐竹（*Sinobambusa tootsik* var. *luteolo-albo-striata*）、小琴丝竹（*Bambusa multiplex* ‘Alphonse-karr’）、刺黑竹（*Chimonobambusa neopurpurea*）、毛凤凰竹（*Bambusa multiplex* var. *incana* ）和匍匐镰序竹（*Drepanostachyum stoloniforme*）。试验用盆为330mm×270mm白色塑料花盆。所用土壤统一用自配营养土，pH值为7.0。

2）试验方法

A. 采用竹子盆栽试验。于2011年4月份在光照、水分等条件一致的圃地埋鞭装盆，塑料盆每盆装土4.5 kg，统一用自来水浇灌，待竹子全部成活后，移至光照条件一致的玻璃大棚内。2012年4月11日进行第一次土壤盐化处理，试验设置6个盐度水平，3个重复，6个盐度水平分别为CK（自来水），S1（0.1% NaCl水溶液），S2（0.3%），S3（0.5%），S4（0.7%），S5（1.0%）。试验过程中，视盆土干湿情况，每隔3~5d浇约2 kg（以浇透盆土为准）相应浓度NaCl水溶液，保持每种处理的土壤盐分浓度。观察5种试验竹种的盐害现象，至叶子出现大部分叶尖、叶缘变黄时停止盐处理。盐处理时间为2012年4月11日~2012年5月27日。盐处理期间每隔7d或10d取各处理植株中部成熟叶片和根系等分析测试相关生理生态指标及培养土实际含盐量。试验地位于厦门市园林植物园。

B．竹类植物盐害等级判定。按陈松河等（2013）的方法判定。

C．项目测定及方法。分竹种、分不同处理各取竹子中部叶片30片以上实测后取平均值统计各竹子的叶焦枯比例；根系活力的测定、分析参照张雄（1982）、万贤崇等（1995）的方法，剪取大小一致的根尖0.25g，加入磷酸缓冲液（pH=7.5）和0.4%TTC各3mL的混合液，37℃下黑暗中保温3h后加1.5mL 2mol / L硫酸终止反应。根系取出后吸干，用5mL乙酸乙酯匀浆、2000 rpm离心15min取上清液在485 nm处读消光度（*OD*）值。不同盐度处理根系形态变化情况，采用扫描电镜观察并拍照，方法参照文献（税玉民等，1999）。

3）统计分析

对室内分析测试得到的实验数据进行标准化或归一化处理后，用Excel软件进行绘图（宇传华等，2002）。用SPSS软件进行回归分析和方差分析（苏金明等，2002）。

（2）结果与分析

1）NaCl胁迫对竹类植物叶片形态的影响

NaCl胁迫下五种竹类叶片焦枯比值与盐害等级　表3-33

盐度处理值（%）	花叶唐竹		小琴丝竹		刺黑竹		毛凤凰竹		匍匐镰序竹	
	叶片焦枯比值（%）	盐害等级	叶片焦枯比值（%）	盐害等级	叶片焦枯比值（%）	盐害等级	叶片焦枯比值（%）	盐害等级	叶片焦枯比值（%）	盐害等级
CK	0.0	0	0.0	0	0.0	0	0.0	0	0.0	0
0.1	17.8	1	19.2	1	28.7	1	17.0	1	20.0	1
0.3	42.6	2	31.3	2	36.7	2	28.8	1	29.4	1
0.5	48.2	2	32.9	2	61.7	3	42.0	2	46.5	2
0.7	52.3	2	41.3	2	68.0	3	50.4	2	60.9	3
1.0	60.9	3	41.7	2	69.0	3	100.0	4	100.0	4

注：1. 本表调查数据为盐度处理后第48天取样测定的；
2. 毛凤凰竹盐度处理值为1.00%时叶片落光，其叶片焦枯比值（%）以100.0表示；
3. 匍匐镰序竹盐度处理值为1.00%时植株死亡，其叶片焦枯比值（%）以100.0表示。

由表3-33和图3-85可知，当盐度处理值达到1.0%时，小琴丝竹盐害等级为2级，其余竹种均达到3级或3级以上，可见小琴丝竹耐盐能力是最强的；当盐度处理值达到1.0%时，花叶唐竹叶片焦枯比值小于刺黑竹、毛凤凰竹和匍匐廉序竹，可见花叶唐竹的耐盐能力大于刺黑竹、毛凤凰竹和匍匐廉序竹；当盐度处理值达到0.7%时，毛凤凰竹盐害等级达到2级，而刺黑竹已经达到3级，可见毛凤凰竹的耐盐能力大于刺黑竹；而当盐度处理值达到1.0%时，刺黑竹盐害等级达到3级，而匍匐廉序竹已达到4级，可见刺黑竹的耐盐能力大于匍匐廉序竹。总之，5种竹子叶片焦枯比值随着盐度处理值的增加而增加，5种竹子的耐盐能力不同，大小依次为：小琴丝竹>花叶唐竹>毛凤凰竹>刺黑竹>匍匐镰序竹。该结果与3.3.12节中根据8项指标对5种竹子耐盐能力大小的综合评价得出的这5种竹子耐盐能力大小的评价结果完全一致。可见，通过竹类植物叶片的变化（叶片焦枯比值大小），根据陈松河等（2013）确定的盐害等级判定标准，可以准确快速地判别竹类植物受盐害的程度，从而及时采取措施加以解决。

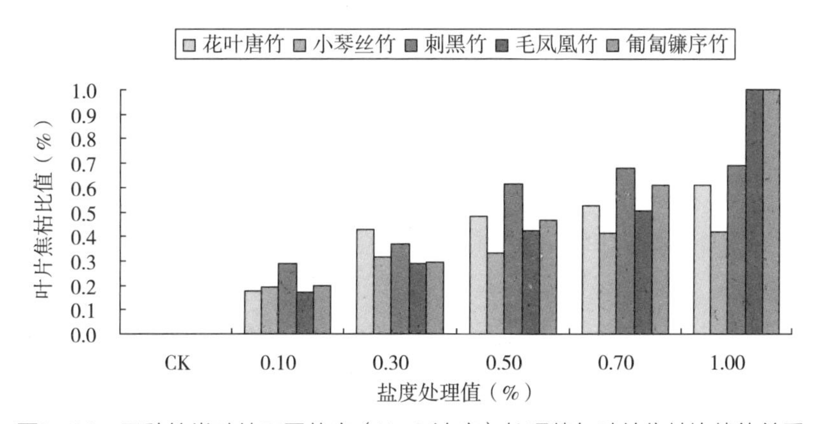

图3-85　五种竹类叶片不同盐度（NaCl浓度）处理值与叶片焦枯比值的关系

2）NaCl胁迫对竹类植物根系形态的影响

不同盐度处理盆栽竹子，盐分通过土壤环境影响竹类根系的生长，外在表现为根系表面会发生不同程度的颜色变化，总体表现为颜色由鲜黄色逐渐向深黄色直至深褐色的变化规律。本研究以刺黑竹盆栽苗处理后的第35天取根样进行扫描电镜观察并拍照可见〔见附录2（2）〕，根系切片形态中根毛、表皮、厚壁组织、皮层薄壁细胞、内皮层、中柱鞘等颜色随盐度处理浓度的加深，颜色也由浅变深，尤以厚壁组织和中柱鞘变化最为显著。

3）NaCl胁迫对竹类植物根系活力的影响

由表3-34及图3-86可知，5种竹类植物用不同盐度处理时其根系活力是各不相同。根系活力测定时间为5月28日，即盐度处理后第38天取样测定的。随着盐度处理值递增，花叶唐竹根系活力，表现为降—升—降—升—升，小琴丝竹表现为降—降—降—升—升，刺黑竹表现为降—升—降—降—升，毛凤凰竹表现为降—降—升—升—降，匍匐镰序竹表现为降—降—升—降—降。总体而言，与CK比较，不同的竹子经不同盐度处理后其根系活力均表现为不同程度的下降。

不同盐度处理下五种竹类根系活力测定值　表3-34

测试时间	盐度梯度	根系活力 [μg/(g·min)]					
		花叶唐竹	小琴丝竹	刺黑竹	毛凤凰竹	匍匐镰序竹	均值
5月28日	CK	6.7452	11.2477	12.4547	16.9104	3.7096	10.2135
	A（0.1%）	1.3733	5.3736	2.9656	4.1850	0.9303	2.9656
	B（0.3%）	4.1439	4.6570	6.3147	2.5596	0.5841	3.6519
	C（0.5%）	2.3629	2.0647	2.6590	3.9061	4.1267	3.0239
	D（0.7%）	3.4739	3.6074	1.9469	8.6443	3.6654	4.2676
	E（1.0%）	9.6526	9.0576	11.0209	6.7203	1.3132	7.5529
	均值	4.6253	6.0013	6.2270	7.1543	2.3882	5.2792

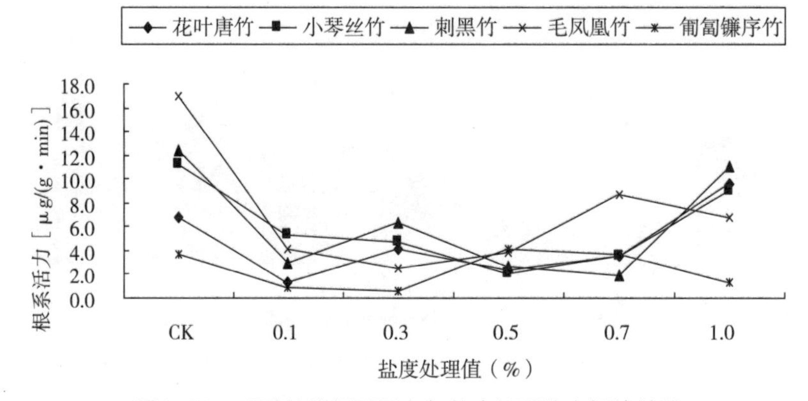

图3-86　五种竹类根系活力与盐度处理值之间的关系

（3）小结与讨论

竹类叶片发生焦枯现象的原因一般有两种，一种是病害如盐害等引起的，另一种是由于缺钾引起的生理病症状。病害首先发生于叶尖，然后随病情的加重，靠近叶尖的叶缘出现褐色的坏死斑，坏死斑慢慢增多，最后连成一片，在叶缘形成一“V”形的枯焦斑。枯焦斑逐渐向叶片其他部分扩散，最终导致叶片的死亡和脱落。病症首先发生于枝条基部的叶片，随病症的加重而逐渐向枝条上部的叶片蔓延。从远处看树叶好像被火烧焦，所以有人称之为“叶焦病”。此病与由缺钾引起的生理病症状非常相似，但前者叶片坏死部分与正常部分的界限明显，且未坏死部分完全正常，而后者叶片坏死部分与正常部分的界限不明显，且未坏死部分往往呈黄绿色（王良睦等，2000）。

NaCl处理胁迫下，竹类植物叶片受害最直观的是体现在叶片焦枯，按照叶片焦枯比值大小可以初步判定其盐害等级及耐盐性大小。试验表明，5种试验竹子的耐盐性大小依次为小琴丝竹>花叶唐竹>刺黑竹>毛凤凰竹>匍匐镰序竹；对根系外观而言，其颜色也会发生变化，一般色泽会逐渐加深，根系切片表明其根毛、表皮、厚壁组织、皮层薄壁细胞、内皮层、中柱鞘等颜色随盐度处理浓度的加深，颜色也由浅变深，尤以厚壁组织和中柱鞘变化最为显著；根系活力与对照相比，不同的竹子经不同盐度处理后其根系活力均表现为不同程度的下降，直至根系腐烂死亡。

3.3.15 两竹类植物新分类群的耐盐性、主要内含物成分和相关特性的研究

万石山思劳竹（*Schizostachyum wanshishanensis* S. H. Chen，K. F. Huang et H. Z. Guo）、中岩茶秆竹（*Pseudosasa zhongyanensis* S. H. Chen，K. F. Huang et H. Z. Guo）分别属于禾本科竹亚科思劳竹属和矢竹属植物，是厦门市园林植物园（简称厦门植物园）陈松河等新近发现命名并已正式发表的竹类新分类群（新种）（陈松河，郭惠珠等，2011；陈松河，黄克福等，2012）。万石山思劳竹植株高大挺拔，顶端细长下垂，枝条细长柔软，叶片宽大翠绿，姿态优美；中岩茶秆竹竹冠窄，竹竿直，枝叶青秀，均具较高观赏价值，目前二者仅见分布于厦门。两竹类新分类群除发表新种的文献外，其他相关研究文献国内外未见，本研究首次对这两个竹类新分类群的耐盐性等生物学特性进行研究报道，旨在为今后的产业开发，特别是在滨海盐碱地的推广应用，以及理论研究提供科学的参考依据。

（1）两竹类新种生长土壤的主要成分

由于两竹类新种生长的位置是相邻（紧挨着）的，本研究按土壤取样的规范做法取土样进行实验室检测，其主要成分含量见表3-35。由于该地是这两个竹类新种的模式标本采集地，其生长发育状况良好，性状稳定，故可以认为该表中的土壤指标是适合这两个竹类新种生长的，特别是表中的电导率值（目前国内外研究者也有用土壤电导率值来表示土壤盐度的）是适合这两种竹类新种生长的土壤盐度。

两竹类新种生长土壤的主要成分含量 表3-35

检测项目	氮（%）	磷（mg/kg）	钾（K_2O）（%）	有机质（%）	pH	电导率（μS/cm）	速率钾（g/kg）	水解氮（mg/kg）	有效磷（mg/kg）
检测结果	0.77	150	4.01	5.16	6.71	59.5	0.07	107	5.7

注：本表数据取样测试的时间为2012年6月29日。

（2）两竹类新种的耐盐性

为探讨这两个竹类新种的耐盐性，本研究采用盆栽实验法。所有供试的万石山思劳竹、中岩茶秆竹相关试验材料均取自于厦门市园林植物园内2个竹类新分类群模式标本采集地内生长正常，无明显病虫害危害的健康竹株。研究田间试验在厦门市园林植物园进行，室内试验

在厦门大学生命科学学院进行。

于2011年4月份，在光照、水分等条件一致的圃地，万石山思劳竹用移植母竹法，中岩茶秆竹用埋鞭法装盆，实验用盆为330mm×270mm白色塑料花盆。所用土壤统一用自配营养土，pH值为6.8~7.2。每盆装土5.5 kg，统一用自来水浇灌，待竹子全部成活后，移至光照条件一致的玻璃大棚内。2012年4月11日进行第一次土壤盐化处理，试验设置6个盐度水平，3个重复，6个盐度水平分别为CK（自来水），S1（0.1%NaCl水溶液），S2（0.3%），S3（0.5%），S4（0.7%），S5（1.0%）。实验过程中，视盆土干湿情况，每隔3~5d浇一次相应浓度的NaCl水溶液，保持每种处理的土壤盐分浓度。盐处理以一次浇透为准，观察2种试验竹种的盐害现象，至叶子出现2级盐害等级（王业遴等，1990；陈松河等，2013）：一半左右叶片尖缘枯焦、黄化，或少量叶片脱落，或失水萎蔫时停止盐处理，分别取两竹子的土壤样本测试土壤的实际含盐量。盐处理时间为2012年4月11日~2012年5月27日。

结果表明，当0.5% NaCl水溶液处理40d后，万石山思劳竹的叶片达到2级盐害等级（即"极限盐度"（王宝山，2010）），此时土壤盐度（土壤实际含盐量）为0.254%；当0.3% NaCl水溶液处理35d后，中岩茶秆竹的叶片达到2级盐害等级，此时土壤盐度为0.182%。试验结果表明，万石山思劳竹的耐盐性高于中岩茶秆竹。

（3）两竹类新种叶片主要内含物成分

植物耐盐性生理生化指标是研究植物耐盐机理和耐盐能力的基础，可以用来评价植物的耐盐性以及筛选优良的耐盐碱植物种质资源（杨升等，2010）。为进一步了解和掌握两竹类新种的内含物和营养元素含量等生物学特性，以期为其今后在盐碱地推广应用时与其他耐盐竹类相关指标进行比较筛选，笔者在其模式产地分别取这2个竹类新种的叶片样本送试验室进行主要内含物和营养元素的检测分析。结果见表3-36和表3-37。

由表3-36、表3-37测试结果可见，2种竹类植物保护性酶SOD、POD和主要营养元素Ca、叶绿素a、叶绿素b含量指标，万石山思劳竹分别是中岩茶秆竹的1.5、5.5和10.6、1.8、2.6倍；可溶性蛋白、CAT指标两者相差不大，前者分别是后者的1.0、1.0倍；而MDA、可溶性糖、Pro、Na、K指标，前者分别是后者的0.9、0.9、0.8、0.6、0.6倍。

两竹类新种叶片主要内含物成分　表3-36

竹种名称	可溶性蛋白（mg/g）	超氧化物歧化酶（SOD）总活性（μg/g）	过氧化物酶（POD）[μg/（g·min）]	过氧化氢酶（CAT）[mg/（g·min）]	丙二醛（MDA）（μmol/g）	可溶性糖（mmol/g）	游离脯氨酸（Pro）（mg/g）
万石山思劳竹	18.800	247.495	377.778	15.054	0.050	10.926	0.269
中岩茶秆竹	19.303	167.193	68.889	14.658	0.053	12.238	0.326

注：本表数据取样测试的时间为2012年5月13日。

两竹类新种叶片主要营养元素成分　表3-37

竹种名称	钠（Na）（mg/kg）	钾（K）（mg/kg）	钙（C_a）（mg/kg）	叶绿素含量			
				C_a（mg/g）	C_b（mg/g）	C_a+C_b（mg/g）	C_a/C_b
万石山思劳竹	51.831	5582.057	5722.759	2.580	1.430	4.050	1.804
中岩茶秆竹	81.032	10083.849	539.596	1.445	0.495	1.961	2.919

注：本表数据取样测试时间为2012年5月11日。

（4）两竹类新种叶片质膜透性

因竹子叶片的质膜透性、组织含水量和水分饱和亏缺与竹子的耐盐性密切相关，本研究取样检测了这2个竹类新种的这3个指标（表3-38）。

两竹类新种叶片质膜透性、组织含水量（RWC）和水分饱和亏缺（WSD）　表3-38

竹种名称	质膜相对透性（%）	叶片组织含水量（%）	水分饱和亏缺（%）
万石山思劳竹	14.1	81.2	18.8
中岩茶秆竹	11.2	92.0	8.0

注：本表数据取样测试时间为2012年5月18日。

由表3-38可见，在相同的立地土壤条件下，万石山思劳竹质膜相对透性和水分饱和亏缺高于中岩茶秆竹，前者分别是后者的1.26倍和2.35倍；而叶片组织含水量前者仅是后者的0.88倍，显示出在相同立地条件下2种竹子叶片不同的生理特性。

（5）两竹类新种根系、叶片内部结构形态观察

在评价植物耐盐性差异时，必须结合植物的结构特点，充分考虑抗盐生理指标的相对大小，同时，又要考虑这些指标的增减幅度和变化趋势，这样才有利于得出较为准确的结论（教忠意等，2008）。另，相关研究也表明，通过竹叶、竹竿、地下茎及竹根的解剖构造以及竹竿和竹营养叶叶片的微形态特征为竹子的系统分类提供了新的证据（吕宏国，2005）。为更好地了解两竹类新种根、叶内部结构形态，本研究取其根、叶切片进行电镜扫描，结果见图3-87和图3-88。可见，2种竹子叶片的内皮层、皮层薄壁组织和厚壁组织等，以及根系根毛、表皮、厚壁组织、皮层薄壁细胞、内皮层、中柱鞘形态、大小差异明显，前者明显大于后者。

（6）结论

1）2个竹类新种的耐盐性存在明显的差异，万石山思劳竹的叶片达到2级盐害等级时，土壤盐度（土壤实际含盐量）为0.254%；而中岩茶秆竹的叶片达到2级盐害等级时，土壤盐度为0.182%。且达到2级盐害等级时后者比前者提前5d。

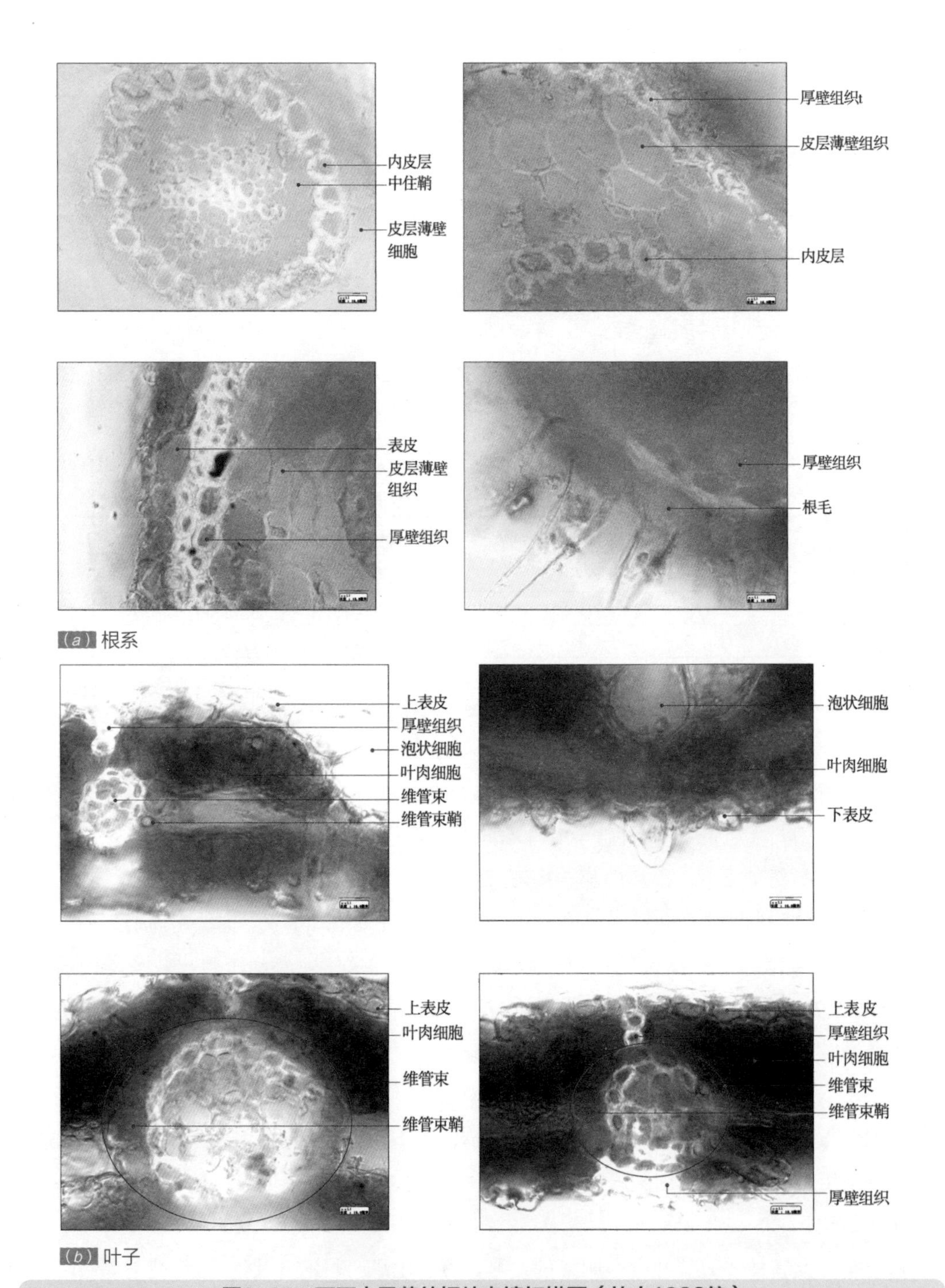

图3-87 **万石山思劳竹切片电镜扫描图（放大1000倍）**

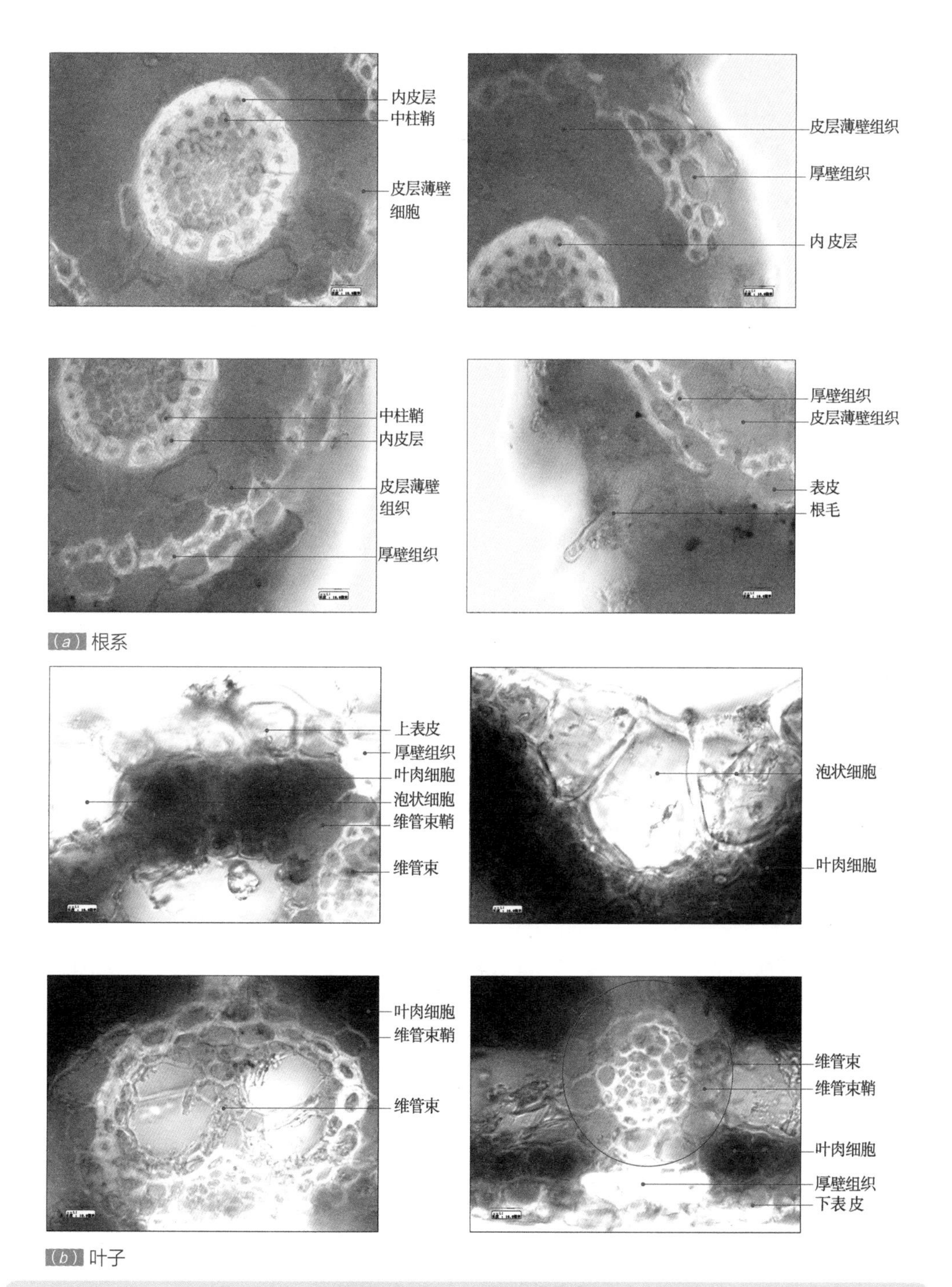

图3-88 **中岩茶秆竹切片电镜扫描图（放大1000倍）**

2）两竹类新种内含物成分和营养元素含量分析测试表明，在相同的立地土壤条件下，两竹类叶片的保护性酶SOD、POD和主要营养元素Ca、叶绿素a、叶绿素b含量指标，万石山思劳竹分别是中岩茶秆竹的1.5、5.5和10.6、1.8、2.6倍；可溶性蛋白、CAT指标两者相差不大，前者均是后者的1.0倍；而MDA、可溶性糖、Pro、Na、K指标，前者分别是后者的0.9、0.9、0.8、0.6、0.6倍。质膜相对透性和水分饱和亏缺万石山思劳竹高于中岩茶秆竹，前者分别是后者的1.26倍和2.35倍；而叶片组织含水量前者仅是后者的0.88倍，显示出在相同立地条件下2种竹子叶片不同的生理特性。

3）竹类叶片和根系切片显示，2种竹子叶片的内皮层、皮层薄壁组织和厚壁组织等，以及根系根毛、表皮、厚壁组织、皮层薄壁细胞、内皮层、中柱鞘形态、大小差异明显，前者明显大于后者。

（7）讨论

万石山思劳竹和中岩茶秆竹均为新近发现、命名和正式发表竹类新分类群（新种）。前者植株高大挺拔，顶端下垂枝条细长柔软，叶片宽大翠绿，姿态优美；后者竹冠窄，竹竿直，枝叶青秀，均具较高观赏价值。目前二者仅见分布于厦门，种源极为稀少，尚未在园林实践中应用，开发应用的潜力大。2个竹类新分类群除发表新种的文献外，其他相关研究文献国内外未见。笔者结合相关研究工作，首次对其耐盐性，以及它们在模式标本地叶片样本的主要内含物成分、主要营养元素成分含量、叶片质膜透性（*RPMP*）、组织含水量（*RWC*）和水分饱和亏缺（*WSD*），以及根系、叶片内部结构形态等生物学特性进行初步研究，以期为2个竹类新种的生物学特性提供新的研究资料，并为其今后的产业开发，特别是在滨海盐碱地的推广应用，提供科学的理论依据。当然笔者对其生物学特性的研究只是初步的，如对其耐盐性的研究，因植物种类不同，发育阶段不同，盐处理方式不同，植物生长的环境不同等都会导致同种植物的耐盐性程度不同（王宝山，2010）。因此，本项目确定的2个竹类植物生长的"极限盐度"值，只是该竹类植物在特定生长发育阶段，特定生长环境（以福建滨海地区为主，特别是厦门盐害地区）的生长"极限盐度"。有关这2种竹子的其他相关生物学特性如生长发育规律、栽培特性、园林应用等本文未有涉及，有待于今后进一步系统深入研究。特别是如何通过分株、扦插、组培等方法扩大繁殖育苗，以更好地满足园林景观配置实践的需要，也是今后研究开发工作的重点。再者，本文测试分析的2个竹类新种的SOD、POD等内含物成分和Na、Ca等营养元素含量，以及叶片质膜透性、组织含水量和水分饱和亏缺等指标，是具有典型意义的常规指标，还有许多实际应用中有重要价值的指标本文没有涉及。本文对2个竹类新种根系、叶片内部结构形态观察，主要目的是为通过微形态特征（切片显微观察）来研究竹子的系统分类提供参考，但因时间和条件限制，暂无法分别将其与近缘种，乃至同属其他种进行系统分析比较，这些均有待于今后进一步深入研究。

第4章

滨海地区耐盐竹类植物的筛选与应用

我国福建、广东、海南等滨海地区由于特殊的自然地理条件等原因，土壤盐渍化严重，土壤含盐量较高，对植物的生长影响较大。所谓盐渍土，其主要特点是含有高浓度盐碱，要达到改良和开发利用，使其能供植物生长，必须将盐碱减少或者除去（赵可夫等，2001）。目前，盐碱地改良利用一般通过三种途径：一是改良土壤，降低土壤盐分含量，为植物生长营造良好环境；二是驯化野生盐生植物，并为生产所用；三是选用盐生植物材料，特别是耐盐树种。长期的生产实践证明，第三种途径最为切实可行，对耐盐植物选优的研究已引起全世界学者的密切关注。事实上，耐盐植物种质资源、植物耐盐性、土壤盐分与植物生长之间的关系研究一直是国内外非常活跃的研究领域。国内外学者对此进行了一些研究，研究成果奠定了植物耐盐研究的基础，对增强植物耐盐性、提高农作物产量和改善盐碱地区生态环境起到重要作用（王志春等，2003）。

国内外对竹类植物的耐盐性研究虽有一些文献报道，但对耐盐竹类的筛选及应用研究却少见系统研究。本项目在对大量滨海地区野外竹类的耐盐性调查研究和进行盐度梯度耐盐性试验研究的基础上，初步确立了竹类的耐盐等级，筛选出适合滨海地区种植的竹类。

4.1 研究方法

4.1.1 竹类植物盐害等级的确定

按陈松河、黄全能等（2013）建立的竹类植物叶片盐害5等级的判别标准进行确定。

4.1.2 竹类耐盐等级的确定

竹类植物耐盐等级标准目前国内外文献未见，本研究参照赵可夫（1999）对滨海土壤盐渍化程度分级指标的划分，将竹类植物的耐盐程度分为4级：Ⅰ级：在含盐量为0.2%~0.1%（含0.1%）范围内正常生长的植物，为轻度耐盐植物；Ⅱ级：在含盐量为0.4%~0.2%（含0.2%）范围内正常生长的植物，为中度耐盐植物；Ⅲ级：在含盐量为0.6%~0.4%（含0.4%）范围内正常生长的植物，为强耐盐植物；Ⅳ级：能够在土壤含盐量超过0.6%（含0.6%）范围内正常生长的植物，为特耐盐植物。

4.1.3 土壤含盐量的确定

滨海盐渍土的形成主要受海水的影响，因此土壤及地下水盐分离子组成中，Na^+—Cl^-占90%以上。土壤含盐量在1~12g/kg范围内时（蔡阿兴，1997）。

（1）本研究将野外测得的土壤电导率值和取部分相应土壤样本回实验室测得的土壤含盐量值进行回归分析，其回归方程为：Y=0.025+3.14X。式中：Y为电导率值（dS/m），X为土壤含盐量（重量法，g/kg），两者在土壤含盐量较低时，其相关系数的平方值达到极显著水平（R^2=0.999）。用电导率值计算所得的土壤含盐量与重量法实测土壤含盐量之间相对误差在5%以下。

（2）本研究中，用不同盐度（NaCl水溶液）处理值〔CK（自来水）、0.1%、0.3%、0.5%、0.7%、1.0%〕进行盐度梯度试验结束后，取其土壤样本进行实际土壤盐度的测定。将土壤实际盐度（y）和不同盐度处理值（x）进行回归分析，两者回归方程为：y=−0.003+0.566x，其相关系数的平方值达到极显著水平（R^2=0.998）。

本项目土壤实际含盐量最后统一换算成百分比（%）形式。

4.2 结果与讨论

下表4-1是根据课题组进行的滨海地区竹类植物野外耐盐性调查和盐度梯度试验研究结果确定的竹子的耐盐情况，其中耐盐性等级达Ⅰ级的有4种（含种以下分类单位，下同），占总数（78种）的5.1%；Ⅱ级的有44钟，占总数的56.4%；Ⅲ级的有28种，占总数的35.9%；Ⅳ级的有2种，占总数的2.6%。

相关文献表明（陈兴业等，2010），根据抗盐能力的大小，植物可分为盐生植物和甜土植物两大类。前者可生长的盐度范围为1.5%~2.0%，如碱蓬、海蓬子等，后者的耐盐范围为0.2%~0.8%。根据研究结果（表4-1）可见，滨海地区竹类植物均属于甜土植物，抗盐能力较弱。

为便于应用，笔者认为表4-1中耐盐性达到Ⅲ级及Ⅳ级的共30个竹种可以作为滨海地区推广应用时优先考虑的耐盐性竹种。实际上，在本项目野外调查中这些竹子也是经常见到的，当土壤含盐量小于表中数值时，竹子生长发育状况良好，高于或等于表中数值时，长势非常差，甚至已经死亡。

滨海地区竹类植物耐盐情况　表4-1

序号	竹类中名	拉丁名	耐盐性（%）	耐盐等级
1	瓜多竹	*Guadua amplexifoli*	0.11	Ⅰ
2	刺黑竹	*Chimonobambusa neopurpurea*	0.12	Ⅰ
3	金竹	*Phyllostachys sulphurea*	0.14	Ⅰ
4	中岩茶秆竹	*Pseudosasa zhangyanensis*	0.18	Ⅰ
5	早园竹	*Phyllostachys propinqua*	0.20	Ⅱ
6	崖州竹	*Bambusa textilis* var. *gracilis*	0.21	Ⅱ
7	乌哺鸡竹	*Phyllostachys vivax*	0.21	Ⅱ
8	倭竹	*Shibataea kumasasa*	0.22	Ⅱ
9	橄榄竹	*Acidosasa gigantea*	0.22	Ⅱ
10	金镶玉竹	*Phyllostachys aureosulcata* 'Spectabilis'	0.23	Ⅱ
11	鹅毛竹	*Shibataea chinensis*	0.27	Ⅱ
12	小叶白斑竹	*Arundinaria suberecta*	0.24	Ⅱ
13	四季竹	*Oligostachyum lubricum*	0.25	Ⅱ
14	长叶苦竹	*Pleioblastus chino* var. *hisauchii*	0.25	Ⅱ
15	人面竹	*Phyllostachys aurea*	0.25	Ⅱ
16	万石山思劳竹	*Schizostachyum wanshishanensis*	0.25	Ⅱ
17	毛凤凰竹	*Bambusa multiplex* var. *incana*	0.27	Ⅱ
18	花叶唐竹	*Sinobambusa tootsik* var. *luteolo-albo-striata*	0.27	Ⅱ
19	唐竹	*Sinobambusa tootsik*	0.27	Ⅱ

续表

序号	竹类中名	拉丁名	耐盐性（%）	耐盐等级
20	篌竹	*Phyllostachys nidularia*	0.27	Ⅱ
21	糯竹	*Cephalostachyum pergracile*	0.28	Ⅱ
22	阔叶箬竹	*Indocalamus latifolius*	0.28	Ⅱ
23	匍匐廉序竹	*Drepanostachyum stoloniforme*	0.29	Ⅱ
24	泰竹	*Thyrsostachys siamensis*	0.30	Ⅱ
25	菲白竹	*Sasa fortunei*	0.30	Ⅱ
26	翠竹	*Sasa pygmaea*	0.30	Ⅱ
27	雷竹	*Phyllostachys praecox* ‘Prevernalis’	0.30	Ⅱ
28	甲竹	*Bambusa remotiflora*	0.31	Ⅱ
29	巨龙竹	*Dendrocalamus sinicus*	0.31	Ⅱ
30	淡竹	*Phyllostachys glauca*	0.31	Ⅱ
31	面竿竹	*Pseudosasa orthotropa*	0.31	Ⅱ
32	菲黄竹	*Sasa auricoma*	0.31	Ⅱ
33	桂竹	*Phyllostachys bambusoides*	0.31	Ⅱ
34	河竹	*Phyllostachys rivalis*	0.31	Ⅱ
35	刚竹	*Phyllostachys sulphurea* var. *viridis*	0.32	Ⅱ
36	高节竹	*Phyllostachys prominens*	0.32	Ⅱ
37	铺地竹	*Pleioblastus argenteostriatus*	0.33	Ⅱ
38	紫竹	*Phyllostachys nigra*	0.33	Ⅱ
39	观音竹	*Bambusa multiplex* var. *riviereorum*	0.33	Ⅱ
40	石绿竹	*Phyllostachys arcana*	0.34	Ⅱ
41	黄竿乌哺鸡	*Phyllostachys vivax* f. *aureocaulis*	0.34	Ⅱ
42	黄条金刚竹	*Pleioblastus kongosonensis* f. *aureo-stratus*	0.35	Ⅱ
43	花吊丝竹	*Dendrocalamus minor* var. *amoenus*	0.37	Ⅱ
44	霞山坭竹	*Bambusa xiashanensis*	0.37	Ⅱ
45	青秆黄竹	*Dendrocalamus membranaceus*	0.38	Ⅱ
46	花竹	*Bambusa albo-lineata*	0.38	Ⅱ
47	长耳吊丝竹	*Dendrocalamus longiauritus*	0.39	Ⅱ
48	斑竹	*Phyllostachys bambusoides* ‘lacrima-deae’	0.39	Ⅱ
49	紫竿竹	*Bambusa textilis* ‘Purpurascens’	0.40	Ⅲ
50	大头典竹	*Dendrocalamopsis beecheyana* var. *Pubescens*	0.40	Ⅲ
51	绿竹	*Dendrocalamopsis oldhamii*	0.41	Ⅲ
52	红竹	*Phyllostachys iridescens*	0.41	Ⅲ
53	妈竹	*Bambusa boniopsis*	0.41	Ⅲ
54	花眉竹	*Bambusa longispiculata*	0.41	Ⅲ
55	坭竹	*Bambusa gibba*	0.42	Ⅲ
56	凤尾竹	*Bambusa multiplex* ‘Fernleaf’	0.43	Ⅲ
57	粉单竹	*Bambusa chungii*	0.47	Ⅲ
58	白哺鸡竹	*Phyllostachys dulci*	0.43	Ⅲ

续表

序号	竹类中名	拉丁名	耐盐性（%）	耐盐等级
59	油竹	*Bambusa surrecta*	0.43	Ⅲ
60	银丝大眼竹	*Bambusa eutuldoides* var. *basistriata*	0.48	Ⅲ
61	鼓节竹	*Bambusa tuldoides* 'Swolleninternode'	0.44	Ⅲ
62	撑麻青竹	*B. pervariabilis* × *D. latiflorus* × *B. textilis*	0.45	Ⅲ
63	簕竹	*Bambusa blumeana*	0.45	Ⅲ
64	黄金间碧玉竹	*Bambusa vulgaris* 'Vittata'	0.46	Ⅲ
65	大眼竹	*Bambusa eutuldoides*	0.46	Ⅲ
66	车筒竹	*Bambusa sinospinosa*	0.46	Ⅲ
67	银丝竹	*Bambusa multiplex* 'Silverstripe'	0.47	Ⅲ
68	角竹	*Phyllostachys fimbriligula*	0.47	Ⅲ
69	青丝黄竹	*Bambusa eutuldoides* var. *viridi-vittata*	0.48	Ⅲ
70	吊罗坭竹	*Bambusa diaoluoshanensis*	0.49	Ⅲ
71	石竹仔	*Bambusa picatorum*	0.51	Ⅲ
72	孝顺竹	*Bambusa multiplex*	0.52	Ⅲ
73	麻竹	*Dendrocalamus latiflorus*	0.52	Ⅲ
74	小佛肚竹	*Bambusa ventricosa*	0.55	Ⅲ
75	青皮竹	*Bambusa textilis*	0.55	Ⅲ
76	小琴丝竹	*Bambusa multiplex* 'Alphonse-Karr'	0.58	Ⅲ
77	大肚竹	*Bambusa vulgaris* ' Wamin'	0.63	Ⅳ
78	大木竹	*Bambusa wenchouensis*	0.65	Ⅳ
	均值		0.36	

注：本表中竹子的耐盐性指的是该竹子达到2级（含2级）盐害等级以上时土壤的实际含盐量，土壤在该含盐量时有些虽没有立即死亡，但是长势非常差，没有观赏或生产价值。

需要说明的是，表4-1是根据本项目调查研究所得确定的竹类植物生长的“极限盐度”，即该竹子达到2级（含2级）盐害等级〔竹子达到2级盐害时为中度盐害，叶尖、叶缘变黄的叶片约占全叶30%（含30%）~60%〕以上时土壤的实际含盐量，与文献（王宝山，2010）所谓的“极限盐度”有所区别。王宝山（2010）认为，所谓植物生长的极限盐度（Limiting Salinity），也称盐度阀值（Salinity Threshold），其含义是植物生长在该盐度范围内，50%以上的植物能正常生长，超过该盐度时，则50%以上的植物其生长受到抑制，产量下降，这一盐度即为该种植物的极限盐度，即植物正常生长的外界最大盐度范围。显然，植物种类不同、发育阶段不同、盐处理方式不同、植物生长的环境不同等都会导致同种植物的极限盐度不一样。因此，本表确定的竹类植物生长的“极限盐度”值，只是该竹类植物在特定生长发育阶段，特定生长环境（以福建滨海地区为主，特别是厦门地区）的生长“极限盐度”。在竹类植物不同生长发育阶段和不同环境条件下确定的生长“极限盐度”可能与此有一定的差异。因此在实际应用时刻表中的数值只能作为参考，综合考虑各种因素，并进行必要的前期试验后才能大规模实施，而不能生搬硬套。

4.3 福建（厦门）滨海盐碱地栽培竹类的主要技术措施

盐碱土是陆地上分布广泛的一种土壤类型。所谓的盐碱土是指土壤中含有钾、钠、钙、镁的氯化物、硫酸盐、重碳酸盐等。另外青藏高原有硼酸盐，吐鲁番盆地有硝酸盐类；或者是土壤含盐量虽少，但土壤交换性钠占阳离子交换量达到了一定比例。盐碱土包含盐土、碱土和盐化土、碱化土。只有土壤含盐量、碱化度达到一定量时，才称之为盐土和碱土。

在我国，从滨海到内陆，从低地到高原都分布着不同类型的盐碱土壤，由于气候变化、灌溉方法不当、过度放牧等原因，土地次生盐渍化现象日益加重。福建省海岸线长（厦门本岛更是四面环海），随着城市人口的增加和各项事业的迅猛发展，土地资源日益紧张，寸土寸金，沿海地区围垦造地现象越来越普遍。海岸地带土壤结构差，肥力低，含盐量高，并受海风影响，空气中有较高的盐分，一般植物难以生长，严重影响了园林绿化及农林业的生产与发展。就我国森林生态系统的重要组成部分——种质资源丰富、生态类型多、集经济、生态和社会效益于一体的竹子而言，是适应目前沿海地区园林绿化及防护林建设中所提出的既有经济效益又有生态效益的良好树种。为适应福建（厦门）滨海盐碱地的土壤与气候等条件，更好地发挥竹子的各种效益、功能，在该地区种植竹子时需采取一些必要的技术措施。

4.3.1 充分了解和掌握滨海盐碱地的分布范围、类型、危害程度

必须认识到，盐碱地改良利用，栽植竹子等其他植物是一项涉及多学科，长期复杂的研究课题。因此防止土地盐碱化，治理改造盐碱地，关键是提高认识，科学引导，综合治理。

盐碱土是一种因含盐量过多或强碱性而“生了病”的土壤。盐碱地分级指标如下：轻度盐化土，土壤含盐量0.1%~0.2%；中度盐化土，土壤含盐量0.2%~0.4%；重度盐化土，土壤含盐量0.4%~0.6%。我国大多数以30cm土壤耕层来计算含盐量。衡量盐碱地的另一指标是酸碱度，即pH值，一般以7.5为中性，<7.0为微酸性，>7.5为微碱性。

盐与碱的并存决定了盐碱地改良的复杂性，同一树种，在同等含盐量下，因离子组成不同而表现出对耐盐程度的差异。同一树种，幼树与大树的耐盐程度有时相差一倍。

根据本项目组多年来的系统调查研究表明，福建滨海地区盐碱地的分布范围广、盐碱地的离子类型以Cl^-和Na^+离子为主、主要是受海水浸染影响，福建滨海地区竹类植物受盐害的程

度明显。因此在福建滨海地区种植竹子应将盐害的克服和治理列入重要的工作之一。

4.3.2 竹种选择

（1）根据适地适树的原则选择适宜的竹种

竹子分布的地域性明显，不同地区适宜的竹种不同。就福建而言，南部沿海和中、北部沿海因气温、湿度、土壤等不同，适宜的竹种也不同，因此在选择竹种时应具体问题具体分析。选择种植竹种时须根据竹子的生长特性选择本地区适宜的竹种。

（2）根据栽植地的土壤盐度情况选择耐盐性较强的竹种

植物的耐盐能力是植物形态适应和生理适应的综合体现，是由植物的遗传特性决定的。根据本项目及其他相关研究成果，竹子是一种非盐生植物，对盐分敏感，各种竹子的耐盐性是各不相同的，有的耐盐性高，有的耐盐性低，在竹子种植时应根据土壤盐度，尽量选择耐盐性较好的竹子。在土壤盐度为0.2%~0.4%时可考虑选择早园竹、崖州竹、乌哺鸡竹、倭竹、橄榄竹、金镶玉竹、鹅毛竹、小叶白斑竹、四季竹、长叶苦竹、人面竹、毛凤凰竹、花叶唐竹、唐竹、篌竹、糯竹、阔叶箬竹、泰竹、菲白竹、翠竹、雷竹、淡竹、菲黄竹、面竿竹、桂竹、河竹、刚竹、高节竹、紫竹、铺地竹、观音竹、石绿竹、黄竿乌哺鸡、黄条金刚竹、花吊丝竹、霞山坭竹、花竹、斑竹等；在土壤盐度0.4%~0.5%时可考虑选择大头典竹、绿竹、红竹、花眉竹、坭竹、粉单竹、白哺鸡竹、银 丝大眼竹、凤尾竹、油竹、鼓节竹、青麻撑竹、簕竹、黄金间碧玉竹、大眼竹、车筒竹、银丝竹、角竹、青丝黄竹、吊罗坭竹等；在土壤盐度0.5%~0.6%时可考虑选择石竹仔、孝顺竹、麻竹、小佛肚竹、青皮竹、小琴丝竹等；在土壤盐度为0.6%以上时可考虑选择大肚竹、大木竹等。当然，在进行耐盐竹种选择时，还应考虑到竹子不同的生长发育阶段、具体的小环境条件等。

（3）选好竹苗

应选择发育良好、生长健壮、无病虫害，竹龄为2~3年生的健壮植株作为竹苗。最好是选择就近的、相似土壤环境条件下栽培的竹苗或经过耐盐性驯化的竹苗种植。

（4）选择合适的栽竹季节。

一般选择每年春季3~4月，清明节前后栽植为宜。因此时气温适中，水分充足，大部分竹子处于萌芽生长期，此时栽竹，不仅花费的成本较低，而且更易成活。

4.3.3 必要的工程措施

一般认为，土壤实际含盐量在0.1%以上时，种植竹子时应采取必要的除盐（排盐）措施。应根据滨海盐碱土的成因、特点、利用目的等，采取相应的工程措施、耕作措施和综合措施。工程措施包括平整土地，建立完善的排灌系统，深翻改土、换土、淋洗、淤积等。

（1）采取必要的客土措施

对土壤盐分较高的地区，栽植竹子时应采取从外地引进无盐或低盐土壤进行客土，并切围挡、做垫层防止盐分渗透。厦门园博苑在种植竹类时采取此方法，效果很好。

（2）抬高种植地面

一方面，滨海地区受潮汐的影响，抬高地面可以防止海水倒灌浸染土壤；另一方面，抬高种植地面，也有利于今后通过采取灌溉浇水等进行排盐。对台地深翻细耙，严格整地，长方形台地可做成微微的拱形，中央部位比两侧略高出，以利排水。

（3）开挖（建设）排水沟或设置排水通道

俗话说“盐随水去，水去盐留”，开挖（建设）排水沟或设置排水通道，有利于盐碱地今后随灌溉水排减土壤盐分。建设时如果种植地面本身较高或者面积较大，可以在竹子种植前按一定的间距开挖排水沟或设置排水通道。

（4）对高盐分的土壤（或受海水浸染严重的土壤），可以在种植之前撒改良土壤用的石灰（主要成分是$CaCO_3$）

据研究，在盐胁迫环境中，外源加钙能提高植物对钾的吸收和叶片叶绿素含量，从而提高其耐盐力。史跃林等研究认为Ca提高植物抗盐性是通过增加CAM 含量，促进乙烯合成实现的。也可能是通过增加CAM 含量，活化ATP，进而维持正常的能量代谢及相关生理生化代谢过程实现的。

（5）采取必要的耕作措施，降低土壤含盐量

应根据福建滨海盐碱土的特点，实行有效的耕作措施。包括深耕细耙，增施绿肥和发展节水农业。深耕细耙可以防止土壤板结，改善土壤团粒结构，增强透水透气性，改良土壤性状，保水保肥，降低盐分危害。增施绿肥可以增加土壤有机质含量，改善土壤结构和根际微环境，有利于土壤微生物的活动，从而提高土壤肥力，抑制盐分积累。发展节水农业，采用滴灌、喷灌、管灌等新型灌溉方式，这样不仅解决水源不足的问题，还能防止土壤盐渍化，促进作物生长，提高产量和质量。

4.3.4　种植前后的养护、管理措施

竹子造林与其他林木造林一样，“三分造，七分管”。在条件恶劣的盐碱地上栽竹，抚育管理更应格外重视。

栽植时竹苗的高度保持在1~1.5m为宜，太高了不利于保持水分，不利于固定防风。栽植时如是丛生竹应保持芽眼饱满完整，如是散生竹，保持来鞭20cm左右，去鞭30cm左右，并尽量带好土球。

根据竹子生长规律和当地气候条件，及时浇水，雨后及时排水，是竹子成活与生长的关

键。竹子栽植后切记将土踩实，并浇透定根水。刚栽种的竹子对水分的依赖程度很高，应提高浇水的频率，见干即浇，浇必浇透（地上地下均需浇透）。沿海地栽竹，因风大风急，刚栽植的竹苗必须做好固定工作，可做三脚架支撑，也可用“井字形，手拉手”的形式固定。

盐碱地土壤结构不好、耕作性差、养分少、增施有机肥，可以改善土壤的物理性质，增加土壤有机质，调节土壤酸碱度，提高各种营养元素的有效性，为土壤微生物和苗木生长创造有科条件。有机肥料一般采用腐热的堆肥、厩肥和饼肥等，撒施或分层施。

在盐碱地栽植竹子以后，因其抗逆性弱，受气候、土壤等影响较大。应加强抚育管理.主要包括及时排灌、松土、除草、修枝、间伐、防治病虫害等。

必须指出的是，要在盐碱地上栽好竹，单靠以上单一的措施是不行的，应该采取综合措施，多管齐下才行。

第5章

滨海地区30种耐盐性较好的竹种及其园林应用

5.1 大木竹

别　　名：木簟竹（李衎竹谱详录）、毛单竹（浙江温州）、王竹、九层脑（福建福鼎）

属　　名：簕竹属

学　　名：*Bambusa wenthouensis*（Wen）Q. H. Dai

耐盐等级：Ⅳ级，在土壤盐度达到0.65%时，竹子叶片盐害等级达到2级〔即竹子叶片中度盐害，叶尖、叶缘变黄的叶片约占全叶30%（含30%）~60%，下同〕。

适应地区：产浙江、福建。在福建等地滨海地区园林景观绿化中常见。

主要特征：竿幼时被细柔毛，竿壁厚16~20mm；节内被绒毛，以后变为秃净；竿环不明显；箨环隆起，附有宽达15mm的箨鞘残留物；分枝习性低，以多枝簇生，主枝粗长。箨鞘脱落性，革质，新鲜时灰绿色，先端凹陷，背面被褐色刺毛；箨耳长而窄，横卧于箨鞘两肩，鞘口縫毛呈褐色，长约5mm；箨舌高2mm，随箨鞘口部作波状起伏，先端细齿裂，边缘无毛或附有纤毛；箨片强烈外翻，披针形，长6~9cm，宽13~30mm，先端渐尖，基部收窄呈钝圆形，为箨鞘顶端宽的1/3，两表面均具细绒毛，并在纵脉之间有刺毛，边缘生纤毛。

栽培特性：性喜温暖湿润、疏松、肥沃的沙壤土，较不耐寒。可用母竹（分株）移植。

园林应用：该竹竿形高大，壁厚，韧性佳，耐盐性较好，适于滨海地区园林中栽培，尤其适于营造滨海地区防风林带（图5-1）。

分枝

竿丛

箨

图5-1　**大木竹（一）**

叶

图5-1　**大木竹（二）**

5.2　大肚竹

别　　名：大佛肚竹

属　　名：簕竹属

学　　名：*Bambusa vulgaris*‘Wamin’

耐盐等级：Ⅳ级，在土壤盐度达到0.63%时，竹子叶片盐害等级达到2级。

适应地区：产地分布广东。华南以及浙江、福建、台湾等省的庭园中栽培。在福建、广东、海南、台湾等地滨海地区园林景观绿化中极为常见。

主要特征：中型丛生竹，竿较矮，高2~5m，直径可达4~5cm；竿和枝条绿色，节间极为短缩，肿胀呈佛肚状。

栽培特性：性喜温暖湿润、疏松、肥沃的沙壤土，较不耐寒，冬季不能耐-5℃以下的低温。在北纬10°~20°之间，年平均气温20~22℃或更高，1月平均温度8℃以上，年降水量在1200~2000mm以上较高温湿条件的地方生长良好。可用母竹（分株）移植、扦插（竿和枝均可）移植，成活率高。

园林应用：该竹竿各节间缩短，形如佛肚状，形态奇特，颇为美观，为园林观赏珍品。在园林中应用十分广泛，适宜于别墅、公园、庭院、风景区等园林配置。竿可做台灯柱、笔筒等工艺美术品，是做工艺品的上等材料（图5-2）。

竿丛1

植株整体形态（景观配置）1

植株整体形态（景观配置）2

竿丛2

植株整体形态（景观配置）3

图5-2 **大肚竹**

5.3 小琴丝竹

别　　名：花孝顺竹

属　　名：簕竹属

学　　名：*Bambusa multiplex*‘Alphonse-Karr’

耐盐等级：Ⅲ级，在土壤盐度达到0.58%时，竹子叶片盐害等级达到2级。

适应地区：分布于长江以南各省。在福建、广东、海南、台湾等地滨海地区园林景观绿化中常见。

主要特征：丛生竹。竿高2~8m，直径1~4cm。新竿浅红色，老竿金黄色，并不规则间有绿色纵条纹，竿枝条和箨鞘上也间有粗细不等的纵条纹。

栽培特性：属南亚热带及中亚热带南端地区的竹种，要求气候温暖湿润，在比较寒冷的地区，可选择小环境栽植。繁殖方法主要以母竹分株移植为主。

园林应用：该竹丛态优美且竿色秀丽，为庭园观赏或盆栽的上佳材料，为著名的观竿、观叶植物。宜配置于庭园隅角或群植，也可列植于门口内外两侧，可与建筑小品、假山缀景（图5-3）。

植株整体形态（景观配置）1

植株整体形态（景观配置）2

植株整体形态（景观配置）3

植株整体形态（景观配置）4

图5-3 **小琴丝竹**

5.4 青皮竹

别　　名：箣竹、山青竹、地青竹、黄竹

属　　名：簕竹属

学　　名：*Bambusa textilis* McClure

耐盐等级：Ⅲ级，在土壤盐度达到0.55%时，竹子叶片盐害等级达到2级。

适应地区：产于广东和广西，现西南、华中、华东各地均有引种栽培。在福建、广东、海南等地滨海地区园林景观绿化中常见。

主要特征：丛生竹类。竿高达8~12m，直径3~6cm。竿直立，节间甚长，竹壁薄，近基部数节无芽，箨环倾斜。箨鞘初有毛，后无毛，箨耳小，长椭圆形，不甚相等，箨舌略呈弧形，中部高约2~3mm，箨叶窄三角形，直立。分枝较高，基部附近数节不见分枝，分枝时密集丛生达10~12枚。每小枝上叶片8~14枚，长10~25cm。笋期5~9月。

栽培特性：好生于土壤疏松、湿润、肥沃的立地；河岸溪畔、平原、丘陵、四旁均可生长。适生于温暖湿润之气候环境中，北纬25°以南地区，年均温18~20℃，年降雨量1400mm以上都能生长良好。移植母竹或用种子育苗均可繁殖。南方各省采用埋竿、埋节、埋兜，主枝及次生枝育苗繁殖等法，均已成功。生长快，成林易。

园林应用：竹竿节间修长，分枝高，叶片细长秀美，竹丛清秀美观，绿荫成趣。于庭园或公园中，家前屋后均宜成片栽植。亦为优良的箣用竹种之一（图5-4）。

分枝

竿丛

笋

图5-4　**青皮竹（一）**

箨

植株形态

图5-4　**青皮竹（二）**

5.5　小佛肚竹

别　　名：佛竹，罗汉竹、密节竹，大肚竹、葫芦竹

属　　名：簕竹属

学　　名：*Bambusa ventricosa* McClure

耐盐等级：Ⅲ级，在土壤盐度达到0.55%时，竹子叶片盐害等级达到2级。

适应地区：我国广东特产。分布于广西、广东、福建。现全国各地乃至世界多国均见引种。在福建、广东、海南、台湾等地滨海地区园林中常见。

主要特征：具两种竿形：正常竿常生于野外，高可达8~10m，直径5~7cm，节间长20~35cm，下部略呈“之”字形曲折；竿下部具软刺，中部者为多枝簇生，但其中3枝较粗长。畸形植株常用于盆栽，竿高25~60cm，直径0.5~2cm，节间短缩肿胀呈花瓶状，长2~5cm。两种竿初时被薄白粉，光滑无毛，竿环和箨环下有一圈易脱落的棕灰色毯毛状毛环。箨鞘硬脆，橄榄色，无毛，先端为近非对称的宽弧形拱凸或近截形；箨耳不等大，大耳约比小耳大一倍，皱褶，边缘具波折状緌毛；箨叶中部隆起，边缘有纤毛；箨叶松散直立或外展，宽卵状三角形，基部呈心形。叶片线状披针形至披针形，长6~18cm，宽1~2cm，背面披短柔毛。笋期7~9月。

栽培特性：性喜温暖湿润，喜阳光，不耐旱，也不耐寒，宜在肥沃疏松的沙壤中生长。要求酸性沙质壤土、南亚热带气候，0℃以下低温易受冻害。繁殖方法以母竹移植、埋竿、埋枝、扦插等均可，成活率高。佛肚竹在园林中应用十分广泛。平时养护，要注意保持土壤湿润，但不能太湿；气候干燥时，应经常向叶面喷水。除盛夏外，都应给予全日照。

园林应用：该竹枝叶四季常青，其节间膨大，状如佛肚，形状奇特，故得名佛肚竹。幼竹嫩绿，老竹橙黄色，清雅潇洒。在园林中应用十分广泛。适宜于宅旁、亭阶、墙隅与路边栽植，也宜于溪边、池畔、岩石、假山下配置。也是盆栽和制作盆景的良好材料，若盆中再点缀些小块湖石或石笋石，则更显得景致自然秀美（图5-5）。

竿丛

竿及分枝

盆栽

整体形态（做绿篱）

图5-5 **小佛肚竹**

5.6 麻竹

别　　名：甜竹（广东）、大头竹、吊丝甜竹、青甜竹、大叶乌竹、马竹、斑竹

属　　名：牡竹属

学　　名：*Dendrocalamus latiflorus* Munro

耐盐等级：Ⅲ级，在土壤盐度达到0.52%时，竹子叶片盐害等级达到2级。

适应地区：产于广东、广西、海南、四川、云南、贵州、福建、台湾、香港等地。浙南、赣南有引种栽培。越南、缅甸、泰国、菲律宾也有分布。在滨海地区福建、广东等地园林中常见。

主要特征：地下茎为合轴型。主竿高15~25（30）m，直径8~25（30）cm，节间长30~60（70）cm。幼竿表面被白粉，但无毛，仅在节内具一圈棕色绒毛环。箨鞘易脱落，厚革质，呈圆口铲状，顶端两肩广圆，鞘口甚窄，背面被易落之稀疏棕色刺毛；箨叶外翻，较小，卵形至披针形，腹面具有淡棕色小刺毛；箨耳微弱，线形外翻，鞘口繸毛稀少；箨舌高2~4mm，边缘细齿状。叶片长椭圆状披针形。笋期7~9月。

栽培特性：要求酸性砂质壤土、南亚热带气候，能耐5℃低温。喜温湿，不耐寒，多栽培于谷地、河滩和村舍周围。麻竹性喜温暖湿润，不耐严寒干燥，适生于海拔300~600m，年均温15~18℃，1月均温3~4℃，极低温−4℃以上，降雨量1200mm以上地区。喜肥沃深厚、疏松、有机矿物质营养含量较高，物理性质良好，pH值为5~7的土壤。用母竹分株移植法繁殖。人工栽植麻竹林时需选择山坡下，向阳，土层深厚肥沃的砂质壤土。在山区溪河沿岸的冲积土上生长最好；在山谷台地或缓坡地，只要土层深厚疏松肥沃，均可栽植；石质山地也可见缝插针地选择适合的地块栽植。山顶及干燥瘠薄、石砾太多、过于粗重的土壤不宜选作造林地。

园林应用：该竹为大型丛生竹种。竿形高大圆满，分枝高，竹叶宽大婆娑，顶端下垂。该竹种竹叶繁茂，竹鞭强韧，可作护堤、防风绿化用，庭园栽植，观赏价值也高。本种是我国南方栽培最广的竹种，笋味甜美，每年均有大量笋干和罐头上市，甚至远销日本和欧美等国。竿亦供建筑和篾用（图5-6）。

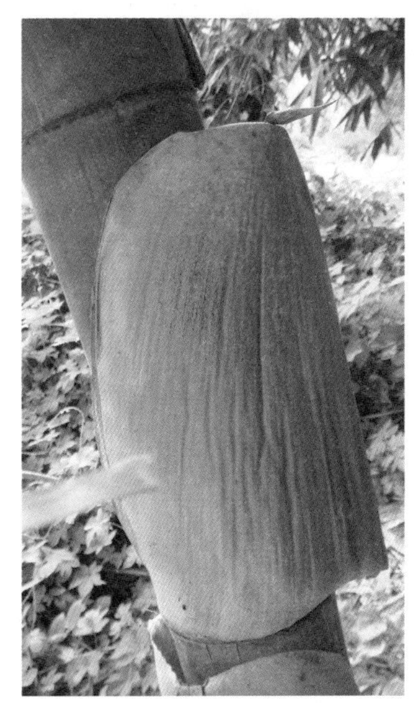

竿箨

图5-6　**麻竹（一）**

笋1

笋2

整体形态

图5-6 **麻竹（二）**

5.7 孝顺竹

别　　名：凤凰竹、蓬莱竹（台湾）、西凤竹、界竹、箭竹、坟竹（四川、重庆）

属　　名：簕竹属

学　　名：*Bambusa multiplex*（Lour.）Raeuschel ex J. H. et J. H. Schult.

耐盐等级：Ⅲ级，在土壤盐度达到0.52%时，竹子叶片盐害等级达到2级。

适应地区：广泛分布于中国长江流域以南各省区的低丘、山麓、平原或溪流两侧，公园、景区广泛栽培。日本、美国、欧洲和东南亚均有引种栽培。在我国滨海地区福建、广东、海南、台湾，以及日本等地园林中常见。

主要特征：丛生竹。竿高4~8m，直径1~4cm。幼竿微被白粉，节间圆柱形，上部有白色或棕色刚毛。竿绿色，老时变黄色，梢稍弯曲。竿箨幼时薄被白蜡粉，早落；箨鞘呈梯形，背面无毛，先端稍向外线一侧倾斜，呈不对称的拱形；箨耳极微小以致不明显，边缘有少许縫毛；箨舌边缘呈不规则的短齿裂；箨叶直立，易脱落，狭三角形，背面散生暗棕色脱落性小刺毛，腹面粗糙，先端渐尖，基部宽度约与箨鞘先端近相等。分枝较低，多枝簇生；叶鞘无毛；叶耳肾形，边缘具波曲状细长縫毛；叶舌圆拱形，边缘微齿裂；叶片线形，上表面无毛，下表面粉绿而密被短柔毛。笋期6~10月。

栽培特性：喜光，稍耐阴。喜温暖、湿润、背风环境，不甚耐寒。喜深厚肥沃、排水良好的土壤。上海能露地栽培，但冬天叶枯黄。是丛生竹中分布最广、适应性最强的竹种之一，可以引种北移。一般采用母竹移植（分兜栽植）法繁殖。于3~4月份，选择2年生健壮竹株，挖掘截竿栽植。也可用扦插繁殖，经培育1年后移栽。选择向阳、深厚肥沃、排水良好的土壤种植。母竹移植时要注意保持竿基、芽目完整。栽后踏实，若土壤干旱，天气干燥，应浇足水，盖草保湿。

分枝

幼竹

整体形态（景观配置）

图5-7　**孝顺竹**

园林应用：竹竿丛生，四季青翠，枝叶密集下垂，形似花篮或喷泉，形状雅致、姿态婆娑秀美，为传统的观叶植物。宜于庭园中孤植、群植，作划分空间的高篱，大门内外入口两侧列植、对植，或散植于宽阔的庭园绿地。也常见在湖边、河岸栽植。若配置于假山旁侧，则竹石相映，更富情趣（图5-7）。

5.8 石竹仔

别　　名：黄竹仔（海南）

属　　名：簕竹属

学　　名：*Bambusa piscaporum* McClure

适应地区：分布于海南。广东、云南有栽培。

耐盐等级：Ⅲ级，在土壤盐度达到0.51%时，竹子叶片盐害等级达到2级。

主要特征：秆高5~7m，直径2.5~3.5cm，无毛，节间长50~70cm，节平。秆箨早落，先端宽弓形，背面无毛或被贴生、易脱落的短粗硬毛；箨耳小，长圆形，近相等，边缘具纤细的波形繸毛；箨舌高1~3mm，顶端拱形，边缘具小齿或近全缘；箨叶三角形，先端长尖，基部略为心脏形收缩，直立，脱落性，腹面粗糙，背面近无毛。叶片披针状线形，长6~22cm，宽1.0~2.2cm，背面被密的短柔毛。

栽培特性：对土壤要求不严，性好温暖湿润气候，较不耐寒。适生于酸性、肥沃和排水良好、疏松之砂质壤土，但是在贫瘠土壤上也能生长。在北纬10°~20°之间，年平均气温20~22℃或更高，1月平均温度8℃以上，年降水量在1200~2000mm以上较高温湿条件的地方生长良好。一般采用母竹移植（分兜栽植）法繁殖。于3~4月份，选择2~3年生健壮竹株，挖掘截秆栽植。栽植地应选择深厚肥沃的沙质土壤、排水良好。母竹要选择生长健壮、枝叶繁茂、无病虫害、直径适中、秆基笋目肥壮、须根发达的幼壮竹；移植时间以1~3月间阴天或小雨天最好；栽植地要求向阳、避风，土壤水肥条件好。移植时要注意保持秆基、芽目完整，栽后踏实，若土壤干旱，天气干燥，应浇足水，盖草保湿。

园林应用：该竹为丛生竹类。秆直而光滑，叶色翠绿。可孤植或与亭台楼阁配置，也可群植或列植于竹径两旁（图5-8）。

秆丛

箨

植株形态

图5-8　**石竹仔**

5.9 吊罗坭竹

属　　名：簕竹属

学　　名：*Bambusa diaollosensis* Chia et H．L．Fung

适应地区：产于海南、广东，福建厦门有栽培。

耐盐等级：Ⅲ级，在土壤盐度达到0.49%时，竹子叶片盐害等级达到2级。

主要特征：竿高约10m，直径4~5cm，尾梢弯垂，下部略呈“之”字形曲折；节间幼时被疏或密的棕色贴生刺毛，毛落后则在竿表面留有小凹痕，竿壁厚；竿下部各节在节之下方环生一圈淡棕色小刺毛和白色蜡粉，竿基部第一至第三节于箨环之上方再环生一圈灰白色绢毛，有时还有短气根存在；分枝常自竿基部第一节开始，第一至第三节常为单枝，竿中部则为3枝簇生，而上部则为多枝簇生，主枝较粗长，竿下部分枝上的小枝有时短缩为软刺。箨鞘早落，背面贴生黑褐色刺毛，腹面具光泽，先端呈不对称的宽拱形；箨耳极不相等，大耳约为小耳的4倍，狭长圆形，宽约5mm，边缘具波曲状繸毛，小耳近椭圆形常为箨片基部所掩盖或相挤；箨舌高约3mm，边缘细齿裂并具短流苏状毛；箨片直立，狭三角形，其基部作圆形收窄，但其宽度约为箨鞘先端宽的8/9。

栽培特性：对土壤要求不严，性好温暖湿润气候，较不耐寒。适生于酸性、肥沃和排水良好、疏松之砂质壤土。一般采用母竹移植（分兜栽植）法繁殖。

园林应用：该竹为丛生竹类。竿坚硬、厚实，粗度均匀，除宜作棚架、农具柄等用材外。亦适于滨海地区营造防护林。可孤植、群植或列植于林带外围（图5-9）。

分枝

竿箨

竿丛形态

图5-9　**吊罗坭竹（一）**

叶鞘顶部形态

叶片形态

图5-9 吊罗坭竹（二）

5.10 青丝黄竹

别　　名：惠阳花竹

属　　名：簕竹属

学　　名：*Bambusa eutuldoides* var. *viridi-vittata*（W. T. Lin）Chia

耐盐等级：Ⅲ级，在土壤盐度达到0.48%时，竹子叶片盐害等级达到2级。

适应地区：分布于广东。现福建、海南、浙江等地栽培广泛。

主要特征：丛生竹类。竿高6~10m，直径4~6cm，尾梢略弯；节间长30~40cm，柠檬黄色具绿色纵条纹。箨鞘早落，革质，箨鞘新鲜时为绿色具柠檬黄色纵条纹；箨耳极不相等，质极脆，强波状皱褶；箨舌边缘呈不规则齿裂或条裂，被短流苏状毛；箨叶直立，易脱落，呈不对称的三角形至狭三角形，背面疏生脱落性小刺毛，腹面近基部脉间被棕色小刺毛而上部粗糙，基部略微收窄后即向两侧外延与箨耳相连。

栽培特性：对土壤要求不严，性好温暖湿润气候，较不耐寒。适生于酸性、肥沃和排水良好、疏松之砂质壤土。可用母竹（分株）移植法，在春季移植效果最好。栽植地要求向阳、避风，土壤水肥条件好。

园林应用：该竹子竿及箨鞘（新鲜时）柠檬黄色具绿色纵条纹，新鲜竹箨也间有鲜艳的黄色纵条纹，非常艳丽醒目。为优良的观竿竹类，在园林景观中应用广泛，在园林中孤植、群植、列植均可（图5-10）。

竿丛及分枝

竿丛及箨

竿箨1

笋箨2

植株整体形态1

植株整体形态2

图5-10　**青丝黄竹**

5.11 角竹

别　　名：紫笋竹（浙江萧山）

属　　名：刚竹属

学　　名：*Phyllostachys fimbriligula* Wen

耐盐等级：Ⅲ级，在土壤盐度达到0.47%时，竹子叶片盐害等级达到2级。

适应地区：分布于浙江。江西、湖南、江苏等地也有栽培。

主要特征：竿高4~7m，直径达5cm，新竿节下具白粉环。箨鞘初绿色带红褐色，被酱色斑点与脱落性疏毛，边缘秃净无毛；无箨耳；箨舌山峰状突起，两边下延，先端具紫色流苏状屈曲长毛；箨叶绿色带紫色，狭带状，直立不皱褶。

栽培特性：该竹较耐寒，性好肥沃和排水良好、疏松之砂质壤土。可用母竹分株（带鞭根来鞭20cm、去鞭30cm以上）移植，在春季移植效果最好。

园林应用：该竹子除可观竿外，笋箨形态、颜色等也具观赏价值。适于在滨海园林及作笋用竹栽培，产量高，经济价值大（图5-11）。

笋

笋箨

竹林

图5-11　**角竹**

5.12　银丝竹

别　　名：牛筋竹（广西）

属　　名：簕竹属孝顺竹亚属

学　　名：*Bambusa multiplex* ‘Silverstripe’

耐盐等级：Ⅲ级，在土壤盐度达到0.47%时，竹子叶片盐害等级达到2级。

适应地区：在福建、广东等地常见，广州和香港于庭园中栽培。

主要特征：与孝顺竹形态相似，不同之处在于其绿色的竿和箨鞘上，有时甚至叶片上间有黄白色纵条纹。

栽培特性：对土壤要求不严，性好温暖湿润气候，耐寒性较好。适生于酸性、肥沃和排水良好、疏松之砂质壤土。一般采用母竹移植（分兜栽植）法繁殖。于3~4月份，选择2~3年生健壮竹株，挖掘截竿栽植。在北纬10°~20°之间，年平均气温20~22℃或更高，1月平均温度8℃以上，年降水量在1200~2000mm以上较高温湿条件的地方生长良好。

园林应用：绿色的竿和箨鞘，有时甚至叶片上间有黄白色纵条纹，非常美丽。为庭园中栽培的观赏品种，应用十分广泛。宜于庭园中孤植、群植，作划分空间的高篱，大门内外入口两侧列植、对植，或散植于宽阔的庭园绿地。也常见在湖边、河岸栽植。若配置于假山旁侧，则竹石相映，更富情趣（图5-12）。

竿丛

竿箨

整体形态

图5-12　**银丝竹**

5.13 车筒竹

别　　名：竻竹（广西）、水簕竹、大簕竹、车角竹（广东）、刺楠竹（四川）、鸡爪竹

属　　名：簕竹属

学　　名：*Bambusa sinospinosa* McClure

耐盐等级：Ⅲ级，在土壤盐度达到0.46%时，竹子叶片盐害等级达到2级。

适应地区：分布于我国华南和西南地区福建、广东、海南、广西、四川、贵州。在福建、广东等地滨海地区常见。

主要特征：竿高8~24m，直径7~14cm，竿壁甚厚，节间长20~35cm，光滑无毛，箨环下密被一圈暗褐色刺毛，基部各节上的次生枝常硬化锐刺，且相互交织成密刺丛。箨鞘褐红色，厚革质，迟落，鞘口近截平；箨耳近等大，卵状长圆形，边缘毛浅棕色，曲折；箨舌高2~5mm，边缘齿裂且具流苏毛；箨叶卵形，底宽约为鞘顶宽之1/2，直立或反折，背面无毛。腹面连同箨耳均密被黑棕色细刺毛。叶片线状披针形，长6~12cm，宽0.6~2.0cm，背面近基部被柔毛。

栽培特性：对土壤要求不严，性好温暖湿润气候，适生于酸性、肥沃和排水良好、疏松之砂质壤土。0℃以下低温易受冻害。在北纬10°~20°之间，年平均气温20~22℃或更高，1月平均温度8℃以上，年降水量在1200~2000mm以上较高温湿条件的地方生长良好。繁殖方法一般采用母竹分株移植。该竹易受冻，西北地区在露天不能过冬。母竹移植时要注意保持竿基、芽目完整。栽后踏实，若土壤干旱，天气干燥，应浇足水，盖草保湿。

园林应用：该竹笋壳呈光亮的褐红色，赏之令人心旷神怡。竹竿粗大而通直，农村常用以建茅屋或用以作水车的盛水筒，故有“车筒竹”之称。因其竹丛基部形似密刺丛，农村常种植于村落四周，以作防篱之用；又因其竹竿密集，根系发达，亦常种于河流两岸以作护堤防风之用（图5-13）。

竿箨

图5-13　车筒竹（一）

分枝

植株

图5-13　**车筒竹（二）**

5.14 大眼竹

别　　名：水竹

属　　名：簕竹属

学　　名：*Bambusa eutuldiodes* McClure

耐盐等级：Ⅲ级，在土壤盐度达到0.46%时，竹子叶片盐害等级达到2级。

适应地区：分布于福建、广东、广西。云南有引种栽培。在福建、广东等地滨海地区常见。

主要特征：竿高6~12 m，直径4~6cm，节间长30~40cm。初被白粉，节上下各具一圈毛环，主枝较粗长。箨鞘质脆早落，背面被易脱落刺毛，先端为极不对称之拱弧形；箨耳极不等大，大耳长椭圆形，沿肩部及下延，边缘具细毛，小者卵圆形，与箨叶相连，大耳为小耳的4~5倍；箨舌直立，卵状三角形至狭三角形，基部稍作心形收缩。每小枝具叶4~8枚，叶片线状披针形，长10~22cm，宽1.2~2.0cm。

栽培特性：对土壤要求不严，性好温暖湿润气候，适生于酸性、肥沃和排水良好、疏松之砂质壤土。在北纬10°~20°之间，年平均气温20~22℃或更高，1月平均温度8℃以上，年降水量在1200~2000mm以上较高温湿条件的地方生长良好。采用母竹移栽繁殖。该竹较不耐寒。母竹移植时要注意保持竿基、芽目完整。栽后踏实，若土壤干旱，天气干燥，应浇足水，盖草保湿。

园林应用：该竹竹株挺直、分枝高、竿节及叶色翠绿，箨鞘之两侧箨耳极不等大，一端极度下沿，甚为奇特。孤植或群植于庭园一角，或布置于竹径两侧。竹竿可作棚架、家具、农具和简易建筑用材（图5-14）。

竿丛

竿箨

植株形态

图5-14 **大眼竹**

5.15 黄金间碧玉竹

别　　名：黄皮刚竹、黄皮绿筋竹、挂绿竹

属　　名：簕竹属

学　　名：*Bambusa vulgaris*‘Vittata’

耐盐等级：Ⅲ级，在土壤盐度达到0.46%时，竹子叶片盐害等级达到2级。

适应地区：产华南地区，广东、广西、福建等地常见栽培。分布于中国、印度、马来半岛。

主要特征：大型丛生竹，竿高6~15m，直径4~6cm。竿直立，鲜黄色，间以绿色纵条纹，节间圆柱形，节凸起。箨鞘背部密被暗棕色短硬毛，易脱落。箨耳发达，大小约略相等，暗棕色，边缘具繸毛。箨舌先端细齿裂。箨叶直立，卵状三角形，腹面具暗棕色短硬毛。叶披针形或线状披针形，长9~22cm，两面无毛。笋期6~9月。

栽培特性：为半阴性竹种，喜温暖湿润而多雨的气候，需水分较多，一般要求年平均温度为12~22℃，1月份平均气温为-5~10℃以上，极端最低气温可达-20℃，年降水量1000~2000mm。其根系浅，地下茎（竹鞭）甚短，丛生状，非游走性。繁殖方法采用移母竹分株或竹蔸栽植，也可结合分株同时进行埋竿法移植，方法是取已砍下的1、2年生节上有饱满芽的竹竿，每个节间打孔装满水（孔向上，芽在两侧）横埋入沙床中，催芽萌发。该竹对土壤要求不严，但在肥沃、疏松的冲积土为佳，干燥瘠薄，石砾太多或过于黏重的土壤则生长不良。易受冻，西北地区在露天不能过冬。

园林应用：该竹挺拔秀丽，四季常青，潇洒轻快，优美雅静，风姿独特，颇为壮观，加之竹竿鲜黄色，间以绿色纵条纹，非常美丽挺拔，有独特的景观效果。著名的观竿竹类，是庭园美化造景的优良树种。适宜植于园林路旁，庭园内池旁、亭际、窗前，或叠石之间，或于绿地内成丛栽植，以供观赏（图5-15）。

竿丛

竿及分枝

竿箨

叶片形态

植株整体形态（景观配置）1

图5-15　**黄金间碧玉竹（一）**

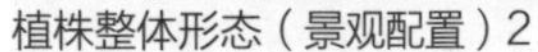

植株整体形态（景观配置）2

植株整体形态（景观配置）3

图5-15 **黄金间碧玉竹（二）**

5.16 簕竹

别　　名：郁竹（台湾）

属　　名：簕竹属

学　　名：*Bambusa blumeana* J. A. et J. H. Schult.

耐盐等级：Ⅲ级，在土壤盐度达到0.45%时，竹子叶片盐害等级达到2级。

适应地区：原产印度尼西亚（爪哇岛）和马来西亚东部，在菲律宾、泰国、越南均有栽培。我国福建、台湾、广西、云南等省区均有栽培，多种植在海拔300m左右的河流两岸和村落周围。

主要特征：竿高15~20m，直径8~15cm。节间圆筒形，幼时被白粉，竿壁甚厚，基部近于实心；箨环明显隆起，基部数节常有气生根。箨鞘广三角形或长三角形，革质，幼时黄绿色，背部密生黑色至棕色刺毛；箨叶卵状三角形，常外翻，背面无毛；箨耳显著，左右近相等，向外翻转；分枝低，下部常为1主枝，部分侧枝和次生枝短缩为刺；叶片披针形；笋期7~8月。

分枝

图5-16 **簕竹（一）**

栽培特性：对土壤要求不严，性好温暖湿润气候，较不耐寒。适生于酸性、肥沃和排水良好、疏松之砂质壤土，但是在贫瘠土壤上也能生长。在北纬10°~20° 之间，年平均气温20~22℃或更高，1月平均温度8℃以上，年降水量在1200~2000mm以上较高温湿条件的地方生长良好。一般采用母竹移植（分兜栽植）法繁殖。于3~4月份，选择2~3年生健壮竹株，挖掘截竿栽植。对栽植地要求不高，但在向阳、避风，土壤水肥条件好的立地条件下生长更好。移植时间以1~3月间阴天或小雨天最好；母竹移植时要注意保持竿基、芽目完整。栽后踏实，若土壤干旱，天气干燥，应浇足水，盖草保湿。

园林应用：该竹竿形高大，竿壁厚实，枝刺明显，材质坚硬。因枝刺明显，园林中应谨慎使用，可栽植于大面积景观外延作隔离空间用。农村多栽培于路边和村寨附近。笋味苦，不宜鲜食（图5-16）。

竿箨

节内形态

植株形态

图5-16　**簕竹（二）**

5.17 撑麻青竹

学　　名：*Bambusa pervariabilis* × *Dendrocalamus latiflorus* × *Bambusa textilis*

耐盐等级：Ⅲ级，在土壤盐度达到0.45%时，竹子叶片盐害等级达到2级。

适应地区：广东、广西、海南、福建、云南、贵州、四川的南部。在福建、广东滨海等地栽培广泛。

主要特征：以撑蒿竹为母本与麻竹和青皮竹杂交经选育出来的杂种，竿高达13~15m，直径6~10cm，竿形通直，发笋成竹能力强（每年每丛成竹8~18株）。

栽培特性：性好温暖湿润气候，比麻竹耐寒，能耐短时间-3℃低温。适生于酸性、肥沃和排水良好、疏松之砂质壤土。材质好，竹材经力学强度试验证明优于父本麻竹，接近于母本撑篙竹，略次于毛竹。母竹移栽繁殖，并容易采用非试管快速繁殖办法育苗。对土壤要求不严，栽培管理较容易。但易受冻，在北方地区不能露天过冬。

园林应用：竹竿上有黄绿相间的条纹，竹与竹之间的生长紧贴，并排在一起的竹竿很壮观，竹叶浓密，蓬勃洒脱。是营造旅游观光风景林和竹子长廊的优良竹种（图5-17）。

竿丛基部形态

竿箨

植株形态

图5-17 **撑麻青竹**

5.18 鼓节竹

别　　名：佛肚竹

属　　名：簕竹属孝顺竹亚属

学　　名：*Bambusa tuldoides*‘Swolleninternode’

耐盐等级：Ⅲ级，在土壤盐度达到0.44%时，竹子叶片盐害等级达到2级。

适应地区：产广东。现在各地引种栽培十分广泛。在福建、广东、海南等地滨海地区常见。

主要特征：为花眉竹的栽培变种，竿下部节间短缩，在节间中下部膨胀如弥勒佛状，节上芽眼明显。

栽培特性：在北纬10°~20°之间，年平均气温20~22℃或更高，1月平均温度8℃以上，年降水量在1200~2000mm以上较高温湿条件的地方生长良好。一般采用母竹移植（分兜栽植）法繁殖。宜选择平地、山坡下，向阳，土层深厚肥沃的砂质壤土栽植。

园林应用：节间中下部膨胀如弥勒佛状，小枝纤细，丛生于节上。为盆栽观赏佳品，亦可用于庭园配景用（图5-18）。

竿丛形态

竿箨

整体形态

植株形态

图5-18　**鼓节竹**

5.19　银丝大眼竹

别　　名：斑坭竹、坭竹

属　　名：簕竹属

学　　名： *Bambusa eutuldoides* var. *basistriata* McClure

耐盐等级： Ⅲ级，在土壤盐度达到0.48%时，竹子叶片盐害等级达到2级。

适应地区： 分布于福建、广东、广西。江西、云南有引种栽培。

分枝

栽培特性： 对土壤要求不严，性好温暖湿润气候，较不耐寒。适生于酸性、肥沃和排水良好、疏松之砂质壤土，但是在贫瘠土壤上也能生长。一般采用母竹移植（分兜栽植）法繁殖。于3~4月份，选择2~3年生健壮竹株，挖掘截竿栽植。养护管理较容易，病虫害较少见，初栽时注意水分管理，成林时要注意及时伐除病竹、枯竹。

园林应用： 该竹植株丛态高大优美，竿基部数节的节间绿色而间有黄白色条纹，中下部箨鞘上亦偶间有条纹，非常漂亮。竿节具醒目的条纹，可植于庭院、公园、水边、路旁或栽于斜坡上供观赏。竹竿可作棚架、家具、农具和简易建筑用材（图5-19）。

叶片形态

竿箨

植株形态

图5-19　**银丝大眼竹**

5.20 油竹

属　　名：簕竹属单竹亚属

学　　名：*Bambusa surrecta*（Q. H. Dai）Q. H. Dai

耐盐等级：Ⅲ级，在土壤盐度达到0.43%时，竹子叶片盐害等级达到2级。

适应地区：分布于广西南部，常与甲竹混生。广东、福建等地有栽培。

主要特征：竿高6~10m，直径3~6cm，梢部弯曲，壁厚4~5mm；节间长40~50cm，幼竿深绿色，被稀疏、微小、淡白色的针状毛；竹竿基部节间有时有深浅相间的绿色条纹；箨环突起，幼时密被向下的棕色毛。箨鞘脱落性，矩形，厚革质，背面密被刺毛，顶端凹陷；箨耳小，长卵形，鞘口繸毛呈灰色或褐色，曲折；箨舌高3~5mm，边缘具长流苏状毛；箨叶直立，卵状披针形，顶端渐尖，基部收缩，边缘内卷，背面无毛，腹面脉间具向上的针状刺毛。枝条簇生，主枝较粗长。每小枝具叶10~12枚，叶片披针形，两面均无毛。

栽培特性：对土壤要求不严，性好温暖湿润气候，较不耐寒。适生于酸性、肥沃和排水良好、疏松之砂质壤土，但是在贫瘠土壤上也能生长。在北纬10°~20°之间，年平均气温20~22℃或更高，1月平均温度8℃以上，年降水量在1200~2000mm以上较高温湿条件的地方生长良好。一般采用母竹移植（分兜栽植）法繁殖。于3~4月份，选择2~3年生健壮竹株，挖掘截竿栽植。栽植时首先要注意栽植地的选择，选择向阳、疏松、肥沃、土层深厚的土壤环境；移栽种植时要注意保护竿基部的芽眼；竹子培育时要注意合理采伐、打蔸、壅土，注意伐除4年以上老竹和病竹、枯竹，调整竹丛密度与分布，使立竹分布均匀，竿形整齐。此外，应加强水分管理，同时辅以施肥、松土、砍除杂灌等措施。

园林应用：该竹竿密集成丛，枝叶茂密。用于较大园林空间中孤植或林植。竹材主要用作劈篾编织竹器（图5-20）。

分枝

叶片形态

图5-20　**油竹（一）**

秆丛

秆箨

植株形态

图5-20 **油竹（二）**

5.21 白哺鸡竹

属　　名： 刚竹属

学　　名： *Phyllostachys dulcis* McClure

耐盐等级： Ⅲ级，在土壤盐度达到0.43%时，竹子叶片盐害等级达到2级。

适应地区： 分布于浙江、闽北。

主要特征： 秆高6~8m，径5~7cm，秆基部节间常可见不规则的极细的乳白色或淡绿色纵条纹。箨鞘淡黄白色，顶端浅紫色，有稀疏的淡褐色小斑，被白粉和细毛；箨耳和繸毛发达，绿色；箨舌较发达，褐色，先端凸起，具短细须毛；箨叶长矛形至带状，反转，强烈皱折，颜色多变，笋期4月。

栽培特性： 该竹较耐寒。适生于肥沃和排水良好、疏松之砂质壤土。可用母竹分株（带鞭根来鞭20cm、去鞭30cm以上）移植，在春季移植效果最好。

园林应用： 该竹为散生竹，枝叶翠绿，分枝下垂，整株形态优美。为优良观赏竹种，适宜制作盆景。笋味鲜美，产量高，为优良笋用竹种（图5-21）。

竿丛

笋

竹林

图5-21　**白哺鸡竹**

5.22　粉单竹

别　　名：白粉单竹、单竹、丹竹、猪蹄竹、高节单竹、双眉单竹

属　　名：簕竹属

学　　名：*Bambusa chungii* McClure

耐盐等级：Ⅲ级，在土壤盐度达到0.43%时，竹子叶片盐害等级达到2级。

适应地区：广西、广东、海南、湖南、福建、台湾、四川、云南和浙江南部均有广泛分布和栽培，尤以广西较为集中。越南也有栽培。在福建、广东等地滨海地区园林中常见。

主要特征：竿直立，丛密，高5~10（18）m，直径3~5（7）cm；节间幼时密被白色蜡粉，无毛，长30~110cm；竿环平坦；箨环稍隆起。箨鞘早落，质薄而硬，脱落后在箨环留有一圈窄的木栓环，幼时在背面被白蜡粉及稀疏贴生的小刺毛，以后刺毛脱落，致使箨鞘背面之上部无毛，但向基部则仍有宿存之暗色柔毛；箨耳呈宽窄带形，边缘生长而纤细、有光泽的繸毛；箨舌先端截平或隆起，上缘具齿状裂刻或具长流苏状毛；箨叶淡黄绿色，强烈外翻，脱落性，卵状披针形，基部呈圆形向内收窄，基底宽度约为箨鞘先端的1/5，背面多少有些密生小刺毛，腹部无毛而微糙涩。分枝习性高，多枝簇生，粗细近相等；叶鞘无毛；叶耳及鞘口繸毛常甚发达，易脱落；叶片披针形乃至线状披针形，上表面沿中脉基部渐粗糙，下表面起初微毛，以后则渐变为无毛。

栽培特性：具有生长快，成林快、伐期短、适性强、繁殖易等特点。无论在酸性土或石灰质土壤上均生长正常，其分布区年均温18.9~20.0℃，年降水量999.1~2136mm。粉单竹林多为人工栽培的纯林，结构单一，林下植物稀少，常见的有野牡丹、华山矾、古羊藤等。粉单竹林产量较高，一般每公顷每年产竹材10~12t，丰产林30~75t。以母竹（分株）移植繁殖，只要水分管理到位，四季皆可，但以春季2~3月为佳。其垂直分布达海拔500m，但以300m以下的缓坡地、平地、山脚和河溪两岸生长为佳。移植母竹要选择生长健壮、枝叶繁茂、无病虫害、直径适中、竿基笋目肥壮、须根发达的幼壮竹；移植时间以1~3月间阴天或小雨天最好；移植时要注意保持竿基、芽目完整，栽后踏实，若土壤干旱，天气干燥，应浇足水，盖草保湿。

园林应用：该竹竹丛疏密适中，挺拔俊秀，四季葱绿，姿态优雅，尤其是节间修长，厚被白粉，颇具特色，为难得的园林景观配置材料。在园林景观配置中应用广泛，以丛植为最常见。宜植于水畔、坡边，或配置于庭院角隅，或与水石配景（图5-22）。

竿

景观配置之竹径1

竹丛形态

景观配置之竹径2

景观配置之竹林

图5-22 **粉单竹**

5.23 凤尾竹

别　　名：观音竹

属　　名：簕竹属孝顺竹亚属

学　　名：*Bambusa multiplex* ‘Fernleaf’

耐盐等级：Ⅲ级，在土壤盐度达到0.43%时，竹子叶片盐害等级达到2级。

适应地区：分布于长江流域及以南各省区，栽培广泛。在福建、广东等地滨海地区园林中常见。

主要特征：灌木型丛生竹，一般高1~2m，植株矮小，地下茎合轴型，竿茎不超过1cm，节间圆筒形，每节有多数分枝。箨叶直立，基部与箨鞘的顶端等宽，箨耳明显。枝叶稠密、纤细而下弯，叶细小，长3cm，宽2~8mm，常20片排列在枝之二侧，呈羽状。

栽培特性：浅根系植物，生长迅速，适应性强。以年平均气温16℃以上，年降雨量1300mm左右，1月平均气温7~8℃的范围为宜。喜温暖湿润和半阴环境，耐寒性稍差，不耐强光曝晒，怕渍水，宜土层深厚、肥沃、疏松、排水良好和湿润的土壤，但是在贫瘠土壤上也能生长，不耐寒，冬季温度不低于0℃。主要用分株、扦插或埋竿法繁殖，一般在3月进行。分株移栽一般在2~3月间进行，选1、2年生竹，将大丛的母竹植株3~5株分成小丛分别栽植。扦插，在5~6月进行，将一年生枝剪成有2~3节的插穗，去掉一部分叶片，插于沙床中，保持湿润，当年可生根。埋竿法则是将大丛的植株以每一株母竹为单位，在地下竹鞭处切断，将母竹分别种植即可。

园林应用：丛生型小竹，枝竿稠密，纤细而下弯，叶细小，宛如羽毛。是著名的观赏竹种。植株秀丽挺拔，刚柔兼济，青翠光润，修长淡雅，中空但具节，朴实无华，不仅形态优美，而且生态价值高。能有效净化空气、吸附粉尘和有毒气体，还可以除噪降温。郑板桥曾以“竹君子、石大人、千岁友、四时春”来描绘其不仅可以美化环境，更能陶冶情操。在庭园门前、窗前、池边、路旁、园洞门前种植青翠碧绿的凤尾竹作绿篱，可以修剪成球形，可起到遮掩隐蔽、分隔空间的作用，创造出翠竹掩映、清幽雅致的环境，使周围景观达到和谐统一、情景交融的艺术效果。它也常用于制作盆栽观赏，点缀小庭院和居室（图5-23）。

景观配置1

图5-23　**凤尾竹（一）**

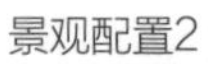

景观配置2

景观配置3

盆栽

景观配置4

叶片形态

图5-23 **凤尾竹（二）**

5.24 坭竹

属　　名：簕竹属

学　　名：*Bambusa gibba* McClure

耐盐等级：Ⅲ级，在土壤盐度达到0.42%时，竹子叶片盐害等级达到2级。

适应地区：产福建、广东和广西，香港亦有。生于低丘陵地或村落附近。

主要特征：竿高，尾梢近直立，下部略呈“之”字形曲折；节间长30~40cm，近基部略为肿胀，幼时被白蜡粉，下部各节间初时疏生灰白色或棕色贴生利毛，以后毛渐伸展而脱落；节处稍隆起，无毛，分枝常自竿基第一、二节就开始。每节常为3枝簇生，其上的小枝有时短缩为细弱的软刺，竿中上部各节则为数枝簇生，主枝较粗长。箨鞘早落，背面无毛，干时纵肋隆起，腹面略有光泽，先端向外侧一边倾斜而呈斜截形，内侧边缘的顶端高耸起1枚三角形尖角；箨耳显著不相等，有时颇微弱，边缘具细弱的波曲状缝毛，大耳卵状披针形或狭长圆形，小耳卵形或椭圆形；箨舌拱形，边缘细齿裂而被细弱短流苏状毛；箨片直立，易脱落，狭三角形，基部并不收窄，其两侧边缘直下而向基部近垂直，其基底宽度约为箨鞘先端宽的2/3。

栽培特性：该竹适应性强。喜温暖湿润，怕渍水，宜土层深厚、肥沃、疏松、排水良好和湿润的土壤，但是在贫瘠土壤上也能生长。主要用母竹分株法繁殖。

园林应用：该竹在福建、广东等地滨海地区常种植以作围篱；竿常用作棚架、农具或渔具的材料，亦可破篾以做土法榨油的油饼篾箍（图5-24）。

分枝

竿丛

植株形态

图5-24　**坭竹**

5.25 花眉竹

属　　名： 簕竹属孝顺竹亚属

学　　名： *Bambusa longispiculata* Gamble ex Brandis

耐盐等级： Ⅲ级，在土壤盐度达到0.41%时，竹子叶片盐害等级达到2级。

适应地区： 原产于印度。分布于广东。我国各地广有栽培。

主要特征： 竿高5~12m，直径3~5cm，节间长30~35cm，竿下部节间具黄绿色或淡绿色纵条，节上下各具一圈灰白色毛环。分枝低，多枝簇生，主枝显著粗长。箨鞘鲜时具黄绿色纵条纹，革质，早落，无毛，先端稍向一侧倾斜，呈稍不对称的宽弧形，边缘密生细弱縫毛，大耳长圆形，稍下斜，小耳近圆形，箨舌高4~5mm，边缘不规则细齿裂和条裂，密生短纤毛，箨叶直立，呈稍不对称的卵状三角形，基部稍圆收窄后向两侧外延与箨耳相连，基部宽为鞘顶的2/3。叶片线状披针形，长9~15cm，宽1.0~1.5cm，下面密生短柔毛。

栽培特性： 对土壤要求不严，性好温暖湿润气候，较不耐寒。适生于酸性、肥沃和排水良好、疏松之砂质壤土。在北纬10°~20°之间，年平均气温20~22℃或更高，1月平均温度8℃以上，年降水量在1200~2000mm以上较高温湿条件的地方生长良好。一般采用母竹移植（分兜栽植）法繁殖。于3~4月份，选择2~3年生健壮竹株，挖掘截竿栽植。人工栽植麻竹林时需选择山坡下，向阳，土层深厚肥沃的砂质壤土。较不耐寒，在北方不能露地过冬。

园林应用： 该竹分枝较低，竿节间及新鲜笋箨色黄绿相间，清秀雅观。适宜于较大园林空间中孤植或林植。竿坚硬、厚实，可供农具、支柱及棚架用材（图5-25）。

植株形态

竿丛

竿箨

图5-25　**花眉竹**

5.26 妈竹

属　　名： 簕竹属

学　　名： *Bambusa boniopsis* McClure

耐盐等级： Ⅲ级，在土壤盐度达到0.41%时，竹子叶片盐害等级达到2级。

适应地区： 分布于海南。广东、广西、四川、福建有引种栽培。

主要特征： 竿高3~5m，直径1~2.5cm。新竿薄被白粉。箨鞘绿黄色，微被白粉，无毛；箨耳椭圆形至宽椭圆形，二耳极不等大；箨舌高约1~1.5mm，先端被短纤毛；箨叶长三角状披针形，贴竿直立，基部圆形收缩。叶片狭披针形。

栽培特性： 对土壤要求不严，性好温暖湿润气候，较不耐寒。适生于酸性、肥沃和排水良好、疏松之砂质壤土。在北纬10°~20°之间，年平均气温20~22℃或更高，1月平均温度8℃以上，年降水量在1200~2000mm以上较高温湿条件的地方生长良好。一般采用母竹移植（分兜栽植）法繁殖。母竹要选择生长健壮、枝叶繁茂、无病虫害、直径适中、竿基笋目肥壮、须根发达的幼壮竹；移植时间以1~3月间阴天或小雨天最好；栽植地要求向阳、避风，土壤水肥条件好。移植时要注意保持竿基、芽目完整，栽后踏实，若土壤干旱，天气干燥，应浇足水，盖草保湿。

园林应用： 该竹竹竿纤细，叶片细小而密集，竹丛形态优美。常用于园林、庭院的配置，可孤植、群植于入口处、池塘边、假山、池畔、窗前等地（图5-26）。

竿丛

竿箨

植株形态

图5-26　**妈竹**

5.27 红竹

别　　名：红壳竹、红笋竹、红鸡竹、红哺鸡竹（浙江）

属　　名：刚竹属

学　　名：*Phyllostachys iridescens* C. Y. Yao et S. Y. Chen

耐盐等级：Ⅲ级，在土壤盐度达到0.41%时，竹子叶片盐害等级达到2级。

适应地区：分布于浙江、江苏、上海、安徽。近年各地广为栽培。

主要特征：散生竹。竿高8~12m，直径可达10m，竿基部节间常具淡黄色纵条纹，竿环和箨环中度缓隆起。箨鞘紫红色，边缘及顶部颜色尤深，具紫黑色斑点，光滑无毛，疏被白粉；无箨耳及繸毛；箨舌发达，紫黑色，先端截平或拱凸，边缘密生红褐色长须毛；箨叶为颜色鲜艳的彩带状，边缘橘黄色，中间绿、紫色，反转略皱折。叶鞘具叶耳和肩毛，新鲜时均呈紫色。

栽培特性：耐寒，耐盐碱。可耐−15℃的低温，在酸性、中性及微碱性的土壤上都能很好地生长发育。红竹抗性强，极少发生病虫害，喜肥沃而又极耐瘠薄。在北纬25°~30°之间，凡年平均气温15~16℃或更高，1月平均温度4~8℃，年降水量在1000~2000mm的地方都可生长。一般用母竹移栽或埋鞭育苗的方法繁殖。园艺栽培随栽随能成景，荒山造林3~5年即可成林收益。移栽季节四季皆可，但以2~3月的早春和6月的梅雨及10月小阳春季节最佳，尽量避开7~8月的高温干旱季节移栽造林。因其竹笋肉嫩甜美，易遭受虫害，应注意及时防治。

园林应用：该竹为中型竹种。竹竿刚劲挺拔，其幼竿翠绿、被白粉，并显露不规则黄条纹，枝叶潇洒，层次分明。笋壳红色鲜艳，箨叶长而红黄绿色相间，为颜色鲜艳的彩带状，边缘橘黄色，中间绿色，箨叶随风飘舞，极其美丽潇洒，是一个不可多得的观赏园艺竹种。为优良的材、笋两用和观笋竹种。非常适宜庭园配景，亦可用于亭、榭、阁旁和假山石间小品点缀（图5-27）。

笋1

图5-27　红竹（一）

笋2

叶及分枝

竹林

图5-27　**红竹（二）**

5.28 绿竹

别　　名：坭竹、石竹、毛绿竹（广东）、乌药竹、长枝竹、效脚绿（台湾）

属　　名：绿竹属

学　　名：*Dendrocalamopsis oldhami*（Munro）Keng f.

耐盐等级：Ⅲ级，在土壤盐度达到0.41%时，竹子叶片盐害等级达到2级。

适应地区：产浙江南部、福建、台湾、广东、广西和海南等省区。

主要特征：竿高6~9m，直径5~8cm，幼时被白粉，粉退后呈绿色或暗绿色。箨鞘坚硬而质脆，无毛而有光泽；箨叶三角状披针形，直立，下面无毛，上面粗糙；茎每节有3枚粗大的和若干较小的枝条；节间圆筒形，通常邻近的节间稍作"之"字形曲折。箨鞘脱落性，革质，顶端近为截形，背面无毛或被有或疏或密的褐色刺毛，边缘无毛或其上部显著生纤毛；箨耳近等大，椭圆形或近圆形，边缘生纤毛；箨舌高约1mm，近全缘或上缘呈波状；箨叶直立，三角形或窄三角形，先端长渐尖，基部截形并向内收窄，其宽度约箨鞘顶宽之半。分枝习性较高，常在竿第七节以上始发枝，竿每节计有3主枝和若干较细小的枝条。笋期5~11月，花期多在夏季至秋季。

栽培特性：绿竹适生于南亚热带季风气候，经多年人工栽培逐步向北推移至中亚热带南缘，栽培区内的年平均温度18~22℃，1月平均温度8~12℃，极端低温可耐-5℃，年降水一般在1400mm以上，相对湿度75%以上均可。绿竹繁育方式以母竹（分兜）移植为主，亦可用主枝和次生枝扦插、埋竿、埋节和组培法繁殖。

园林应用：该竹为中型丛生竹种。竹竿挺直饱满，分枝高，竹叶浓密，形态优美。本种为台湾省普遍栽培的竹类之一。竿可作建筑用材或劈篾编制用具，亦为造纸原料。笋味鲜美，质地柔软，除蔬食外，还可加工制笋干或罐头；由于笋期长，产量丰富，故商品效益颇大。此外在台湾还有在本种竹竿刮取竹茹，作为解热的中药材。现在也用于园林景观绿化，主要用于园林空间较大地方的景观配置，营造主景，孤植、林植等均可（图5-28）。

笋

箨

竿之分枝

植株形态

图5-28 **绿竹**

5.29　大头典竹

别　　名：新竹、荣竹、大头竹、马尾竹、大头甜竹、朱村甜竹（均广东）

属　　名：绿竹属

学　　名：*Dendrocalamopsis beecheyana* var. *pubescens*（P. F. Li）Keng f.

耐盐等级：Ⅲ级，在土壤盐度达到0.40%时，竹子叶片盐害等级达到2级。

适应地区：分布自华南至西南。生长于平地、山坡或河岸。

主要特征：地下茎为合轴型。主干高20~50m，直径10~30cm，节间长45cm。茎箨质地坚脆，背部稀疏贴生易落的深棕色小刺毛；箨叶呈卵状兼披针形，长6~15cm，宽3~5cm，上面具有淡棕色小刺毛；枝条常反生于主茎之上部，每小枝具叶7~10枚，叶鞘上部贴生黄棕色细毛；叶片宽披针状或披针状矩圆形，长椭圆形，长1 5~35cm，宽4~7cm，次脉11~15对，小横脉显著。小穗长12~15mm，宽7~13mm，含6~8花，红色或深紫色。

栽培特性：要求酸性砂质壤土、亚热带气候，能耐−5℃低温。在北纬10°~20°之间，年平均气温20~22℃或更高，1月平均温度8℃以上，年降水量在1200~2000mm以上较高温湿条件的地方生长良好。采用母竹移栽繁殖。该竹易受冻，西北地区在露天不能过冬。母竹移植时要注意保持竿基、芽目完整。栽后踏实，若土壤干旱，天气干燥，应浇足水，盖草保湿。

园林应用：该竹为大型丛生竹种。竿形高大圆满，分枝高，竹叶宽大婆娑，浓密，顶端挺直。用途同吊丝球竹。适于庭院、公园、四旁栽培，观赏竹笋和竹丛（图5-29）。

竿丛

植株形态

图5-29　**大头典竹**

5.30 紫竿竹

属　　名：簕竹属

学　　名：*Bambusa textilis*‘Purpurascens’

耐盐等级：Ⅲ级，在土壤盐度达到0.40%时，竹子叶片盐害等级达到2级。

适应地区：产广东。福建厦门有栽培。

主要特征：本栽培型的营养体与青皮竹原变种也极为相似，其相异之点在于竿的节间具有宽窄不等的紫红色纵条纹。

栽培特性：性好温暖湿润气候，较不耐寒。适生于酸性、肥沃和排水良好、疏松之砂质壤土。一般采用母竹移植（分兜栽植）法繁殖。

园林应用：该竹为中型丛生竹种。竹竿挺直，分枝高，竹叶浓密，形态优美。尤其是其竿的节间具有宽窄不等的紫红色纵条纹，更具观赏价值。可种植于庭园中以供观赏，亦可在园林景观配置时营造主景，孤植、林植等均可（图5-30）。

竿丛（示竿上条纹）

竿丛

竿上条纹（近观）

竿箨

植株形态

图5-30　**紫竿竹**

附录1
课题野外调查竹类植物盐害情况照片

条纹大耳竹（*Bambusa tuld*）（台湾）

赤竹（日本幕张海滨公园）

菲白竹（日本东京）

小佛肚竹（远观）（海南海边沙滩）

小佛肚竹（近观）（海南海边沙滩）

大肚竹（远观）（海南海边沙滩）

大肚竹（近观）（海南海边沙滩）

青秆竹（远观）（海南海边）

青秆竹（近观）（海南海边）

石竹仔（远观）（海南海边）

石竹仔（近观）（海南海边）

青皮竹（离海约50m）（海南）

青皮竹（离海约100m）（海南）

佛肚竹（海边沙滩）（海南）

佛肚竹（海边沙滩，已受盐害而死）（海南）

青皮竹（远观）（海南天涯海角海边沙滩）

青皮竹（近观）（海南天涯海角海边沙滩）

黄金间碧玉竹（远观）（海南天涯海角海边沙滩）

黄金间碧玉竹（近观）（海南天涯海角海边沙滩）

小琴丝竹（远观）（海南三亚湾沙滩）

小琴丝竹（近观）（海南三亚湾沙滩）

青皮竹（远观）（海南三亚湾沙滩）

青皮竹（近观）（海南三亚湾沙滩）

佛肚竹（远观）（厦门环岛路海边别墅围墙内）

佛肚竹（近观）（厦门环岛路海边别墅围墙内）

小琴丝竹（远观）（厦门环岛路海边别墅围墙内）

小琴丝竹（近观）（厦门环岛路海边别墅围墙内）

长叶苦竹（远观）（厦门环岛路海边餐馆前）

长叶苦竹（近观）（厦门环岛路海边餐馆前）

青皮竹（远观）（厦门环岛路演武大桥边居民楼围墙边）

青皮竹（近观）（厦门环岛路演武大桥边居民楼围墙边）

凤尾竹（远观）（厦门大学西门对面）

凤尾竹（近观）（厦门大学西门对面）

黄金间碧玉竹（远观）（厦门大学生命科学学院前）

黄金间碧玉竹（近观）（厦门大学生命科学学院前）

孝顺竹（远观）（厦门大学校园内芙蓉湖边）

孝顺竹（远观）（厦门大学校园内芙蓉湖边）

小琴丝竹（远观）（宁德东湖南岸临水景观区）

小琴丝竹（近观）（宁德东湖南岸临水景观区）

唐竹（远观）（莆田赤港华侨农场竹园）

唐竹（近观）（莆田赤港华侨农场竹园）

黄秆乌哺鸡竹（远观）（莆田赤港华侨农场竹园）

黄秆乌哺鸡竹（近观）（莆田赤港华侨农场竹园）

青芳竹（远观）（莆田赤港华侨农场竹园）

青芳竹（近观）（莆田赤港华侨农场竹园）

无毛翠竹（莆田赤港华侨农场竹园）

倭竹（莆田赤港华侨农场竹园）

斑竹（莆田赤港华侨农场竹园）

菲黄竹（莆田赤港华侨农场竹园）

毛竹（莆田赤港华侨农场竹园）

红哺鸡竹（莆田赤港华侨农场竹园）

大肚竹（远观）（莆田湄洲岛上）

大肚竹（近观）（莆田湄洲岛上）

黄金间碧玉竹（远观）（莆田湄洲岛上）

黄金间碧玉竹（近观）（莆田湄洲岛上）

淡竹（远观）（莆田湄洲岛海边沙滩上）

淡竹（近观）（莆田湄洲岛海边沙滩上）

倭竹（厦门环岛路海悦山庄竹园）

铺地竹（厦门环岛路海悦山庄竹园）

小琴丝竹（厦门环岛路海悦山庄竹园）

凤尾竹（厦门环岛路海悦山庄竹园）

大肚竹（远观）（厦门环岛路海悦山庄竹园）

大肚竹（近观）（厦门环岛路海悦山庄竹园）

桂竹（厦门环岛路海悦山庄竹园）

紫竹（厦门环岛路海悦山庄竹园）

菲黄竹（远观）（厦门环岛路海悦山庄竹园）

菲黄竹（近观）（厦门环岛路海悦山庄竹园）

翠竹（远观）（厦门环岛路海悦山庄竹园）

翠竹（近观）（厦门环岛路海悦山庄竹园）

菲白竹（远观）（厦门环岛路海悦山庄竹园）

菲白竹（近观）（厦门环岛路海悦山庄竹园）

花吊丝竹（远观）（厦门环岛路海悦山庄竹园）

花吊丝竹（近观）（厦门环岛路海悦山庄竹园）

金镶玉竹（远观）（厦门园博园百竹园）

金镶玉竹（近观）（厦门园博园百竹园）

早竹（开花）（厦门园博园）

早竹（叶近观）（厦门园博园）

石绿竹（厦门园博园）

小琴丝竹（厦门园博园）

小琴丝竹（远观）（厦门园博园海岸边）

桂竹（远观）（厦门园博园海岸边）

孝顺竹（育于海岸边）（厦门园博园）

篌竹（厦门园博园）

小琴丝竹（厦门植物园北环路边）

大肚子（厦门植物园北环路边）

紫竹（厦门植物园小竹园）

橄榄竹（厦门植物园小竹园）

方竹（厦门植物园小竹园）

泰竹（厦门植物园竹类植物区）

吊罗坭竹（厦门植物园太平岩寺附近）

油苦竹（厦门植物园太平岩寺附近）

淡竹（厦门植物园竹类植物区）

菲黄竹（厦门植物园温室门前）

花叶唐竹（厦门植物园百花厅）

阔叶箬竹（厦门植物园百花厅）

倭竹（厦门植物园竹类植物区）

佛肚竹（厦门植物园竹类植物区）

菲白竹（厦门植物园育苗圃）

菲黄竹（厦门植物园育苗圃）

泰竹（厦门环岛路胡里山炮台侧门入口处）

孝顺竹（厦门环岛路观音山附近）

课题组人员在厦门环岛路对盐害竹子进行调查取样

课题组人员在莆田对盐害竹子进行调查取样

附录2
竹类植物根系、叶片切片电镜扫描图

（1）野外调查盐害竹类植物根系、叶片电镜扫描图（部分）（注：样品取自福建莆田沿海）

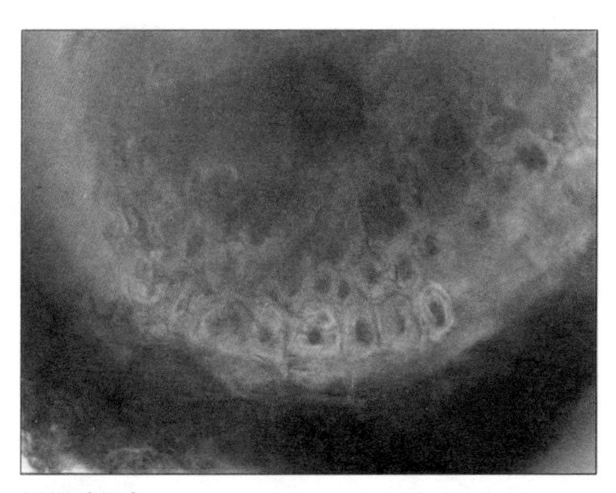

坭竹（根）

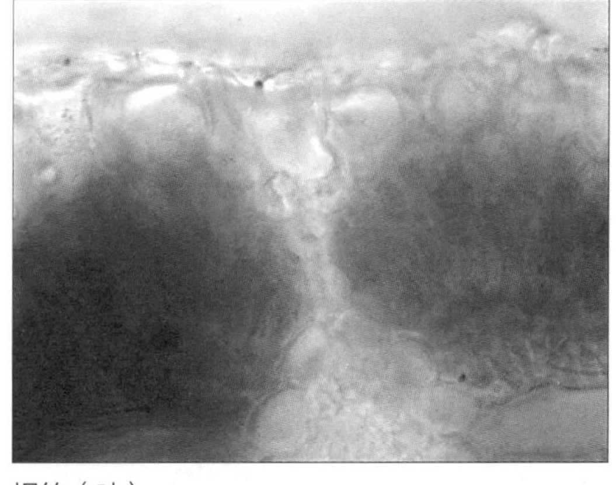

坭竹（叶）

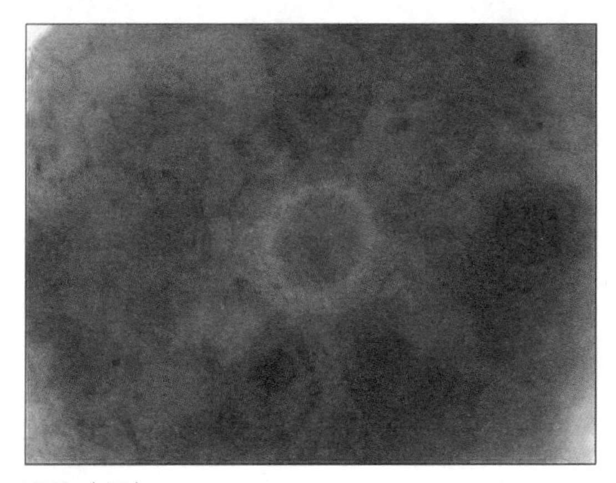

斑竹（根）

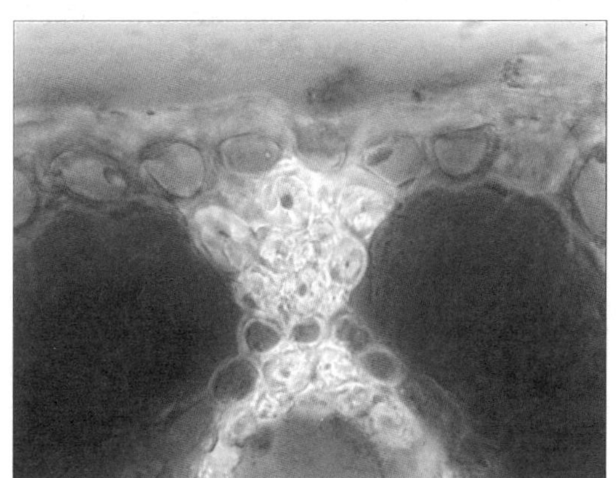

斑竹（叶）

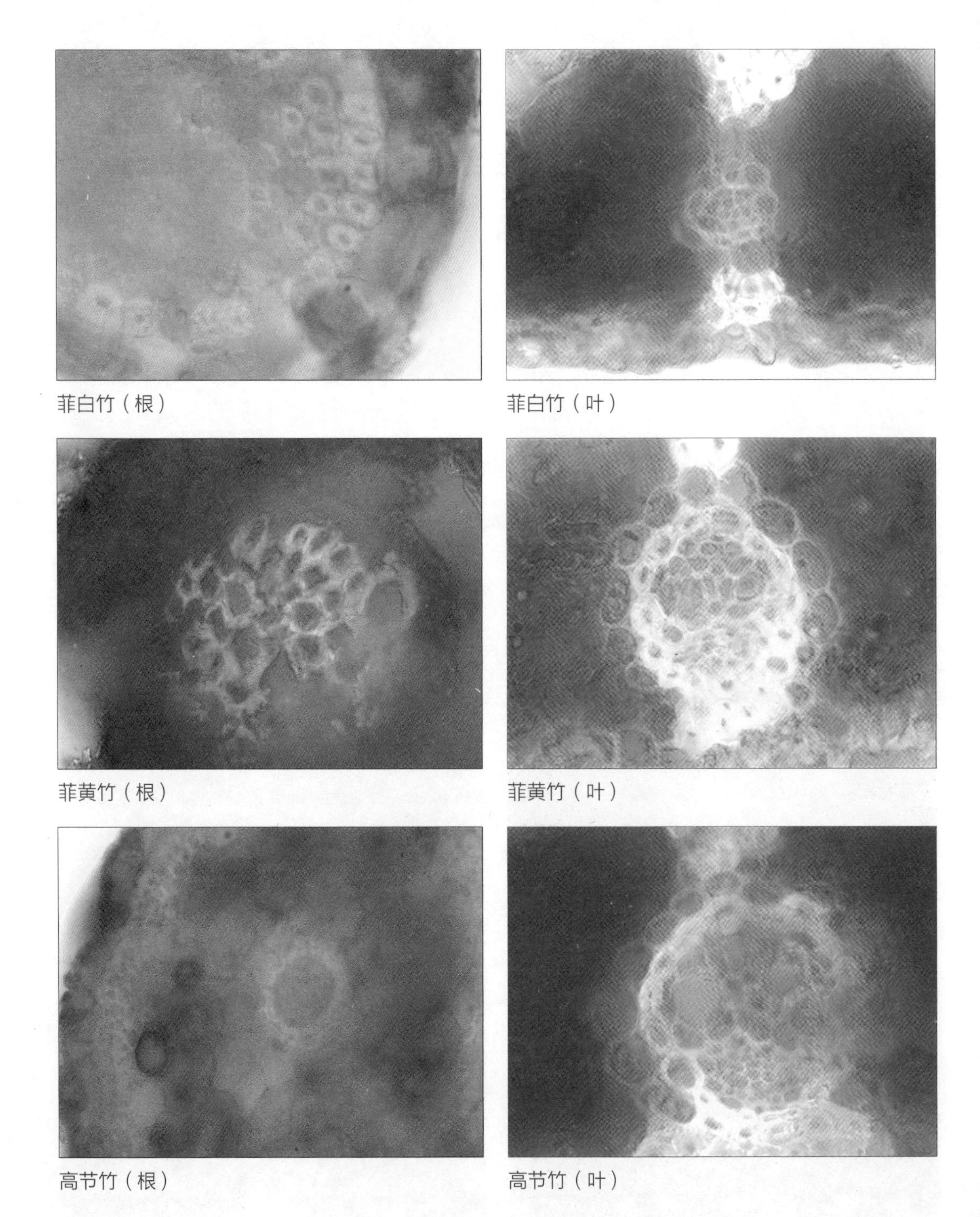

菲白竹（根） 菲白竹（叶）

菲黄竹（根） 菲黄竹（叶）

高节竹（根） 高节竹（叶）

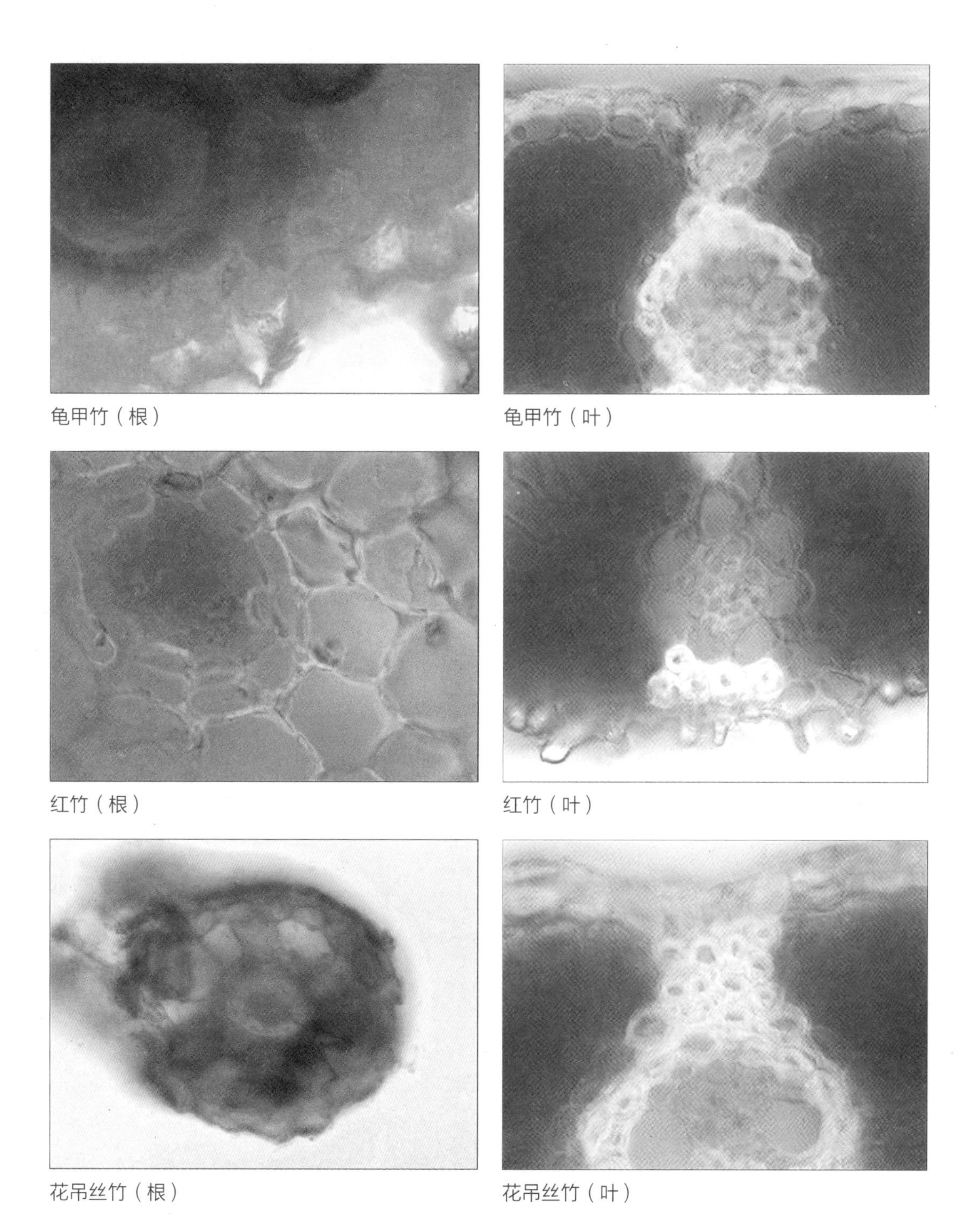

龟甲竹（根）

龟甲竹（叶）

红竹（根）

红竹（叶）

花吊丝竹（根）

花吊丝竹（叶）

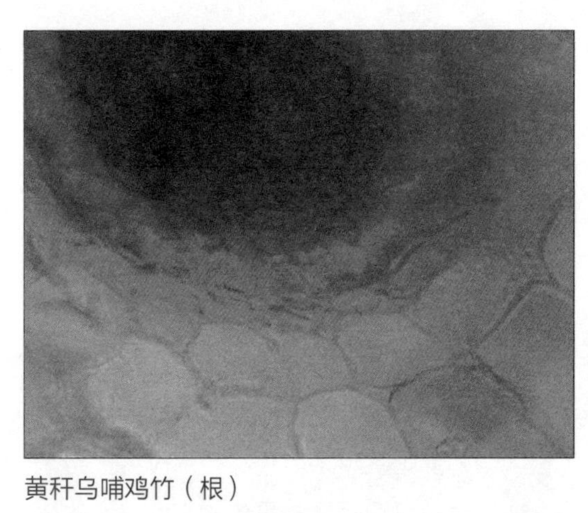
黄秆乌哺鸡竹（根）

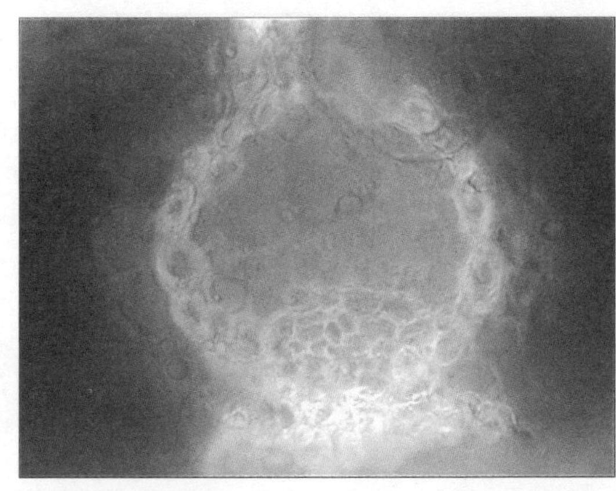
黄秆乌哺鸡竹（叶）

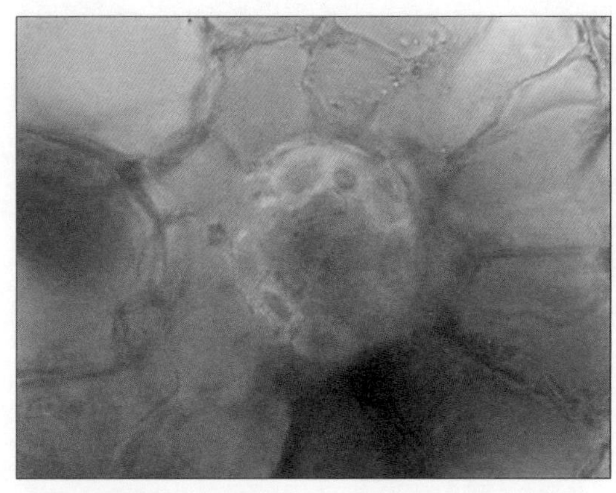
金丝慈竹（根）

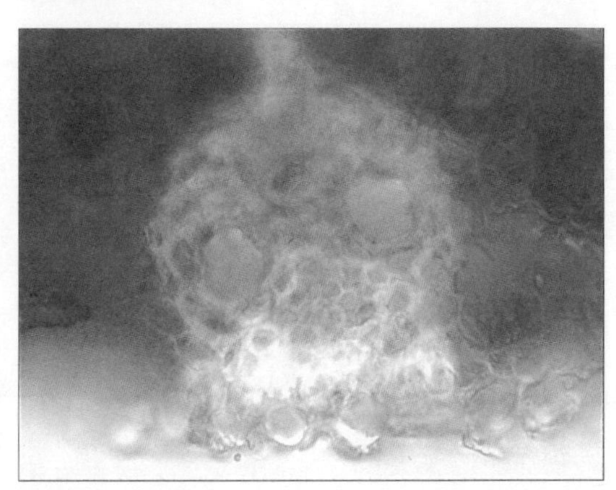
金丝慈竹（叶）

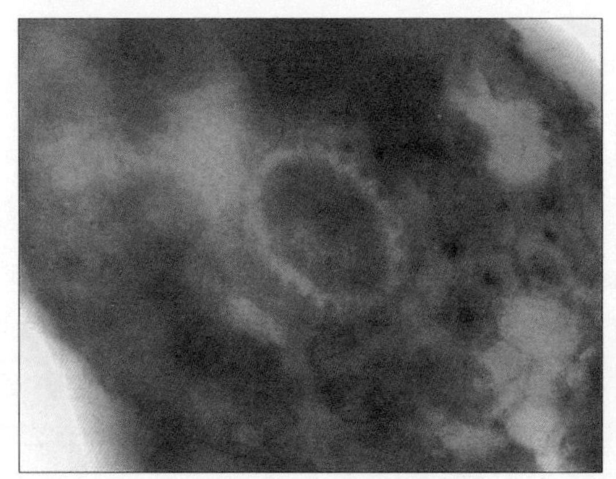
阔叶箬竹（根）

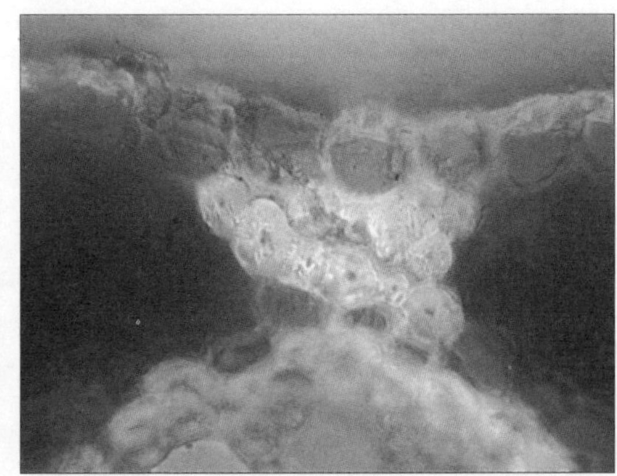
阔叶箬竹（叶）

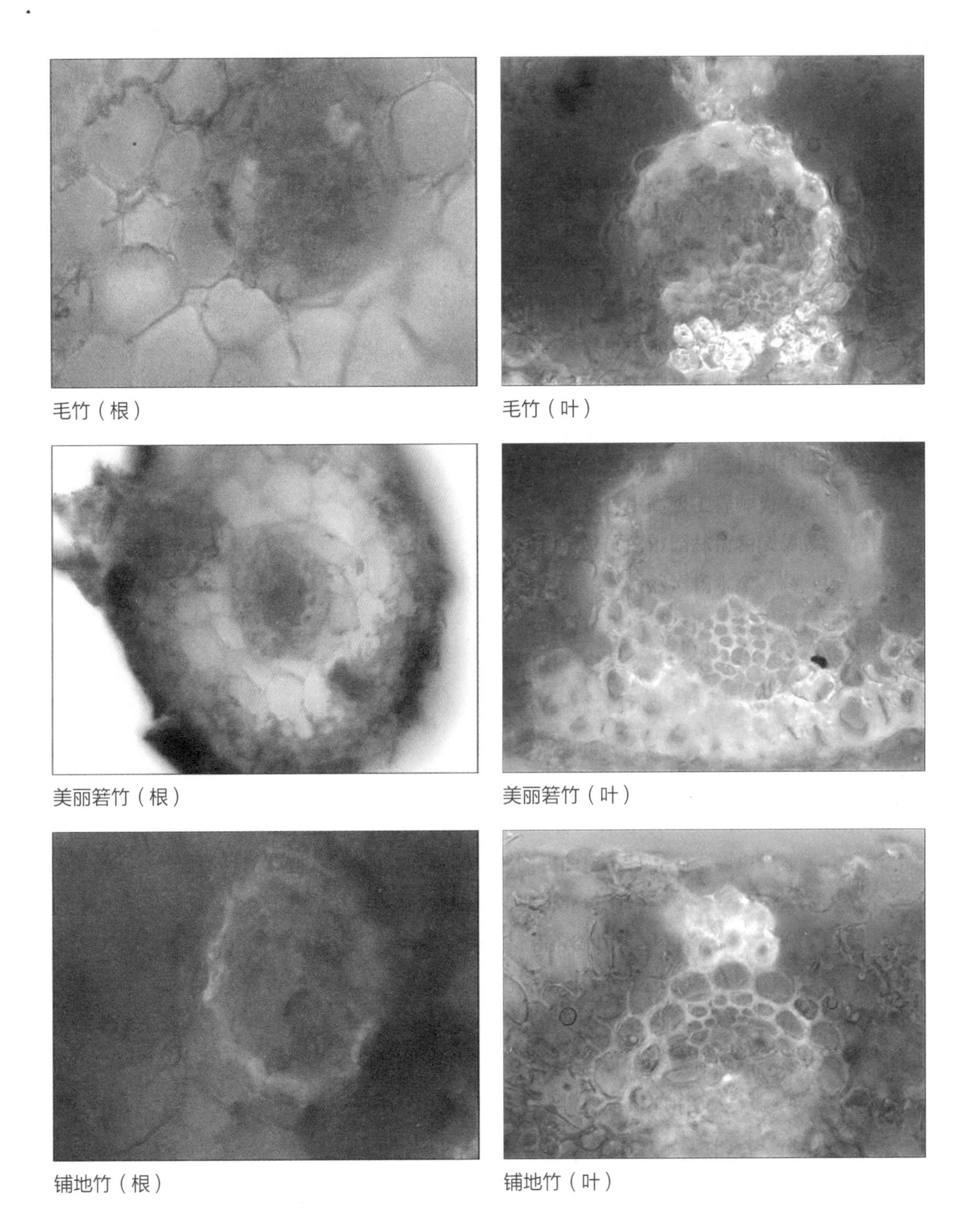

毛竹（根）

毛竹（叶）

美丽箬竹（根）

美丽箬竹（叶）

铺地竹（根）

铺地竹（叶）

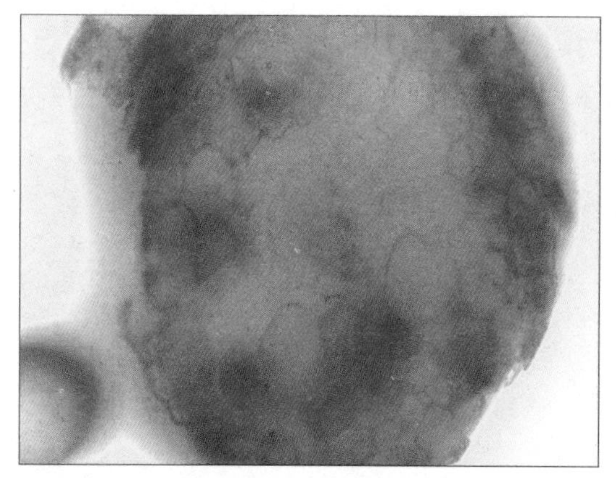
青芳竹（根）

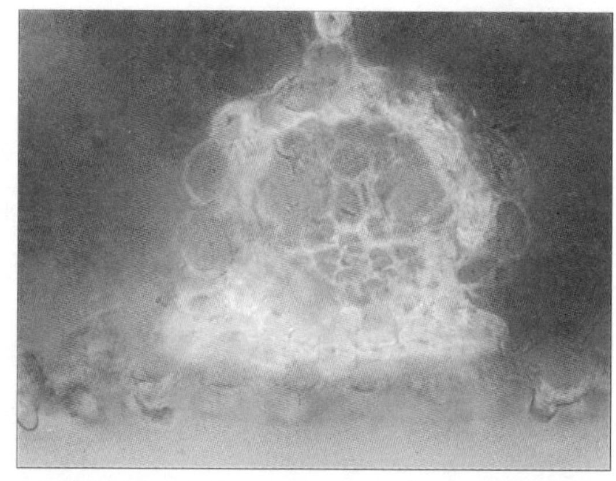
青芳竹（叶）

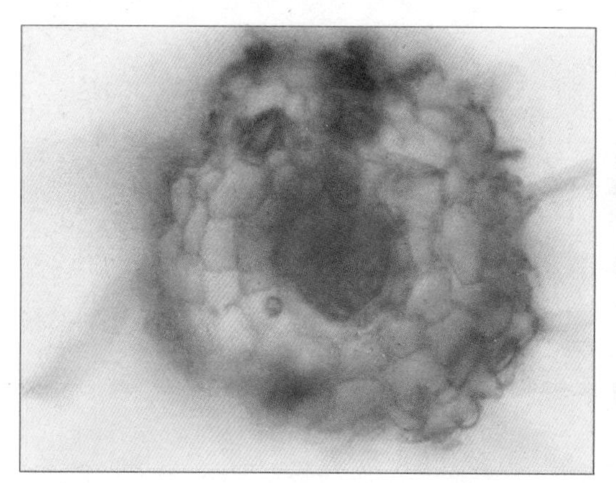
撑麻青竹（根）

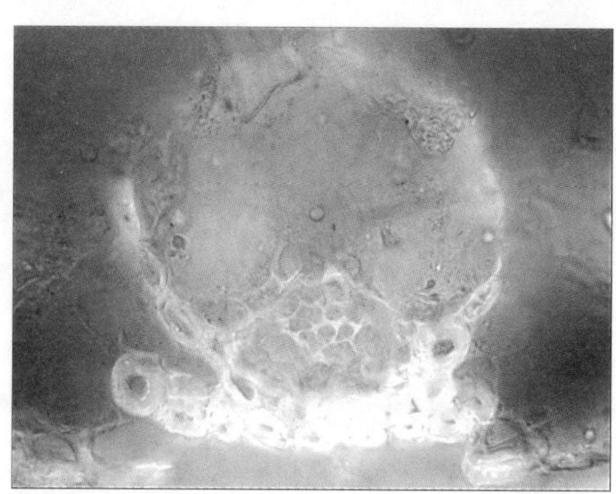
撑麻青竹（叶）

青丝黄竹（根）

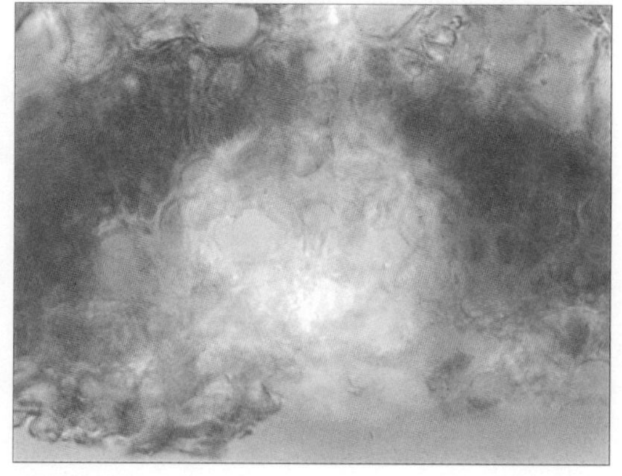
青丝黄竹（叶）

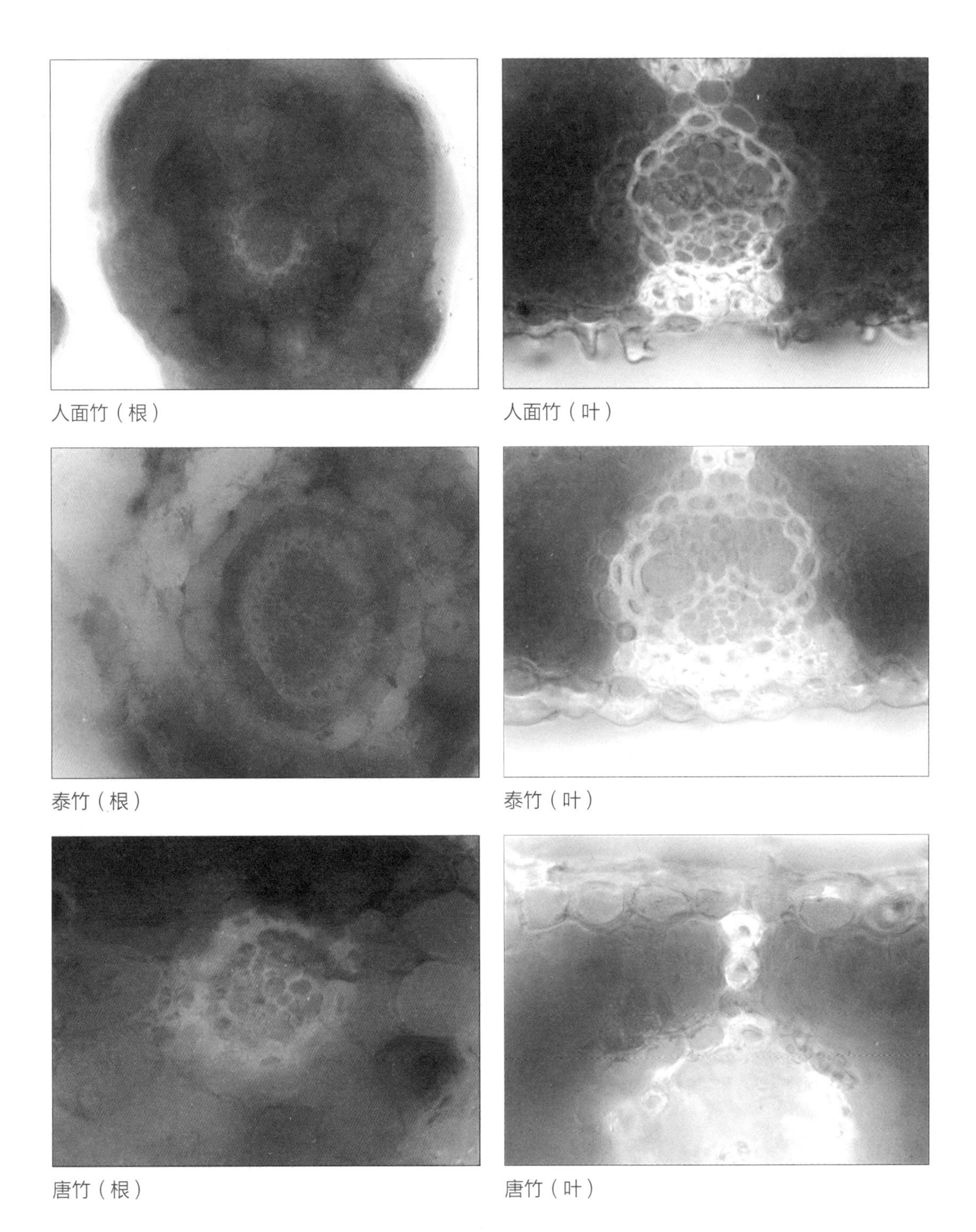

人面竹（根）

人面竹（叶）

泰竹（根）

泰竹（叶）

唐竹（根）

唐竹（叶）

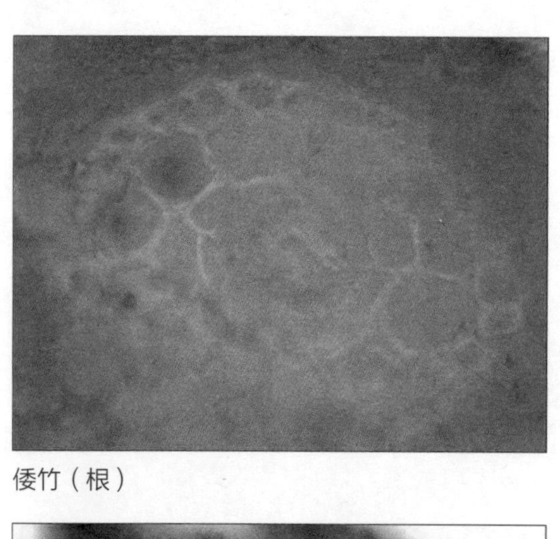

倭竹（根）

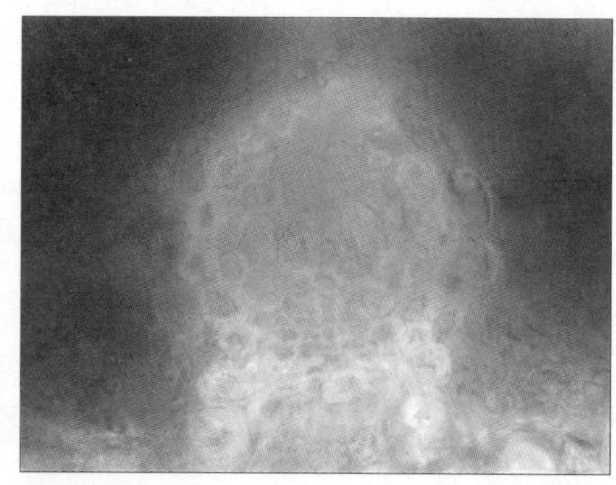

倭竹（叶）

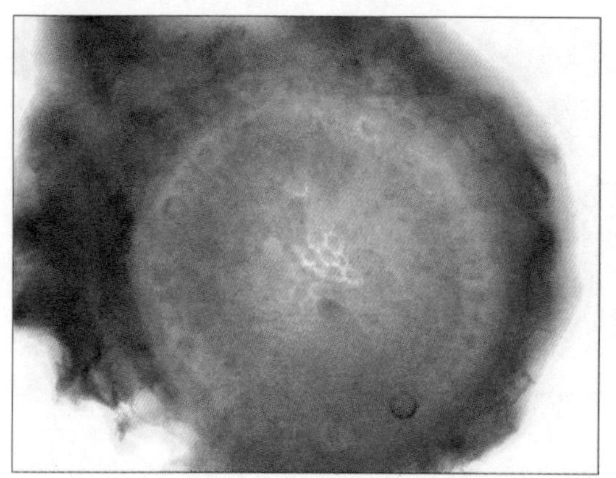

无毛翠竹（根）

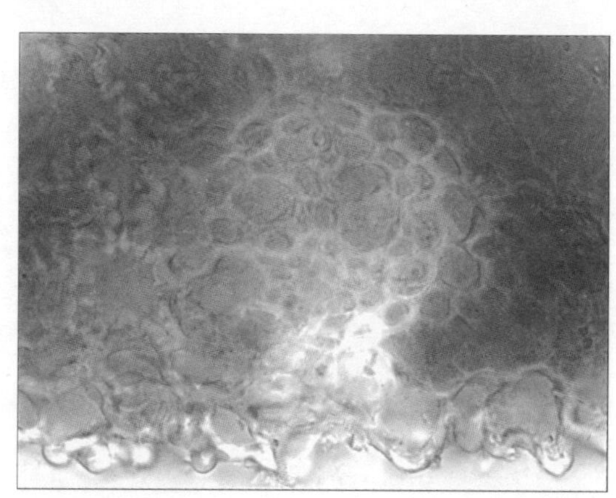

无毛翠竹（叶）

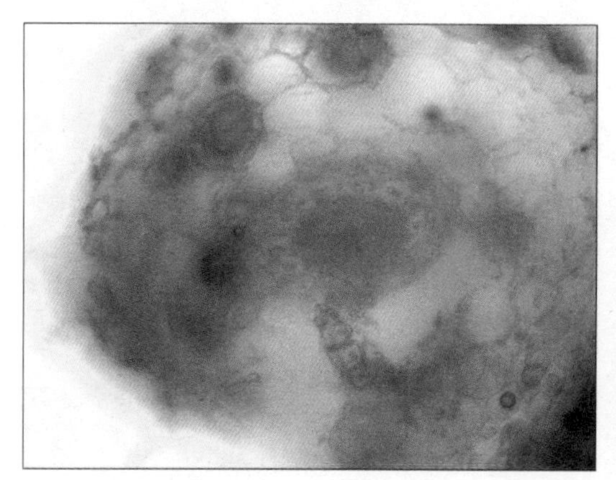

紫青皮竹（根）

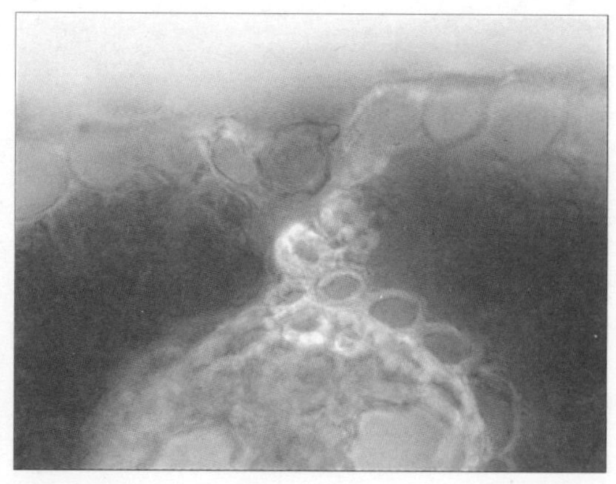

紫青皮竹（叶）

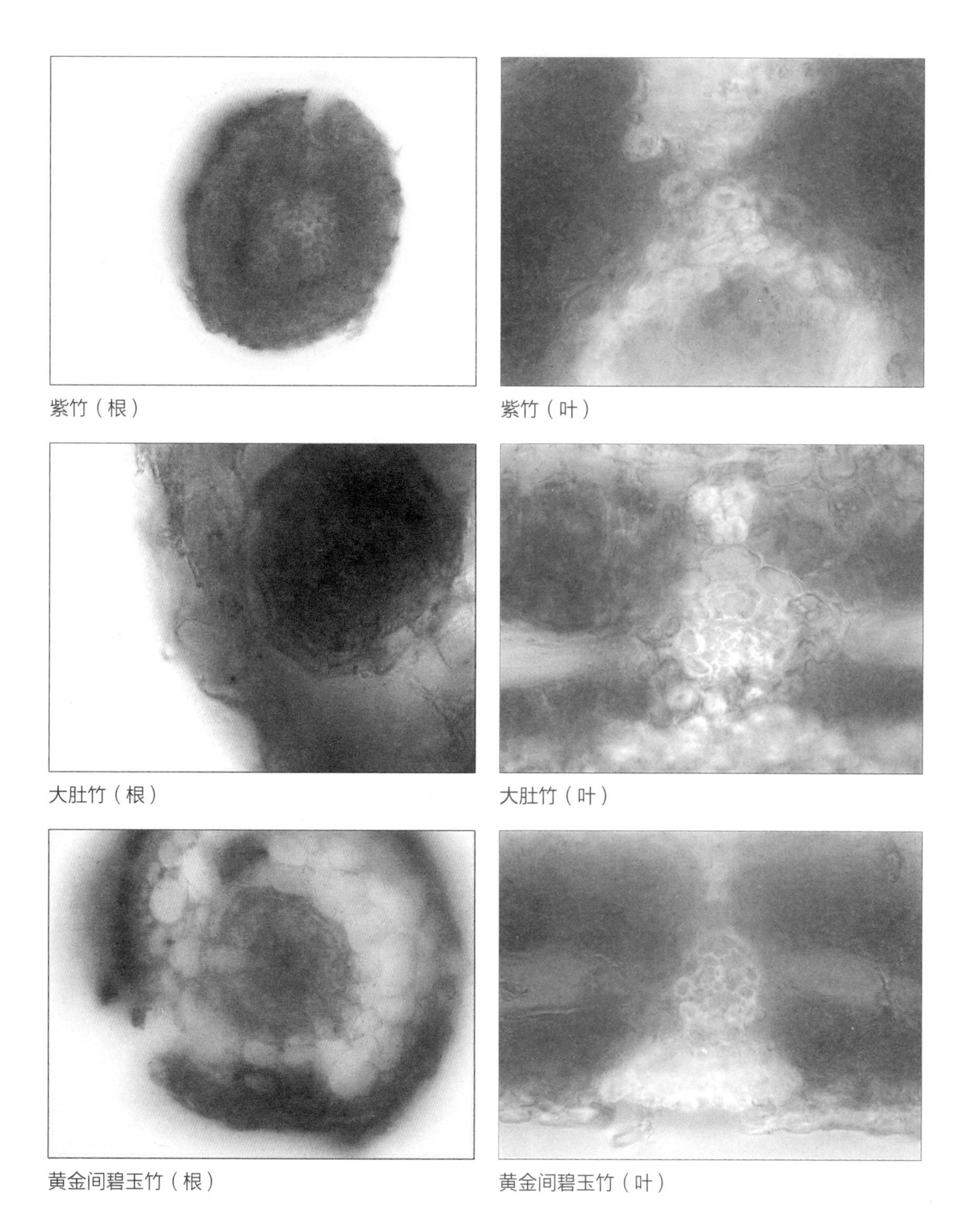

紫竹（根）

紫竹（叶）

大肚竹（根）

大肚竹（叶）

黄金间碧玉竹（根）

黄金间碧玉竹（叶）

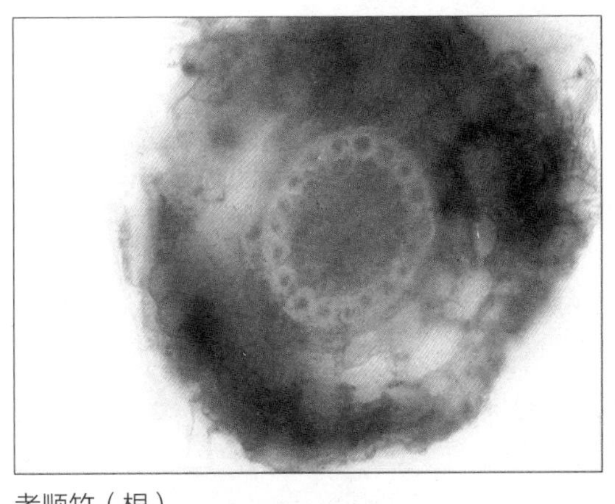

孝顺竹（根）

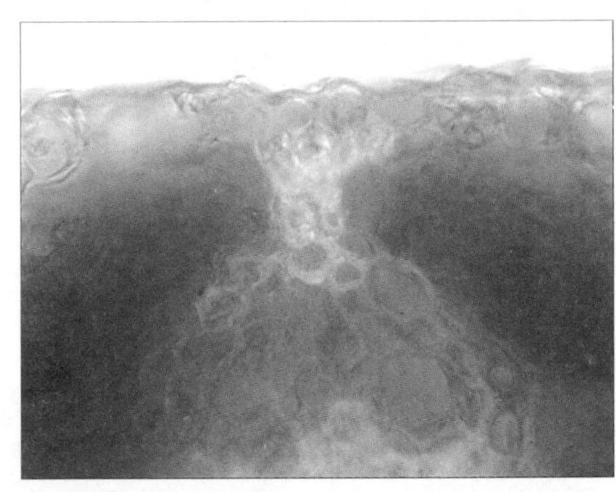

孝顺竹（叶）

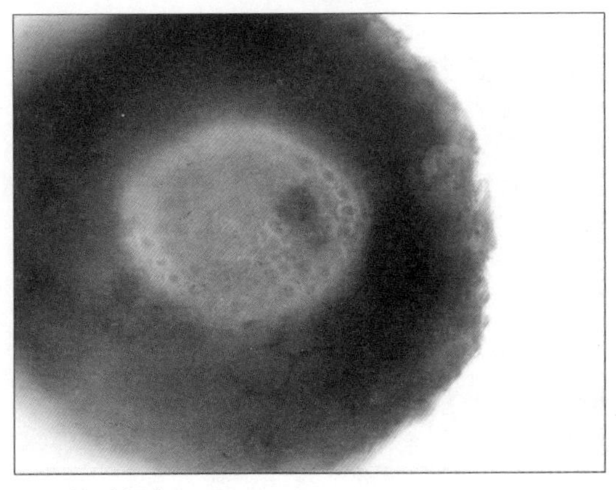

凤尾竹（根）

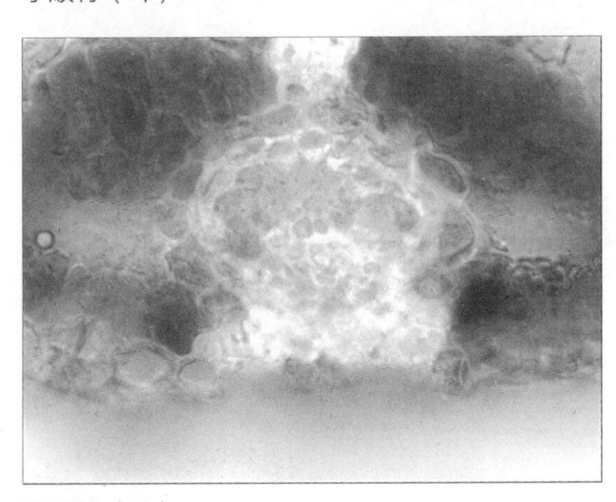

凤尾竹（叶）

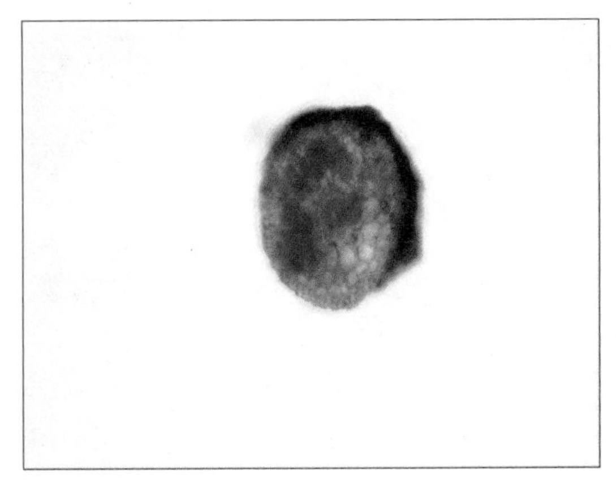

淡竹（根）

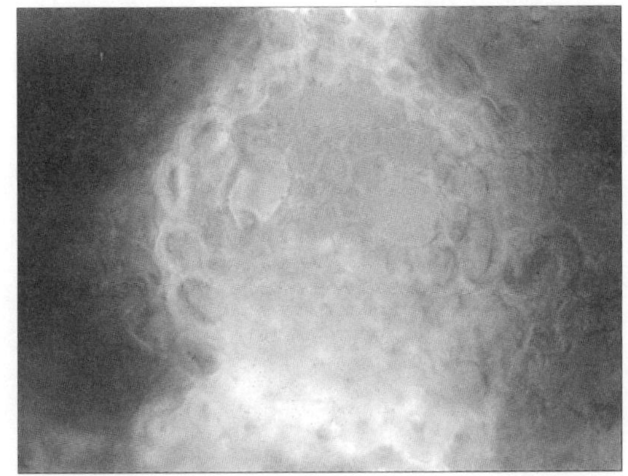

淡竹（叶）

（2）盐度梯度试验竹类植物根系电镜扫描图（不同盐度处理25d后取样分析）

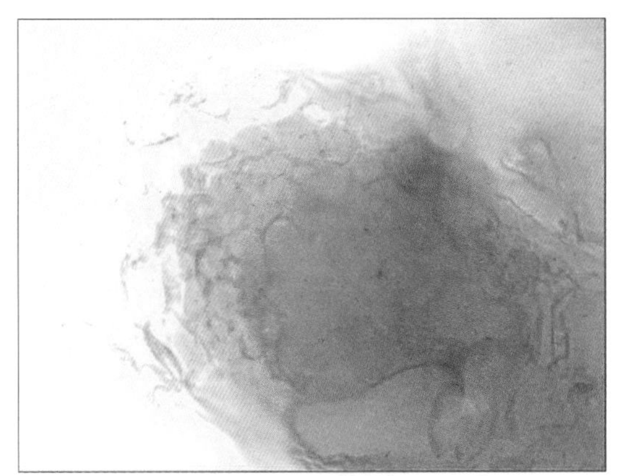
刺黑竹CK（0.0%NaCl处理，下同）

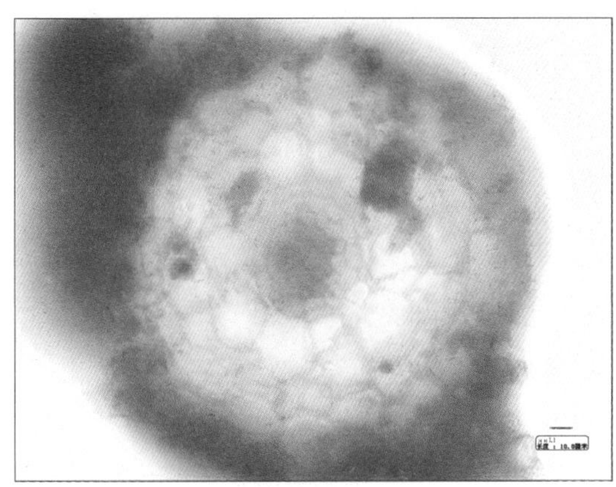
刺黑竹（0.1%NaCl处理）

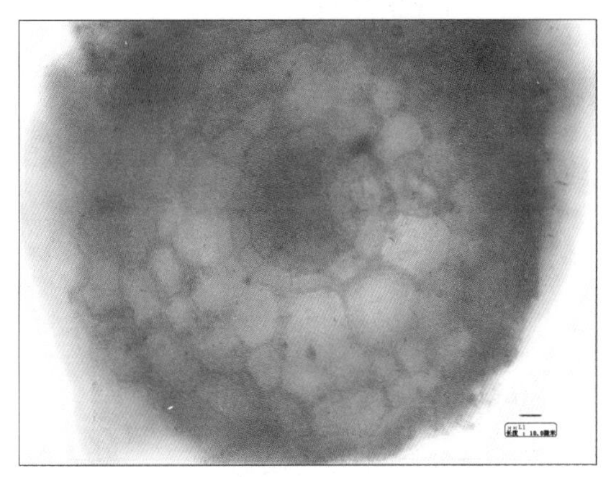
刺黑竹（0.3%NaCl处理）

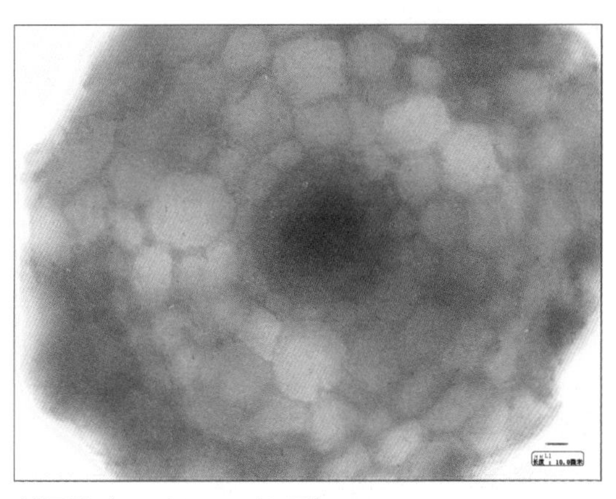
刺黑竹（0.5%NaCl处理）

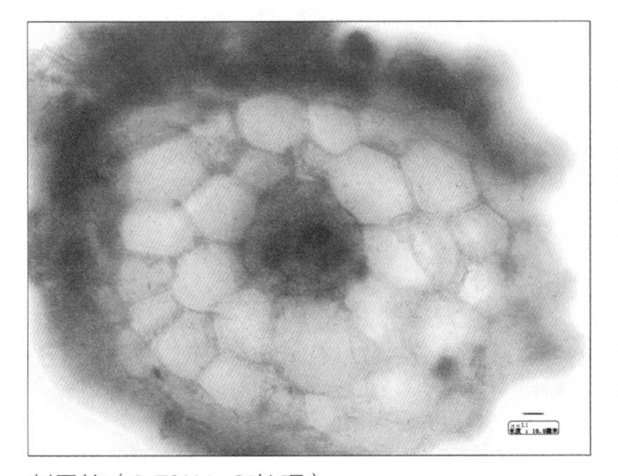
刺黑竹（0.7%NaCl处理）

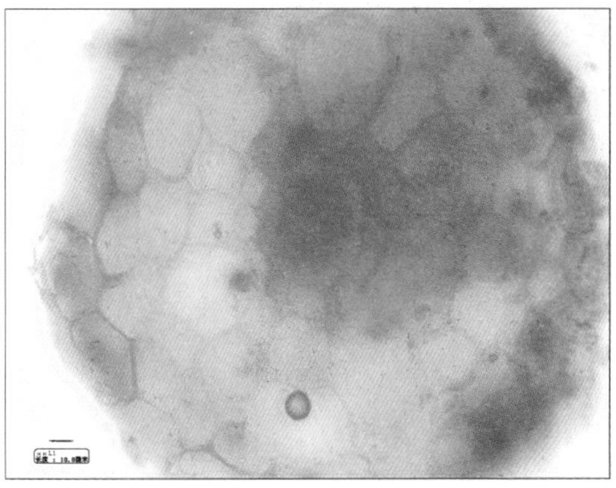
刺黑竹（1.0%NaCl处理）

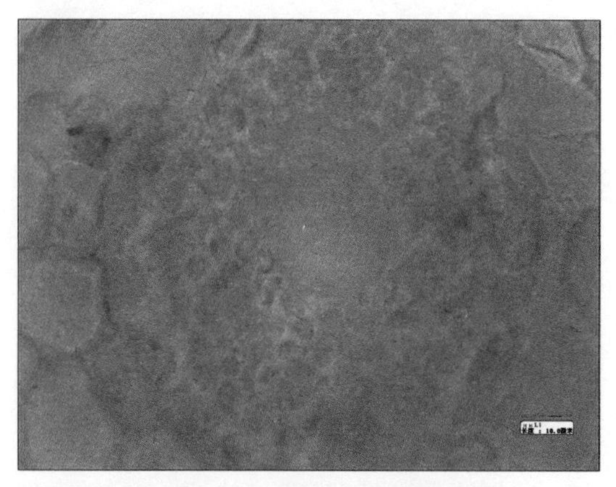

毛凤凰竹CK

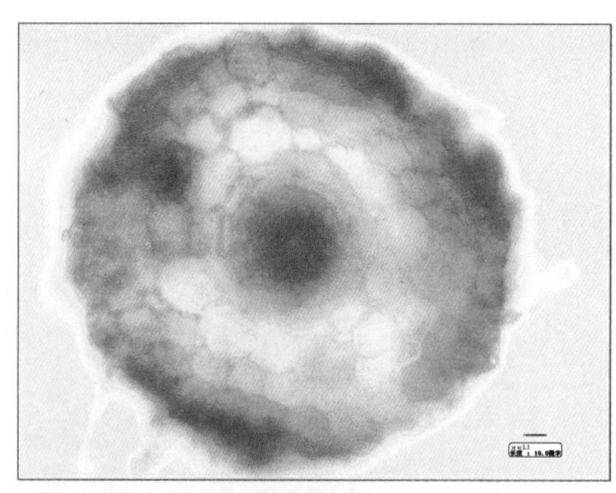

毛凤凰竹（0.1%NaCl处理）

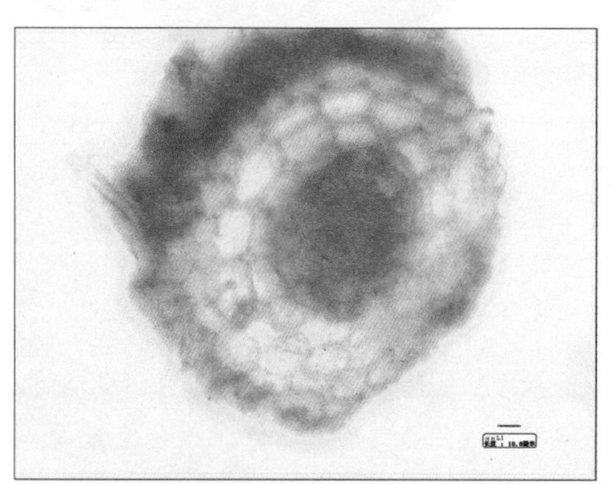

毛凤凰竹（0.3%NaCl处理）

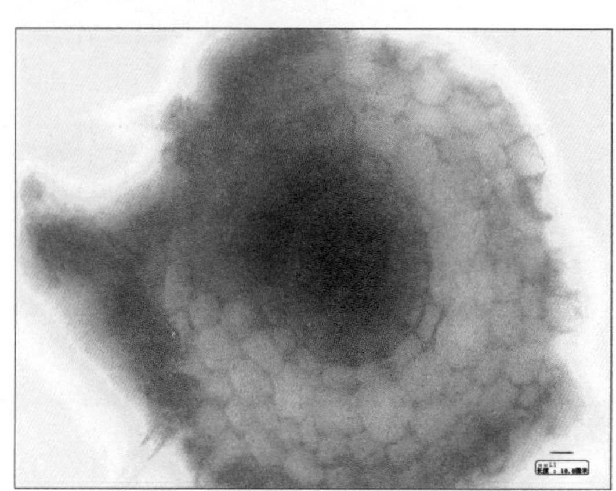

毛凤凰竹（0.5%NaCl处理）

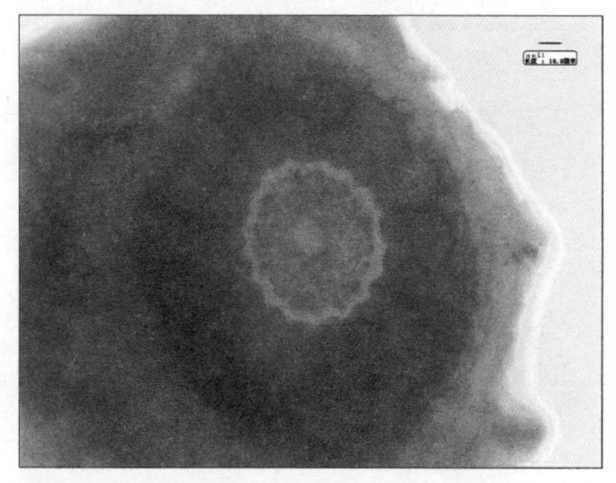

毛凤凰竹（0.7%NaCl处理）

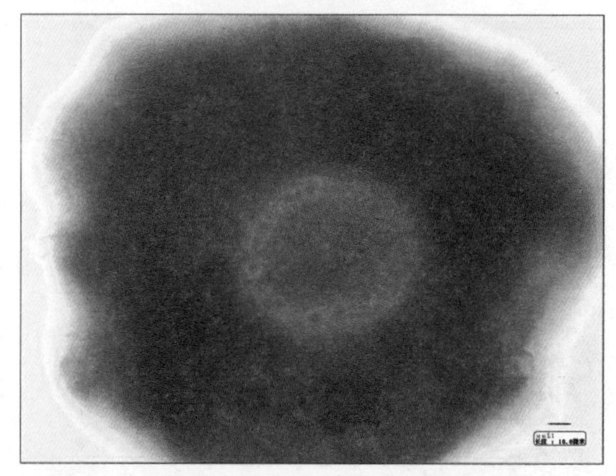

毛凤凰竹（1.0%NaCl处理）

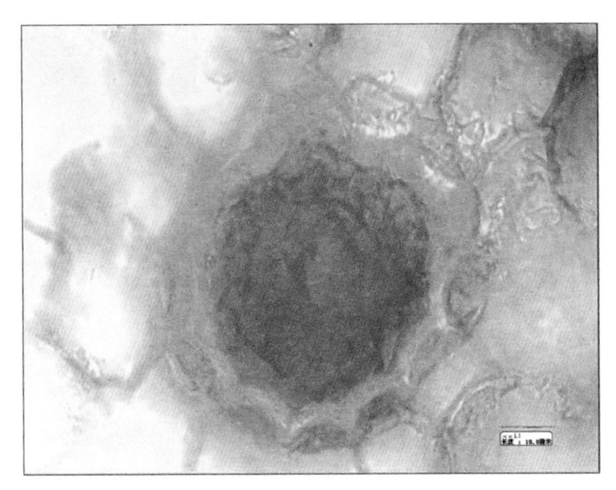

匍匐廉序竹CK

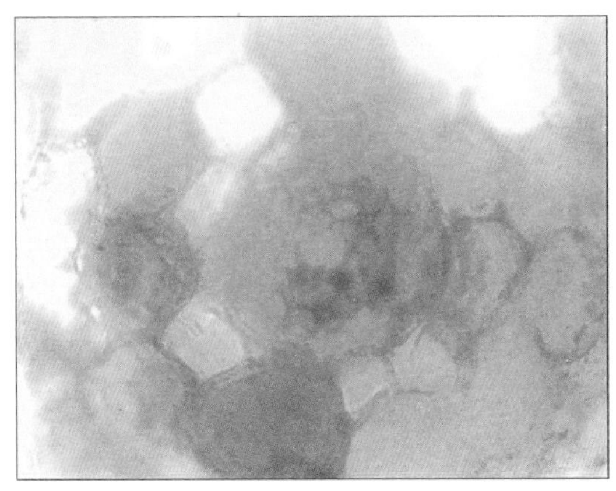

匍匐廉序竹（0.1%NaCl处理）

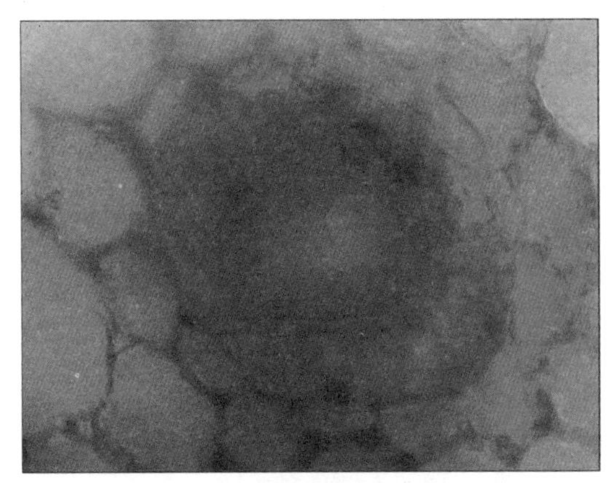

匍匐廉序竹（0.3%NaCl处理）

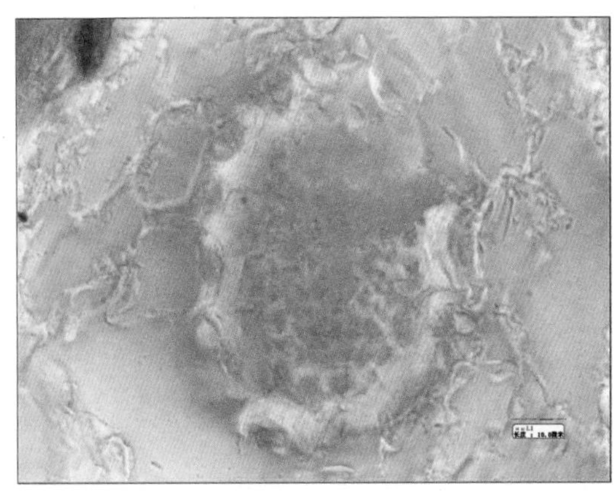

匍匐廉序竹（0.5%NaCl处理）

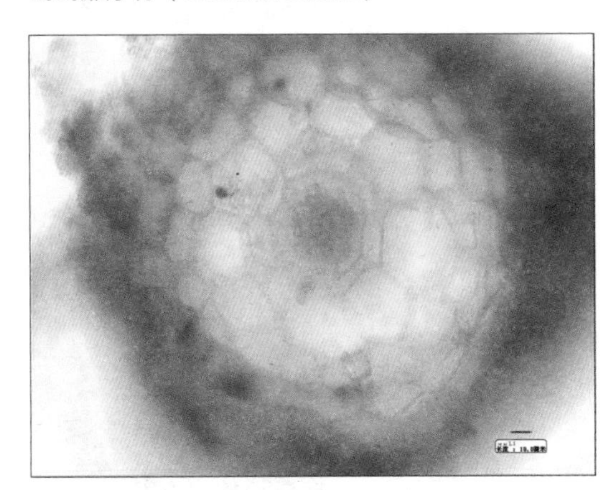

匍匐廉序竹（0.7%NaCl处理）

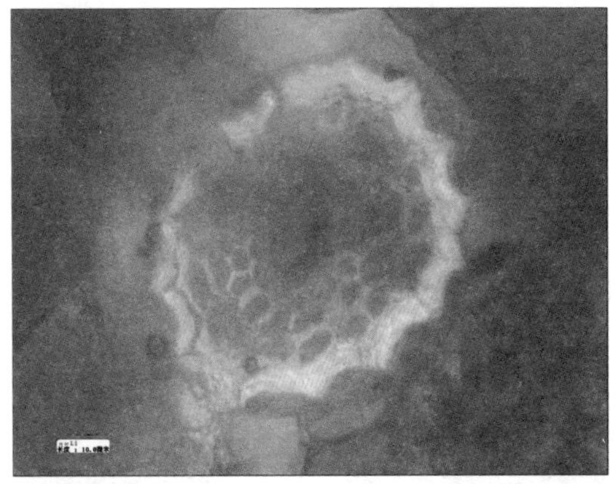

匍匐廉序竹（1.0%NaCl处理）

附录3
盐度梯度试验竹类植物叶片形态的变化

（1）试验竹子育苗时的部分照片

花叶唐竹

小琴丝竹

刺黑竹

毛凤凰竹（1年生实生苗）

匍匐廉序竹

翠竹

菲白竹

菲黄竹

地被竹育苗圃地

凤尾竹

瓜多竹

（2）不同盐度处理竹类植物叶片形态的变化（叶片因盐害焦枯程度的变化）

（注：照片拍摄时间为用不同盐度处理后第51天）

花叶唐竹CK

花叶唐竹（0.1%NaCl处理）

花叶唐竹（0.3%NaCl处理）

花叶唐竹（0.5%NaCl处理）

花叶唐竹（0.7%NaCl处理）

花叶唐竹（1.0%NaCl处理）

小琴丝竹CK

小琴丝竹（0.1%NaCl处理）

小琴丝竹（0.3%NaCl处理）

小琴丝竹（0.5%NaCl处理）

小琴丝竹（0.7%NaCl处理）

小琴丝竹（1.0%NaCl处理）

刺黑竹CK

刺黑竹（0.1%NaCl处理）

刺黑竹（0.3%NaCl处理）

刺黑竹（0.5%NaCl处理）

刺黑竹（0.7%NaCl处理）

刺黑竹（1.0%NaCl处理）

毛凤凰竹CK

毛凤凰竹（0.1%NaCl处理）

毛凤凰竹（0.3%NaCl处理）

毛凤凰竹（0.5%NaCl处理）

毛凤凰竹（0.7%NaCl处理）

毛凤凰竹（1.0%NaCl处理）

匍匐廉序竹CK

匍匐廉序竹（0.1%NaCl处理）

匍匐廉序竹（0.3%NaCl处理）

匍匐廉序竹（0.5%NaCl处理）

匍匐廉序竹（0.7%NaCl处理）

匍匐廉序竹（1.0%NaCl处理）

主要参考文献

［1］耿伯介，王正平等．中国科学院中国植物志编辑委员会．中国植物志：第9卷第1分册［M］．北京：科学出版社，1996．

［2］Wu Zhengyi and Peter H．Raven．Flora of China Illustrations［M］．Beijing：Science Press，2007，Volume 22．

［3］易同培，史军义，马丽莎，等．中国竹类图志［M］．北京：科学出版社，2008．

［4］易同培，马丽莎，史军义，等．中国竹亚科属种检索表［M］．北京：科学出版社，2009．

［5］陈松河．观赏竹园林景观应用［M］．北京：中国建筑工业出版社，2009．

［6］朱晓军，杨劲松，梁永超等．盐胁迫下钙对水稻幼苗光合作用及相关生理特性的影响［J］．中国农业科学，2004，37（10）：1497-1503．

［7］林栖凤，李冠一．植物耐盐性研究进展［J］．生物工程进展，2000，20（2）：20-25．

［8］章文华．植物的抗盐机理与盐害防治［J］．植物生理学通讯，1997，33（6）：479-479．

［9］M. M. LUDLOW&R. C. MUCHOW. A ritical evaluation of traits for improving copy yields inwater-limited environments［J］. Advances in Agronomy，1990，43：107-153．

［10］万贤崇，宋永俊．盐胁迫及其钙调节对竹子根系活力和丙二醛含量的影响［J］．南京林业大学学报，1995，19（3）：16-20．

［11］郑容妹．沿海沙地引种绿竹等竹子的抗盐抗旱机理研究［D］．福建：福建农林大学，2003．

［12］李善春．NaCl盐胁迫下5种地被观赏竹生理特性的研究［D］．江苏：南京林业大学，2005．

［13］洪有为．沿海沙地引种麻竹等6个竹种抗风抗盐抗旱的研究［D］．福建：福建农林大学，2005．

［14］陈东华．厦门岛内城市森林改造的研究［J］．福建林学院学报，2002，22（4）：345-348．

［15］张洪英．第六届中国（厦门）国际园林花卉博览会园博园植物配置特色与建植技术特点［J］．中国园林，2008（5）：85-89．

［16］厦门市地理学会．厦门经济特区地理［M］，厦门：厦门大学出版社，1995，1-70．

[17] 陈素钦．莆田市龙眼生产合理布局研究［J］．福建地理，1998，13（1）：39-44．
[18] 蔡加洪．莆田市湄洲岛绿地系统建设探析［J］．林业勘察设计（福建），2009（1）：83-86．
[19] 蔡飞，徐国士．台湾的植物生物多样性及其特点之探讨［J］．浙江大学学报（理学版），2002，29（2）：184~189．
[20] 李昌华．日本的土壤分类［J］．土壤学进展，1980（1）：15-23．
[21] 陈松河，王振忠．唐竹属一新变种——花叶唐竹［J］．竹子研究汇刊，2005，24（4）：12（及插页4彩图）．
[22] 陈松河，王振忠．中国竹亚科镰序竹属一新种——匍匐镰序竹［J］．植物分类学报，2007，45（3）：307-310．
[23] 张殿忠，汪沛洪，赵会贤．测定小麦叶片游离脯氨酸含量的方法［J］．植物生理学通讯，1990（4）：62-65．
[24] 贺安娜，吴厚雄，蒋向辉，等．超高产杂交稻组合C两优H255叶片光合速率及影响因素的分析［J］．安徽农业科学，2008（23）：9856-9857．
[25] 劳家柽主编．土壤农化分析手册［M］．北京：中国农业出版社，1988．
[26] 刘祖祺，张石城．植物抗性生理学［M］．北京：中国农业出版社，1994．
[27] 刘宁，高玉葆，贾彩霞，等．渗透胁迫下多花黑麦草叶内过氧化物酶活性和脯氨酸含量以及质膜相对透性变化［J］．植物生理学通讯，2000，36（1）：11-15．
[28] 华东师范大学生物系植物生理教研室主编．植物生理学实验指导［M］．北京：人民教育出版社，1980．
[29] 谢寅峰等．南方七个造林树种幼苗抗旱生理指标的研究［M］．//曹福亮．中国南方主要造林树种耐盐耐旱机理研究．北京：中国林业出版社，1999：93-98．
[30] 华南热带作物研究院．用比色法测定橡胶样品氮含量［J］．热带作物科技通讯，1974（5）：12-13．
[31] 中国土壤学会农业化学专业委员会．土壤农业化学常规分析方法［M］．北京：科学出版社，1984：99-106．
[32] 李合生主编．植物生理生化实验原理和技术［M］．北京：高等教育出版社，2000．105-261．
[33] 张志良．植物生理学实验指导［M］．北京：高等教育出版社，1990．180-181．
[34] 董文渊，黄宝龙，谢泽轩等．筇竹种子特性及实生苗生长发育规律的研究［J］．竹子研究汇刊，2002，21（1）：57-60．
[35] 周陛勋，华启斌，陈幼生等．林木种子检验［M］．北京：中国标准出版社，1986．
[36] 叶力勤，王采艳．马蔺种子特性研究［J］．种子，2004，23（10）：30-31．

[37] 高润梅，石晓东，杨鹏．稀有花卉植物猬实种子特性的研究［J］．种子，2005，24（7）：34-36.
[38] 陈叶．药食两用野菜——地稍瓜种子特性研究［J］．种子，2005，24（7）：88-89.
[39] 赵春章，刘庆．华西箭竹（*Fargesia nitida*）种子特性及其萌发特性［J］．种子，2007，26（10）：36-38.
[40] 吕宪国．湿地生态系统观测方法［M］．北京：中国环境科学出版社，2005：140-142.
[41] 陈松河．竹亚科簕竹属吊罗坭竹繁殖器官的补充描述［J］．植物研究，2009，29（5）：620-622.
[42] 林益明，郑茂钟，林鹏，陈松河．园林竹类植物叶的热值和灰分含量研究［J］．厦门大学学报（自然科学版），2000，39（1）：136-140.
[43] 林益明等．福建华安竹园一些竹类植物叶的热值研究［J］．植物学通报，2001，18（3）：356-362.
[44] 陈松河．园林竹类植物叶绿素含量的研究［J］．西北林学院学报，2007，22（5）：37-41.
[45] 陈松河．10种园林竹类植物出笋及幼竹高生长节律［J］．东北林业大学学报，2007，35（11）：11-12.
[46] 陈松河．王振忠．匍匐镰序竹种子营养成分和特性的研究［J］．种子，2007，26（12）：20-21.
[47] 陈松河．匍匐镰序竹和花叶唐竹生物学特性初报［J］．西北林学院学报，2009，24（6）：20-23.
[48] 陈松河等．黄甜竹笋期生长规律的研究［J］．热带农业科学，2001，（4）：17-21.
[49] 陈松河，王振忠．坝竹繁殖器官的补充描述［J］．竹子研究汇刊，2004，23（4）：10-11.
[50] 陈松河．泰竹生物学特性研究初报［J］．竹子研究汇刊，2006，25（2）：28-30.
[51] 陈松河．厦门地区8年来竹子开花现象及类型［J］．江西农业学报，2007，19（7）：74-75.
[52] 林益明，林鹏．华安县绿竹林能量的研究［J］．厦门大学学报（自然科学版），1998，37（6）：908-914.
[53] 林鹏，林光辉．几种红树植物的热值和灰分含量的研究［J］．植物生态学与地植物学学报，1991，15（2）：114-120.
[54] 任海，彭步麟，刘鸿先，等．鼎湖山植物群落及其主要植物的热值研究［J］．植物生态学报，1999，23（2）：148-154.
[55] 林益明，林鹏．绿竹林硅素的动态研究［J］．亚热带植物通讯，1998，27（2）：1-6.
[56] 林鹏．红树林［M］．北京：海洋出版社，1984：38-48.
[57] 邵成，福建和溪亚热带雨林凋落物的物质和能量动态及优势植物热值的研究［D］．厦

门：厦门大学，1988.
[58] 林益明，林鹏，李振基，等. 福建武夷山甜槠群落能量的研究 [J]. 植物学报，1996，38（12）：989-994.
[59] Lieth H，Whittaker R H. 生物圈的第一性生产力 [M]. 王业蘧等译. 北京：科学出版社，1985：190-195.
[60] 孙国夫，郑志明，王兆赛. 水稻热值的动态变化研究 [J]. 生态学杂志，1993，12（1）：1-4.
[61] 袁可能. 植物营养的土壤化学 [M]. 北京：科学出版社，1983：10-100.
[62] 祖元刚. 能量生态学引论 [M]. 长春：吉林科学技术出版社，1990：254-255.
[63] Golley F B. Energy values of ecological materials [J]. Ecology，1961，42（3）：581-584.
[64] Golley F B. Caloric value of wet tropical forest vegetation. Ecology [J]. 1969，50（3）：517-519.
[65] Gupta S K. Energy structure of standing crop in certain grasslands at Gyanpur [J]. Trop Ecol，1972，13：147-155.
[66] Jordan C F. Productivity of a tropical forest and its relation to a world pattern of energy storage [J]. Journd of Ecollogy，1971，59：127-142.
[67] Wielgolaski F E，Kjelvik S. Energy content and use of solar radiation of Fennoseandian Tundra plants [M]. Wielgolaski F E, Fennoseandian Tundra Ecosystem, Part I: Plants and Microorganisms. Berlin: Springer Verlag，1975: 201-207.
[68] 包宇航. 厦门市海悦山庄竹园中竹种选择与应用研究 [J]. 现代农业科技，2012（11）：147-148.
[69] 包宇航，黄全能，陈松河. 台湾园林景观的特色与营造 [J]. 江西农业学报，2011，23（11）：40-42.
[70] 陈松河，包宇航. 日本园林植物及景观特色初探 [J]. 江西农业学报，2012，24（5）：78-81.
[71] 陈松河，周海超，黄克福，刘开聪，张佩箭，包宇航. 福建滨海地区竹类叶片及土壤养分分析 [J]. 中国农学通报，2012，28（16）：299-304.
[72] 丁雨龙，赵奇僧，陈志银等. 竹叶结构的比较解剖及其对系统分类意义的评价 [J]. 南京林业大学学报，1994，18（3）：1-6.
[73] 赵惠如，龚祝南. 竹类叶片的内部解剖与系统演化 [J]. 南京师大学报 · 自然科学版，1995，18（4）：102-108.
[74] 秦卫华，汪恒英，周守标. 植物叶表皮永久制片技术的改进 [J]. 生物学杂志，2003，20（3）：38.

[75] 宇传华，颜杰. Excel与数据分析 [M]. 北京：电子工业出版社，2002：164-168.
[76] 苏金明，傅荣华，周建斌，等. 统计软件SPSS系列应用实战篇 [M]. 北京：电子工业出版社，2002：255-281
[77] 徐健，李国辉，周玉萍，等. 硝酸镧对香蕉幼苗两个抗寒生理指标的影响 [J]. 广西植物，2002，22（3）：268-272.
[78] 包宇航，黄全能，陈松河. 台湾园林景观的特色与营造 [J]. 江西农业学报，2011，23（11）：40-42.
[79] 陈松河，王振忠. 厦门鼓浪屿—万石山风景区观赏竹种调查 [J]. 西北林学院学报，2001（3）：50-56.
[80] 刘强主编. 海南岛热带植物野外实习指导 [M]. 北京：中国石化出版社，2011：228-230.
[81] 史军义，易同培，王海涛等. 台湾竹子考察 [J]. 竹子研究汇刊. 2007，26（3）：6-11.
[82] 台湾“中央研究院植物研究所”主编. 台湾植物志.（1~6卷）[M]. 第2版，2003.
[83] 黄增泉，萧锦隆. 台湾维管束植物名录 [M]. 台北：南天书局，2003.
[84] 罗宗仁. 台湾种树大图鉴 [M]. 台北：天下远见出版股份有限公司，2007.
[85] 史军义，易同培，马丽莎等. 中国观赏竹 [M]. 北京：科学出版社，2012.
[86] 岳祥华，张明，刘桂华. 铺地竹叶片营养成分随季节的动态变化 [J]. 安徽农业科学，2009，37（25）：11970-11971.
[87] 陈瑞炎. 刚竹属5种竹类植物叶片N、P含量及内吸收率 [J]. 福建林学院学报，2011，31（1）：44-47.
[88] 陈志阳，姚先铭，田小梅. 毛竹叶片营养与土壤肥力及产量模型的建立 [J]. 经济林研究，2009，27（3）：53-56.
[89] 徐祖祥，陈丁红，李良华，等. 临安雷竹种植条件下土壤养分的变化 [J]. 中国农学通报，2010，26（13）：247-250.
[90] 郑蓉. 绿竹不同产地土壤养分含量的综合分析 [J]. 西南林学院学报，2009，29（5）：46-50.
[91] 吴明，吴柏林，曹永慧，等. 不同施肥处理对笋用红竹林土壤特性的影响 [J]. 林业科学研究，2006，19（3）：353-35.
[92] 张梅，郑郁善. 滨海沙地吊丝单竹林凋落物分解及养分动态研究 [J]. 西南林学院学报，2008，28（3）：4-7.
[93] 徐绍清，张自立. 滨海盐土角竹引种试验初报 [J]. 浙江林业科技，1993，13（2）：53-55.
[94] 金川，王月英. 绿竹滩涂栽培试验 [J]. 林业科学研究，1997，10（1）：42-45.
[95] 郑郁善，陈礼光. 吊丝单竹笋期叶片特性研究 [J]. 热带亚热带植物学报，2004，12

（5）：444-448.

［96］王业遴，马凯，姜卫兵，等. 五种果村耐盐性试验初报［J］. 中国果树，1990（3）：8-13.

［97］徐俊森. 福建海岸木麻黄防护林更新造林技术研究［J］. 防护林科技，2005，51（4）：5-8.

［98］陈建华，毛丹，马宗艳等. 毛竹叶片的生理特性［J］. 中南林学院学报，2006，26（6）：76-80.

［99］高志勤. 毛竹林土壤磷、钾养分状况及生长效应［J］. 南京林业大学学报（自然科学版），2010，34（6）：33-37.

［100］吕春艳，余雪标. 海南麻竹林凋落物及养分动态研究［J］. 竹子研究汇刊，2004，23（4）：25-27，32.

［101］康喜信，胡永红. 上海竹种图志［M］. 上海：上海交通大学出版社，2011：1-2.

［102］黄昌勇. 土壤学［M］. 北京：中国农业出版社，2000：32-39.

［103］赵明松，张甘霖，王德彩，等. 徐淮黄泛平原土壤有机质空间变异特征及主控因素分析［J］. 土壤学报，2013，50（1）：1-11.

［104］张建旗，张继娜. 兰州地区土壤电导率与盐分含量关系研究［J］. 甘肃林业科技，2009，34（2）：21-24.

［105］杨雷，毕相东，王关林. 3种抗寒保护剂对大叶黄杨叶片抗冻性的影响［J］. 辽宁师范大学学报（自然科学版），2005，28（3）：342-344.

［106］Lu C K，Vonshak A，Characterization of PSII photochemistry in NaCl-adapted cells of cyanobacterium Spirulina platensis［J］. New Phytology，1999，141：231-239.

［107］Yeo A. Molecular biology of NaCl tolerance in the context of whole-plant physiology［J］. Journal of Exverfmental Botanv，1998，49：915-929.

［108］张建国等. 大兴安岭地区主要针叶树种苗木水分关系的研究［J］. 北京林业大学学报，1993（增刊1）：18~68.

［109］Mukherjee SP，Chouduri M. A. Implication of water stress-induced changes in the levels of endogenous ascorbic acid and hydrogen Peroxide in vigna seedlings［J］. Physiol Plant，1983，58：166-170.

［110］陈松河，黄全能，郑逢中，马丽娟，包宇航. NaCl胁迫对三种竹类植物叶片光合作用的影响［J］. 热带作物学报，2013，34（5）：890-894.

［111］葛滢，常杰，陈增鸿，等. 青冈净光合作用与环境因子的关系［J］. 生态学报，1999，19（5）：683-688.

［112］孙书存，陈灵芝. 东灵山地区辽东石栎叶的生长及其光合作用［J］. 生态学报，2000，20（2）：212-217.

[113] 常杰，葛滢，陈增鸿等. 青冈常绿叶林主要植物种叶片的光合特性及其群落学意义[J]. 植物生态学，1999，23（5）：393-400.

[114] 王邦锡，王辉，黄久常. 沙拐枣同化枝的光合作用和呼吸作用对生长季节光照强度高温和干旱的响应［J］. 林业科学，1997，33（1）：18-24.

[115] 胡新生，五世绩. 温度和湿度对杨树无性系光合机构CO_2瞬间响应分析［J］. 林业科学研究，1996，9（4）：368~375.

[116] Bethke P C，Drew M C. Stomatal and nonstomatal components to inhibition of photosynthesis in leaves of *Capsicum annuum* during progressive exposure to NaCl salinity [J]. Plant Physiology，1992，99：219-226.

[117] Munns R. Physiological processes limiting plant growth in saline soils：some dogmas and hypotheses [J]. Plant Cell and Environment. 1993，16（1）：15-24.

[118] Sultana N，Ikeda T，Itoh R.Effect of NaCl salinity on photosynthesis and dry matter accumulation in developing rice grains [J]. Environmental and Experimental Botany，1999，42（3）：211-220.

[119] 王以柔，曾韶西，李晓萍. 低温诱导水稻幼苗的光氧化伤害［J］. 植物生理学报，1990，16（2）：102-108.

[120] 林植芳，李双顺，林桂珠. 衰老叶片和叶绿体中H_2O_2的积累与膜脂过氧化的关系［J］. 植物生理学报，1988，14（1）：12~16.

[121] NE.Marcar and A. Termeat.Effects of root-zone solutes on Eucalyptus Camaldulensis and Eucalyplus Bicostats seedling：Responses to Na^+，Mg^{2+}，and Cl^- [J]. Plant and Soil，1990，125：245-254.

[122] 程瑞平，束怀瑞，顾曼如. 水分胁迫对苹果树生长和叶中矿质元素含量的影响［J］，植物生理学通讯，1992，28（1）：32-34.

[123] Salah I B，Slatni T，Gruber M，et al. Relationship between symbiotic nitrogen fixation，sucrose synthesis and ant-oxidant activities in source leaves of *Medicago ciliaris* lines activated under NaCl stress [J]. Environ mental and Experimental Botany，2011，70：166-173.

[124] 田晓艳，刘延吉，张蕾，等. 盐胁迫对景天三七保护酶系统、MDA、Pro及可溶性糖的影响［J］. 草原与草坪，2009（6）：11-14.

[125] 梁天干，黄克福，郑清芳. 福建竹类［M］. 福建：福建科学技术出版社，1987.

[126] 陈守良，贾良智. 中国竹谱［M］. 北京：科学出版社，1988.

[127] 朱石麟，马乃训，傅懋毅. 中国竹类植物图志［M］. 北京：中国林业出版社，1994.

［128］陈松河，胡宏友，包宇航，陈健果，董怡然，张佩箭．小琴丝竹种子主要内含物成分和特性的研究［J］．种子，2012，31（9）：71-73．

［129］陈松河，王振忠．匍匐镰序竹种子营养成分和特性的研究［J］．种子，2007，26（12）：20-21．

［130］陈松河．匍匐镰序竹和花叶唐竹生物学特性初报［J］．西北林学院学报，2009，11（6）：20-23．

［131］陈松河，黄全能，马丽娟，董怡然，包宇航．NaCl胁迫对竹类植物形态和生长活力的影响［J］．西北林学院学报，2013（3）．

［132］教忠意，王保松，施士争，等．林木抗盐性研究进展［J］．西北林学院学报，2008，23（5）：60-64．

［133］赵可夫，李法曾．中国盐生植物［M］．北京：科学出版社，1999：1-10．

［134］谢安德，王凌晖，潘启龙，等．盐分胁迫对观光木幼苗生长及生理特性的影响［J］．西北林学院学报，2012，27（2）：22-25．

［135］张梅，郑郁善，陈礼光．滨海沙地竹子引种试验初报［J］．西南林学院学报，2007，27（1）：48-50．

［136］荣俊冬，王新屯，陈羡德，等．沿海沙地吊丝竹林植株养分分布特征研究［J］．西南林学院学报，2007，27（3）：1-5．

［137］Cramer GR，et a1．Effects of NaCl and $CaCl_2$ on ion activities in compex nutrient and root growth of contton［J］．Plant Physio1，1986，81：792-797．

［138］张雄．用“TTC”法（红四氮唑）测定小麦根和花粉的活力及其应用［J］．植物生理学通讯，1982，18（3）：48-50．

［139］税玉民，李启任，黄素华．云南秋海棠属叶片表皮及毛被的扫描电镜观察［J］．云南植物研究，1999，21（3）：309-316．

［140］王良睦，王文卿，王谨，等．厦门地区芒果盐害的初步研究［J］．热带亚热带植物学报，2000，8（4）：333-338．

［141］McClure F. A. The Chinese species of *Schizostachyum*［J］．Lingnan Sci. Journ，1935，14（4）：575-602．

［142］夏念和.中国思劳竹属（*Schizostachyum* Nees）的研究及其他［J］．热带亚热带植物学报，1993，1（1）：1-10．

［143］McClure F. A. Studies of Chinese bamboos. I. A new pecies of *Arundinaria* from Southern China［J］．Lingnan Sci. Journ.，1931. 10：6．

［144］杨保民．箣竹属两个新变种［J］．湖南师范学院学报，1983（1）：77．

［145］杨保民．湖南竹类［M］．湖南：湖南科学技术出版社，1993：53-54．

［146］赵可夫，张万钧，范海，等．改良和开发利用盐渍化土壤的生物学措施［J］．土壤通报，2001，32（6）：115-119．

［147］王志春，梁正伟．植物耐盐研究概况与展望［J］．生态环境，2003，12（1）：106-109．

［148］蔡阿兴，陈章英，蒋正琦，宋荣华．我国不同盐渍地区盐分含量与电导率的关系［J］．土壤，1997，1：54-56．

［149］陈兴业，冶林茂，张硌主编．土壤水分 植物生理与肥料学［M］．北京：海洋出版社，2010：72-73．

［150］王宝山主编．逆境植物生物学［M］．北京：高等教育出版社，2010．

［151］杨升，张华新，张丽．植物耐盐生理生化指标及耐盐植物筛选综述［J］．西北林学院学报，2010，25（3）：59-65．

［152］陈松河，郭惠珠，黄克福．中国竹亚科思劳竹属一新种——万石山思劳竹［J］．植物研究，2011，31（6）：641-643．

［153］陈松河，黄克福，郭惠珠，蔡邦平．中国竹亚科矢竹属一新种——中岩茶秆竹［J］．植物研究，2012，32（5）：513-515．

［154］郭成源，康俊水，王海生主编．滨海盐碱地适生植物［M］．北京：中国建筑工业出版社，2013．

［155］陈松河．万石山思劳竹和中岩茶秆竹生物学特征研究［J］．中国农学通报，2013，29（28）：36-41．

后 记

本书是笔者主持完成的厦门市科技计划项目“竹类植物耐盐机理与筛选应用研究”（3502Z20102003）的研究成果之一。项目的顺利实施和完成，得到了项目组陈榕生（顾问）、黄全能、丁振华、包宇航、黄克福、马丽娟、张洪英、刘开聪、阮志平、周群、林益明、郭惠珠等同志的大力协助或参与！特别要感谢的是厦门市科学技术局为本项目提供的研究经费资助！感谢中共厦门市委组织部、厦门市财政局为本书提供出版资金资助！感谢厦门大学生命科学学院丁振华教授研究团队周海涛等研究人员，福建省亚热带植物研究所中心实验室刘鸿洲副研究员及其研究团队成员，厦门大学海洋与环境学院环境科学与工程系胡宏友博士及其研究团队陈健果、杨冰贞研究生等成员对本项目分析测试方面提供的支持和帮助！感谢厦门大学海洋与环境学院近海海洋环境科学国家重点实验室郑逢中高级工程师为本项目光合作用分析测试提供的重要帮助！感谢厦门市市政园林局领导、厦门市园林植物园领导、花木生产科、科技科、景观展览科、工程部同事，特别是张佩箭、董怡然、杨水缴、冯殊苑、朱文龙、赖楚悦、罗祺等同志、厦门园博苑园容管理部李银巧、张李平等同志在本项目研究过程中提供的大力支持和帮助！感谢《福建竹类》植物绘图专家黄文荣先生，中国科学院植物研究所北京植物园林秦文博士、孙英宝先生，中国林科院亚热带林业研究所马乃训研究员，美国（San Dimas Family Climic- Primary Care in a Garden Setting）竹类专家克利夫·萨斯曼（Cliff sussman）博士，福建农林大学林学院竹类专家郑清芳教授、林毓银教授、游水生教授，厦门华侨亚热带植物引种园副研究员刘育梅博士，中国台湾省“青竹生产合作社——竹文化园区”陈靖赋总经理为本项目的实施提供的热心帮助！感谢我国权威竹类专家四川农业大学易同培教授和中国林业科学研究院亚热带林业研究所马乃训研究员为本书作序！感谢中国建筑工业出版社，特别是吴宇江编审为本书的出版提供的支持和帮助！

滨海地区竹类植物生物学、生态学和园林应用特性以及竹类植物耐盐性的系统研究与其他植物相比相对落后，可供参考借鉴的文献资料并不多，本书在野外调查研究和盐度梯度试验的基础上对竹类植物的耐盐性进行了一些探索，取得了一些成果，但距离完全探明竹类植物的耐盐机理还有很大的差距，因此，从严格意义上来说，本书的出版对竹类植物的耐盐性研究只是起到一种抛砖引玉的作用。本书的出版如能对竹类植物耐盐性研究及应用起到一些促进作用，笔者将感到十分欣慰！

陈松河

2013年5月